全国内陆河湖、黄河流域水文站网普查与功能评价

林来照 张家军 拓自亮 赵银亮 刘彦娥 陈卫芳 宋华力 著

黄河水利出版社
·郑州·

内 容 提 要

本书依据全国内陆河湖、黄河流域水文站网普查的最新成果,以水文站网规划有关理论为指导,以流域社会经济发展对水文站网的需求为基础,全面系统地评价了全国内陆河湖、黄河流域水文站网功能,提出了水文站网调整优化建议。主要内容包括水文站网普查情况、水文站网发展历程、水文站网构成、水文站网密度及布局评价、水文站网功能评价、水文站网目标评价、水文测报方式评价、水文站网受水利工程影响情况、水文分区与区域代表站分析、中小河流水文站设站年限分析、水文站网发展建议等。

本书资料翔实可靠,内容全面完整,可供从事水利、农业、林业、牧业、地质等方面的工作人员、科研人员借鉴参考,也可供相关大中专院校师生参阅。

图书在版编目(CIP)数据

全国内陆河湖、黄河流域水文站网普查与功能评价/林来照等著. —郑州:黄河水利出版社,2011.11
ISBN 978 - 7 - 5509 - 0136 - 0

Ⅰ.①全… Ⅱ.①林… Ⅲ.①内陆河 - 流域 - 水文站 - 普查 - 中国②内陆湖 - 水文站 - 普查 - 中国③黄河流域 - 水文站 - 普查 Ⅳ.①P336.2

中国版本图书馆 CIP 数据核字(2011)第 229137 号

出 版 社:黄河水利出版社
　　　地址:河南省郑州市顺河路黄委会综合楼 14 层　　　邮政编码:450003
发行单位:黄河水利出版社
　　　发行部电话:0371 - 66026940、66020550、66028024、66022620(传真)
　　　E-mail:hhslcbs@126.com
承印单位:河南省瑞光印务股份有限公司
开本:787 mm×1 092 mm　1/16
印张:17.75
字数:410 千字　　　　　　　　　　　印数:1— 1 000
版次:2011 年 11 月第 1 版　　　　　　印次:2011 年 11 月第 1 次印刷
定价:48.00 元

前　言

　　水利是国民经济和社会持续稳定发展的重要基础和保障，是经济社会发展不可替代的基础支撑，是生态环境改善不可分割的保障系统。水文是水利的重要基础和技术支撑，是国民经济和社会发展不可缺少的基础性公益事业。水文工作通过对水文要素的监测和分析，对水资源的量、质及其时空变化规律的研究及对洪水和旱情的监测与预报，为国民经济建设，防汛抗旱，水资源的配置、利用和保护提供基本信息和科学数据。水文资料也就成为防汛抗旱，水资源开发利用、管理与保护以及水利工程规划、设计、施工、运行、管理、调度的依据。

　　水文测站是河流或流域内为收集水文监测资料而设立的水文观测场所，是采集水文资料的基础单元。水文站网是由这些观测场所和基础单元所组成的有机集合体。科学、合理、经济地布设水文站网，依靠不同观测项目站网间的协调配合，充分发挥全部水文测站的整体功能，就能以有限站点的有限观测，满足区域内任何地点对水文资料的需求。因此，把水文站网规划布局看做是整个水文工作的战略基础。水文站网的规划、实施、建设是一个渐进的过程，一个区域对水文资料的需求，会随着社会经济等方面的发展而变化，因此水文站网应是一个动态系统和动态过程，而定期对水文站网的功能进行检查、分析是非常必要和重要的。

　　新中国成立以来，全国内陆河湖、黄河流域基本建成布局比较合理、监测项目比较齐全的各类水文站网，积累了大量珍贵的水文资料，在历年的防汛抗旱、水利工程规划设计与运行调度及水资源管理和保护中都发挥了巨大的作用。但是，对照新时期新的要求，当前水文站网的布局结构与功能在紧密结合社会实时性服务需求方面，特别是以水资源管理和生态环境保护修复方面以及受水利工程影响等方面，还有不适应的地方。为此，根据流域社会和经济发展对水文的要求，对内陆河湖、黄河流域水文站网进行一次全面和客观的普查与评价，检测不同目标下水文站网的监测与服务功能，重新审视、评定站网设置目的与服务目标之间的关系，提出站网调整和补充的建议是十分必要的。

　　2003年8月，水利部办公厅印发了《关于开展全国水文站网普查与功能评价工作的通知》（办水文〔2003〕113号），水利部水文局同时下发了《全国水文站网普查与功能评价》工作大纲，决定对全国水文站网进行一次全面普查与客观评估，为水文站网今后的调整与发展提供依据。全国内陆河湖、黄河流域开展的水文站网普查与功能评价工作就是具体贯彻落实水利部办公厅《关于开展全国水文站网普查与功能评价工作的通知》（办水文〔2003〕113号），对内陆河湖、黄河流域水文站网进行一次全面的普查，在普查的基础上对站网的功能进行实事求是的评价，根据评价提出站网调整、优化建议。

　　全国内陆河湖、黄河流域水文站网普查与功能评价项目于2003年10月启动，整个工作分为两个阶段，即站网普查阶段和站网功能评价阶段。站网普查阶段由流域机构、省（区）的水文部门负责。站网功能评价阶段先由省（区）水文部门按行政区划对所有的水文测站(不论是否归它管辖)进行全面的功能评价,形成行政区划内(可能分属于不同流域)的站网功能评价报告;再由流域机构水文部门汇总,对内陆河湖、黄河流域水文站网功能进行总的评价,并形成内陆河湖、黄河流域水文站网普查与功能评价总报告。本书就是这些工作成果的集成和总结。

参加本书编写的人员有林来照、张家军、拓自亮、赵银亮、刘彦娥、陈卫芳、宋华力等7人,具体分工如下:

第1章,第12章,第14章由林来照编写;第2章,第22章第4、5节,第23章,附表1由陈卫芳编写;第3章,第4章第1~6节,第15章,第16章第1节由张家军编写;第4章第7、8节,第5章,第17章,第18章由拓自亮编写;第6章,第7章,第8章第1节,第20章,第21章,第22章第1~3节由赵银亮编写;第8章第2节,第9章第1节,第13章,附表2由宋华力编写;第9章第2~5节,第10章,第11章,第16章第2节,第19章由刘彦娥编写。全书由林来照、拓自亮统稿,并负责校阅全稿。

在本书写作过程中,水利部水文局蔡建元教授级高级工程师、王左教授级高级工程师、何惠教授级高级工程师,黄河水利委员会(简称黄委)水文局谷源泽教授级高级工程师、王玲教授级高级工程师等水文站网方面经验丰富的专家,自始至终给予了直接的指导和热忱的帮助。新疆自治区水文水资源勘测局王作彬、西藏自治区水文水资源勘测局罗再均、青海省水文水资源勘测局莫芳兰、四川省水文水资源勘测局冷荣梅、甘肃省水文水资源勘测局崔亮、宁夏自治区水文水资源勘测局李光伟、内蒙古自治区水文总局赵宝君、山西省水文水资源勘测局穆仲平、陕西省水文水资源勘测局李桃英、河南省水文水资源局冯瑛、山东省水文水资源勘测局李德刚,黄委水文局吉俊峰、赵淑饶、和瑞莉、李静、罗思武、拓展翔、李明、刘志勇、刘建军、郭宝群、王兵、朱云通、孙贵山、谢学东、薛耀文、王西超、丁心瑞、董明军、赵书华、崔传杰等提供了大量素材并参加了部分分析计算等工作,内陆河湖、黄河流域内各省(区)水文(水资源)(勘测局)局(总局)对本书的编写给予了积极支持和密切配合,在此一并表示衷心的感谢!

水文站网规划布局是水文学中最复杂的课题之一,涉及一系列学科和领域,内陆河湖、黄河流域水文站网布设更有其独特的一面。随着新情况、新问题的不断出现和提出,内陆河湖、黄河流域水文站网中许多问题需要进一步深入研究和探讨解决。限于作者的业务水平、经历和成书时间,书中难免存在疏漏之处,敬请读者批评指正。

作　者

2011 年 6 月

目 录

上　篇　全国内陆河湖水文站网普查与功能评价

第1章　水文环境与水文特征

全国内陆河湖主要分布在我国的西部地区,占全国总面积的35%。内陆河湖跨越不同的气候带,海拔相差5 000多m,成为我国各大江河流域中自然环境最复杂的流域之一,复杂多样的下垫面形成了独特的水文环境与水文特征。

1.1　水文环境

内陆河湖区域广阔,所处的自然环境丰富多彩,社会环境也有差异。

1.1.1　自然环境

内陆河湖的自然环境是地球生成以来,经过多次的地质运动逐渐形成的,它对水文要素的变化影响是长期的、缓慢的。

1.1.1.1　地形地貌

内陆河湖分布广阔,主要分布在我国新疆、西藏、青海、甘肃、内蒙古等省(区),有着不同的地形地貌特点。各省(区)内陆河湖地形地貌分述如下:

(1)新疆。新疆地形总趋势是南高北低,西高东低,主要由山区、丘陵、平原和沙漠组成。新疆地形地貌的主要特征可概括为"三山夹两盆",即天山山脉由西向东横亘新疆中部,北部为阿尔泰山脉,南部为昆仑山脉,"三山"及其环绕形成了准噶尔、塔里木两大盆地。三大山脉山势巍峨、山体宽广,山脊至盆地边缘的平原之间高差悬殊,其中位于喀喇昆仑山的乔戈里峰,海拔为8 611 m,是世界第二高峰。盆地及平原地势起伏和缓,塔里木盆地西高东低,盆地边缘绿洲海拔为1 200 m左右,盆地内部海拔为1 000 m左右。东部罗布泊处地势最低,海拔为792 m。准噶尔盆地东高西低,盆地边缘绿洲海拔在1 000 m左右,盆地中心海拔600 m左右。西部艾比湖最低,海拔为189 m,山间盆地中吐鲁番盆地最低,盆地内艾丁湖海拔为 - 154 m,是我国陆地最低洼的地方。

(2)西藏。藏北内陆河湖是青藏高原的中心部分,地势自西北的海拔5 000 m向东南倾斜为4 000 m,气候寒冷、干燥,现代地貌外营力以冰缘气候下的强烈冰蚀与寒冻风化为主,冻土发育。从西北部一直延伸到东部,地形丘状起伏,宽谷、盆地广布,并星罗棋布地点缀着大大小小的湖泊。藏北高原北部地势高于南部,平均海拔5 000 m,湖盆一般海拔为4 900 m,大部分地区是永久冻土区。

藏南内流水系零星分布于藏南外流水系之中,并主要分布在喜马拉雅山以北,雅鲁藏布江流域以南地区。水系内河谷宽广,地形起伏较小,谷底海拔多为3 000 ~ 4 000 m,山峰海拔多在4 500 m以上,构成中低山宽谷湖盆地形。

(3)青海。青海柴达木盆地内流区属高原断陷内陆封闭盆地,四周环山,水系封闭,戈壁、沙漠、盐沼广布,呈现独特的干旱、高寒、荒漠景观,海拔为3 500 ~ 6 000 m,最高达

6 860 m,海拔5 000 m以上的地区多有现代冰川分布,盆地边缘至中心依次为高山、戈壁、沙丘、平原、沼泽和盐湖等地貌类型。盆地东南部是一片广阔的平原,河流较多,东部和西南部为一条较长的戈壁带,其中有许多沙丘分布,尤以东端夏日哈以西沙丘最密。戈壁带以北为湖积的细土平原带,邻近戈壁带,土壤盐渍化较轻,是盆地内农牧业的精华地带。离戈壁越远,地下水位越高,土壤盐渍化就越严重,植被稀疏,再往北为重盐土或盐沼泽,土壤表层有盐结皮,土层内夹有盐类聚集层,几乎看不到植被。

青海湖内陆区是一个封闭的内陆盆地,处在高原山间盆地,南傍青海南山,东靠日月山,西临橡皮山,北依大通山。整个流域近似织梭形,周围地形西北高、东南低,呈北西—南东走向,全流域地势由西北向东南倾斜,四周山岭大部分在海拔4 000 m以上,北部大通山西段岗格尔肖合力海拔5 291 m,是流域的最高点。青海湖位于流域东南部,近年湖面海拔3 195 m左右,为流域的最低点。在这2 000多m高差的山岭到湖面间,呈环带状发育着宽窄不一剥蚀构造地形、堆积地形和风积地形。青海湖形似梨状,长轴走向为北西向,东西长约106 km,南北宽约63 km,周长约360 km。湖东面有4个子湖,由北而南分别是尕海、新尕海、海晏湾和耳海。

祁连山内陆水系西北部平均海拔4 600 m以上,东南八宝地区海拔不到3 200 m,疏勒南山和走廊南山主峰海拔近6 000 m,山峰终年积雪。可可西里盆地位于青海省西南部,青藏高原的中心部位,西南以唐古拉山为界与西藏自治区毗邻,北以昆仑山脉与柴达木水系分水,东以乌兰乌拉山与长江流域分流,中部有可可西里山和祖尔肯乌拉山,山岭走向纵横交错,形成很多内陆小盆地。

(4)甘肃。甘肃内陆河地势南高北低,按地形地貌特点,可分为三个区:祁连山地、河西走廊及北山山地。祁连山地为褶皱构造,由一系列平行山岭和山间盆地组成,大体呈西北—东南走向,海拔一般为3 000~4 500 m,主峰宰吾结勒(团结峰)海拔5 827 m,4 000 m以上的高山终年积雪,有现代冰川分布。祁连山地是甘肃内陆河流的发源地和径流形成区,河西走廊位于祁连山与北山山系之间,是一条东西长1 000多km,南北宽几十千米至百余千米的狭长倾斜平原。地貌上由南部祁连山洪积扇向北逐渐过渡为洪积—冲积平原、冲积—湖积平原。自然景观呈现绿洲、戈壁及沙漠断续分布。绿洲农业区是各条河流的径流消失区。北山山系位于走廊北部,由龙首山、合黎山、马鬃山等一系列断续的中、低山组成,海拔为1 500~2 500 m,主峰东大山海拔3 616 m。由于气候严酷,风蚀强烈,山体岩石裸露,山前洪积坡为角砾石戈壁景观。

(5)内蒙古。内蒙古自治区内陆河湖主要分布在阿拉善高原、阴山东南、西北、锡林郭勒盟大部,多为干旱区,少为山区。高原地形大致南部高,北部低,西部高,东部低;阴山呈西高东低,北高南低。山区是农林结合,平原区以农为主,牧区草原和沼泽地多。平原区水资源较丰富,草原及山区河网不发达,水资源贫乏。

1.1.1.2 天气与气候

内陆河湖气候总的属于大陆性气候,干旱少雨,气温低,寒冷。各省(区)内陆河气候分述如下:

(1)新疆。新疆是典型大陆性气候,干燥少雨,四季气候悬殊,冬、夏季漫长,春、秋季短暂,并有春季升温快,秋季降温迅速等特点。气温年较差和日较差都很大,北疆的年较差在40 ℃以上,南疆也在30 ℃以上,全疆各地年平均日较差北疆为12～15 ℃,南疆为14～16 ℃,年最大日较差一般在25 ℃以上。年平均气温北疆为4～8 ℃,南疆为9～12 ℃。夏热冬寒是大陆性气候的显著特征,夏季7月平均气温北疆为15～25 ℃,南疆为20～30 ℃。冬季1月平均气温北疆为-20～-30 ℃,南疆为-10～-20 ℃。

日照时间长,太阳总辐射量大。新疆年日照时数为2 550～3 500 h,山地略多,平均太阳总辐射量北疆为1 500 kWh/(m² · a),南疆为1 740 kWh/(m² · a)。农作物生长期一般为4～9月,日照时数为1 460～1 980 h。无霜冻期,以日最低气温大于0 ℃为准,南疆长,北疆短,平原长,山地短。北疆盆地无霜冻期一般为150～170 d,天山在3 500 m以上为0;南疆盆地无霜冻期在200 d以上,昆仑山在5 000 m以上为0。

在远离海洋和高山环列的综合影响下,新疆形成了典型干旱气候区,全区平均降水稀少,广大平原一般无径流发生,盆地中部存在大面积荒漠无流区。新疆水汽来源主要是西风环流携带的西来水汽,其次是北冰洋南下水汽,而太平洋和印度洋的东南和西南季风的影响甚微。

(2)西藏。藏北内流河水系由于远离海洋,加上高山阻隔,气候严寒干燥,年平均气温多在0 ℃以下,藏北高原气候十分干旱,湖泊退缩现象比较明显。

藏南内流河水系由于南侧喜马拉雅山脉的屏障作用,境内气候比较寒冷干燥。湖盆地区年平均气温一般为0.7～2.4 ℃,藏北内陆河湖地区气候寒冷,多属高原亚寒带半干旱季风气候区。藏南内陆河湖地区气候属高原温带半干旱季风气候区。

(3)青海。青海柴达木盆地处高原,气候干燥、温凉,日照强烈,冬季寒冷漫长,夏季凉爽短促,属典型的高原大陆性气候,年平均气温1.1(大柴旦)～5.1 ℃(察尔汗),极端气温最低-33 ℃,最高35.5 ℃,昼夜气温变化大,平均日较差12.6～17.7 ℃,最大值可达20 ℃以上,暖期日均温≥10 ℃的持续天数少,积温低,盆地降雨甚少,且自东向北递减,东南部都兰县年平均降水量179.1 mm,西北部冷湖镇只有17.6 mm,年日照时数平均长达3 000 h以上,蒸发强烈,年平均蒸发量2 088.8～3 518.5 mm。因盆地戈壁沙丘广布,风大风多,年平均风速3～5 m/s,平均大风日数西部茫崖高达110 d,居中国同纬度之冠,加之人类活动影响,沙化问题日益加剧。

青海湖地处我国东部季风区、西北部干旱区和西南部高寒区的交会地带,属典型的高原半干旱高寒气候区,但有其自身的湖泊效应,干旱、少雨、多风、日照充足、太阳辐射强、蒸发量大、气温日较差较大。青海湖流域深居内陆,远离海洋,其水汽来源主要来自印度洋孟加拉湾上空的西南暖湿气流,其次是来自西太平洋副热带高压和东南沿海台风输送的暖湿气流,由于青海湖"湖泊效应"的作用,降水量较其他内陆河地区充沛。青海湖流域属半干旱地区,气候干燥、常年多风。

祁连山内流区气温偏低,年平均气温除八宝地区为0.6 ℃外,其余地区均在-2 ℃以下,年降水量395 mm。

可可西里地区地势高,天气寒冷,空气稀薄缺氧,只有野生动物生息其间。

(4)甘肃。甘肃内陆区地处欧亚大陆腹地,降水稀少,蒸发量大,气候干燥,气温适中,光照充足,太阳辐射强烈,昼夜温差大,为典型的大陆性气候。祁连山区的气候,垂直差异大,降水量由山区到平原急剧减少,冷龙岭主峰段年降水量达700 mm,走廊区为干旱气候,年平均气温 5～10 ℃,年降水量 50～160 mm,年蒸发能力 1 500～2 500 mm。北山山地为干旱荒漠气候,年平均气温 8～10 ℃,年降水量 30～100 mm,干旱指数大于 30。

(5)内蒙古。内蒙古内陆河湖大多属于温带大陆性季风气候,冬夏温差大,大部地区干旱少雨,且春季多大风或飞沙天气。夏季日照时间长,温度高,有利于植物生长。但部分沙化、半沙化及部分降雨量偏少的草原地区易出现干旱,对农牧业危害极大。夏季日照时间长,冬季则短。山区及北部草原牧区为明显的大陆性气候。气候主要特征是四季分明,雨热同季,日照丰富,干燥多风,各地因自然地理条件不同,气候差异显著。冬季受西伯利亚—蒙古高压干冷大陆气流控制,盛行北风和西北风,气温低,降水量少;夏季多受来自低纬度热带季风环流的暖湿气流影响,气温高,降水量多;秋季各地主导风向又转以偏北风占优势;春季各地多偏西大风,易发生扬沙和沙尘暴,牧区出现白灾和暴风雪。一年中春季风最大,秋季风次之,冬夏风比较小。

1.1.1.3　河流

内陆河湖河流众多,按各省(区)分述如下:

(1)新疆。新疆河流大多数属于内陆河湖,除北部的额尔齐斯河流经哈萨克斯坦和俄罗斯,汇入鄂毕河,最终注入北冰洋和西南部喀喇昆仑山的奇普恰普河流入印度河,最后注入印度洋外,其余均属内陆河。额尔齐斯河是我国唯一的北冰洋水系河流,在我国境内集水面积为 52 730 km²,奇普恰普河在我国境内集水面积为 4 410 km²,以上两河流集水面积之和占新疆总面积的 3.5%。发源于准噶尔和塔里木盆地周围山地的内陆河湖,构成向心水系,河流的归宿点是内陆盆地和山间封闭盆地的低洼部位。新疆内陆区根据河流汇集的湖泊和盆地,划分为若干个内陆区,即乌伦古湖内陆区、艾比湖内陆区、玛纳斯湖内陆区、沙兰诺尔内陆区、巴里坤湖内陆区、准噶尔盆地中部内陆区、艾丁湖内陆区、塔里木内陆区、羌塘高原内陆区等。塔里木内陆区是我国最大的内陆区,塔里木河总长为 2 437 km,其中干流长为 1 321 km,是我国最长的内陆河。根据新疆盆地地形和河流发源于山区特点,以流出山口处的河流条数进行统计计算,全疆有大小河流 570 条,其中北疆 387 条,南疆 183 条。在 570 条河流中,大部分是流程短、水量小的河流,年径流量在 1×10^8 m³ 以下的河流有 487 条,占河流总条数的 85.3%,其年径流量仅有 82.9×10^8 m³,占全疆年总径流量的 9.4%;年径流量大于 10×10^8 m³ 的河流有 18 条,占河流总条数的 3.2%,但径流量却达 525.73 × 10^8 m³,占全疆年总径流量的 59.8%。另外,在新疆 570 条河流中,有 33 条跨界河流,流出国境的河流有 12 条,从国外流入我国的河流有 15 条,界河有 6 条。新疆河流的径流量季节变化大,年内分配极不均匀,通常夏季水量占全年径流量的 50% 以上,昆仑山则高达 70%～80%;冬季水量很小,在 10% 以下;春秋两季水量相当,各占 20% 左右,但昆仑山区则在 10% 以下,一般是春季水量小于秋季水量。除准噶尔西部山地河流春季水量较丰外,新疆河流一般都是春秋季节水量不足,昆仑山区的河流则更严重。

(2)西藏。西藏内陆水系可分为藏北内流水系和藏南内流水系。藏北内流水系总面积 59.37 × 10^4 km²,较大的河流有汇入纳木错的测曲、汇入色林错的扎加藏布和扎根藏布、汇入鄂错的永珠藏布、汇入达则错的波仓藏布、汇入扎日南木错的措勤藏布、汇入塔若错的毕多藏布、汇入昂拉仁错的阿毛藏布、汇入班公错的玛嘎藏布等。

藏南内流水系总面积 1.79×10^4 km²，主要由玛旁雍错—拉昂错河流、佩枯错—错戳龙河流、错姆折林—定结错河流、多庆错—嘎拉错河流、羊卓雍错—普莫雍错—哲古错河流等组成。水量较大的河流主要有汇入羊卓雍错的卡洞加曲等。

色林错河流位于该区中部，湖面海拔 4 300 m，面积 1 640 km²，为西藏第二大湖。其水系总面积 45 530 km²，是西藏最大的内流水系，流域内有许多河流、湖泊串通，组成一个内流水系。除色林错外较大湖泊尚有格仁错、昊如错、鄂错、仁错、恰规错、孜桂错、越怡错等。其主要河流有扎加藏布、扎根藏布、波曲藏布和阿里藏布。其中以扎加藏布最长，为西藏最长内流河，河长 409 km，面积 148 500 km²。

依布茶卡河流位于那曲西部，湖面海拔 4 557 m，面积 100 km²，全部在双湖境内。主要河流江爱藏布长约 180 km，是藏北较长内流河。河流水量不大，湖滩有较大面积的氯化钠覆盖层。

达则错河流位于尼玛县东北面，湖面海拔 4 461 m，面积 243 km²。该水系包括达则错和几个小湖，沿班公错—怒江断裂分布，流域面积 11 130 km²。主要河流为莫晶藏布、波仓藏布。

(3)青海。青海省内陆河湖柴达木水系主要河流有那棱格勒河、格尔木河、香日德河、茶汗乌苏河、诺木洪河、巴音河、哈尔腾河、塔塔棱河等。青海湖水系的主要河流有布哈河、沙柳河(又称依克乌兰河)、哈尔盖河、乌哈阿兰河、黑马河等。祁连山地水系的主要河流有黑河、八宝河、托莱河、疏勒河等，这些河流出省后均流入甘肃省河西走廊。可可西里盆地水系的主要河流有曾松曲、切尔恰藏布、兰丽河、险车河、库赛河等。

(4)甘肃。甘肃省河西内陆河湖河流补给来源从根本上看，是大气降水，至于地下水和冰川等消融水补给，其实质只不过是在特殊产汇流条件下对降水径流机制进行缓冲调节而出现的不同来源形式。各条河流大致相互平行，独立流出山口。出山径流量流经山前洪积戈壁，消耗于冲积到湖积平原上的灌溉农业绿洲。流出山口的河流，被走廊上的大黄山、黑山分割成三个系统，分别称为石羊河水系、黑河水系、疏勒河水系。石羊河、疏勒河两水系都在省内消失，只有黑河流出省外，进入内蒙古额济纳旗，汇入嘎顺诺尔湖。

(5)内蒙古。内蒙古自治区内陆河湖面积为 544 985 km²，约为全区总面积的 47%。河流分布面广，300 km² 以上的河流有 150 多条，其中大于 1 000 km² 的河流有 69 条。这些河流大都位于内陆深处，水汽来源不足，降水量稀少，故河流水量贫乏。其水量补给大部分依靠降水，其次为地下水和少量融雪补给，季节性很强。分布状况是：阿拉善盟境内除额济纳河较大外，其余地区仅在贺兰山、龙首山、雅布赖山、巴彦红古尔山等附近有些山洪沟，全部沟长在 10 km 以上的山洪沟仅 29 条，水量甚小。巴彦淖尔市、乌兰察布市、锡林郭勒盟北部临近中国与蒙古人民共和国边境一带的河流，大部分发源于高原中部丘陵地带，基本上为季节性河流。发源于大兴安岭西坡的各河，多常年有水。锡林郭勒盟东部、南部山地由于植被较好，降水较多，水量略大，河水涨落缓慢，河流蜿蜒曲折而支沟甚少。乌兰察布市阴山北坡各河上游支沟较多，下游支沟则甚少，河水汛期涨落变幅大，而平时则水量较小，乌兰察布市平地泉熔岩台地以南和马头山以北的内陆河河流短小，河水暴涨暴落，分别汇入岱海和黄岐海。鄂尔多斯市阴山北坡之山沟，大部分注入境内湖泊、洼地，只有几条河流出境而流入蒙古人民共和国，水量均很小。

内蒙古区内较大的内陆河有额济纳河、乌拉盖尔河、巴音河、锡林河、塔布河、艾不盖河等。除乌拉盖尔河自东北向西南流外,这些河流大部自南向北流,多数河流呈"羽状河系"。除较多大河流常年有水外,很多都属季节性河流。一般较大河流下游汇入湖泊或洼地,有的下游河槽宽浅,尾水多消失于草原或沙漠戈壁中,通称为无尾河。额济纳河由南向北流入区内,因区内降水量较小,不产流,水量是上游来水补给的。

1.1.1.4 湖泊

内陆河湖区分布着诸多大大小小的湖泊,各省(区)分别简述如下:

(1)新疆。新疆是一个多湖泊的地区,湖泊面积大于 1 km² 的有 198 个,总面积为 12 949 km²,占全国湖泊面积 93 956 km² 的 13.8%。仅次于西藏、青海的湖泊总面积。其中罗布泊等 63 个湖泊已干涸,干涸湖泊面积 7 642 km²。面积大于 15 km² 的主要湖泊有 26 个(不包括已干涸湖泊),其湖泊面积为 4 974 km²。作为降水量稀少的内陆干旱区,新疆除额尔齐斯河流域有外流湖外,其余均属内陆湖。其主要特点是分布于河川尾端,形成许多孤立的集水盆地,蒸发量大,矿化度高。新疆的高原湖泊众多,其补给源来自周围封闭盆地的地表水和地下水,由于蒸发量大,多为咸水湖和盐湖,利用程度较低。

(2)西藏。西藏内陆湖主要分为藏南内陆湖区和藏北内陆湖区。藏北高原气候十分干旱,湖泊退缩现象比较明显。因此,湖泊多为咸水湖或盐湖,矿化度高,不宜饮用和灌溉。

藏南内陆湖区主要有玛旁雍错—拉昂错、佩枯错、多庆错—嘎拉错、羊卓雍错—普莫雍错—哲古错等,藏北内陆湖区主要有纳木错、扎日南木错、色林错、当惹雍错、塔若错、昂拉仁错等湖泊。

羊卓雍错是西藏三大圣湖之一,位于山南浪卡子县境内。湖面海拔 4 441 m,东西长 130 km,南北宽 70 km,湖岸线总长 250 km,总面积 638 km²,湖水均深 20～40 m,是喜马拉雅山北麓最大的内陆湖。

玛旁雍错位于冈仁波齐峰东南 20 km 处,海拔 4 588 m,是世界上海拔最高的淡水湖之一,面积 400 km²。

纳木错为西藏最大的湖泊,也是世界上海拔最高的大湖,湖面海拔 4 718 m,湖水面积 1 920 km²。地理位置介于东经 90°16′～91°03′、北纬 30°30′～30°55′,属拉萨市的当雄和那曲地区的班戈两县所辖。湖盆沿西南—东北走向,西侧宽,东侧窄,周长 318 km。湖泊类型为咸水湖。纳木错流域面积 10 610 km²。湖内最大水深超过 33 m,是高原上大型的深水湖。

色林错(原名奇林错)湖面海拔 4 530 m,湖水面积 1 640 km²,是西藏第二大湖。地理位置介于东经 88°33′～89°21′、北纬 31°34′～31°57′,属那曲地区管辖。色林错总流域面积达 45 530 km²,是西藏最大的一个内陆湖水系。色林错为咸水湖。

扎日南木错(曾名塔热错)介于东经 85°19′～85°54′、北纬 30°44′～31°05′,属阿里地区措勤县所辖。扎日南木错是西藏第三大湖,湖水面积 1 023 km²,湖面海拔 4 613 m,集水面积 16 430 km²。

(3)青海。青海省西南部有很多内陆小盆地,湖泊众多,是青海省高原湖泊最多的地区,湖水面积在 0.5 km² 以上的湖泊有 137 个,湖水总面积 3 442.9 km²。

（4）内蒙古。内蒙古内陆河湖天然湖泊星罗棋布，除个别属构造湖外，绝大多数为风蚀洼地构成的浅小湖泊，有的为季节性湖泊。湖水面积多数不足 $1~km^2$，其中有近千个是牧区天然供水的水源地。湖水面积超过 $100~km^2$ 的数量不多，风蚀湖湖盆多呈碟状，湖底多为砂石泥土，湖水深度 $1\sim4~m$。湖水补给主要来自降水和河水，地下水补给者甚少，湖水位和水量随季节呈规律性变化。达里诺尔湖位于赤峰市克什克腾旗西部，湖水来源由四条河流补给，最大的一条为公格尔河，由东北流入湖内。岱海位于乌兰察布市凉城县境内岱海盆地中，湖水多是来自四周大小 22 条河流的补给。黄旗海位于乌兰察布市察哈尔右翼前旗，湖水主要补给来自周围的大小河流，湖盆封闭。查干诺尔位于锡林郭勒盟阿巴嘎旗南部，注入湖中的河流有灰腾高勒河、巴音河、努格斯台高勒河等。居延海位于内蒙古阿拉善盟额济纳旗境内，该湖主要由额济纳河潴积而成。

1.1.1.5 冰川

我国内陆河湖内分布着一定数量的冰川，主要分布在新疆、西藏、青海。

（1）新疆。新疆是我国大陆性冰川资源较多的省（区）之一，北起阿尔泰山、南抵昆仑山都分布着大量的冰川，冰川主要分布于天山中部和西部山区、帕米尔高原山区、喀喇昆仑山区和昆仑山区，在环绕塔里木盆地的山脊线大致形成 C 形分布。新疆的冰川面积为 $23~021.10~km^2$，约占全国冰川总面积的 40.7%，冰川储蓄水量约为 $21~346.61\times10^8~m^3$，约占全国储量的 42.7%，冰川融水年径流量为 $178.63\times10^8~m^3$，占有冰川的河流年径流量的 30.6%，占新疆河流年径流总量 $879\times10^8~m^3$ 的 20.32%。新疆各山系冰川面积与储量统计见表 1-1。

表 1-1　新疆各山系冰川面积与储量统计

山系	主峰	主峰高度 （m）	雪线高度 （m）	冰川面积 （km²）	冰川储量 （×10⁸ m³）	冰川融水量 （×10⁸ m³）	内陆河或 外流河
阿尔泰山	友谊峰	4 374.0	2 000～3 000	293.20	164.92	3.85	外流河
天山	托木尔峰	7 443.8	3 600～4 400	9 194.97	10 106.33	95.91	内陆河
帕米尔	公格尔山	7 719.0	5 500～5 700	2 521.18	2 289.10	14.35	内陆河
喀喇昆仑山	乔戈里山	8 611.0	5 100～5 400	2 023.32	4 897.50	19.99	内陆河
昆仑山	木孜塔格	7 723.0	4 700～5 800	8 988.43	3 888.76	44.53	内陆河
合计				23 021.10	21 346.61	178.63	内陆河

（2）西藏。西藏 25% 的冰川分布于内陆河水系，高山冰川不太发育，第四纪冰期时的冰川有的伸展到山麓，有的仅分布在高山内部，广大低山、丘陵和盆地未见有广泛分布的古冰川遗迹，说明第四纪最大冰期时这里寒旱化趋势明显，冰川发育规模有限。

（3）青海。青海省境内可可西里地区地势高寒，平均海拔 $5~000~m$ 以上，为青海最冷的地区之一。境内雪山冰川广布，冰川面积 $629.52~km^2$，储量 $629.52\times10^8~m^3$，年融水量 $3.54\times10^8~m^3$。祁连山山峰终年积雪，冰川面积 $767.46~km^2$，储量 $342.52\times10^8~m^3$，年融水量 $4.97\times10^8~m^3$。青海湖布哈河水主要靠降水和冰川融水补给。河源地区有冰川面积

13.29 km², 储量 5.9×10⁸ m³, 年融水量 0.1×10⁸ m³。柴达木那棱格勒河冰川面积 572.79 km², 储量 572.79×10⁸ m³, 年融水量 4.58×10⁸ m³。格尔木河径流上游以冰雪融水和地下水补给为主,流域内冰川面积 231.52 km², 储量 231.52×10⁸ m³, 年融水量 1.85×10⁸ m³。

1.1.2 社会环境

内陆河湖区域广大,但基本处于经济欠发达地区,社会经济发展较我国东部沿海地区和中部地区缓慢。

据不完全统计,内流河湖区总面积约 320×10⁴ km², 内陆河湖区总人口 2130×10⁴ 人,人口主要分布在新疆自治区、甘肃河西走廊。

新疆大力发展灌区水利建设。截止到 2005 年,全区建成各类水库 384 座,总库容 52.27×10⁸ m³, 现状供水能力 124.59×10⁸ m³/a; 建成引水渠首 746 座,供水能力 408.59×10⁸ m³/a; 建成防洪堤防 6285.0 km; 各级灌溉渠道(干、支、斗、农)总长度 31.62×10⁴ km, 其中已防渗 9.34×10⁴ km; 各级排水渠 8.6×10⁴ km; 各类渠系建筑物 44.56×10⁴ 座; 机电井 4.28×10⁴ 眼,其中配套 3.96×10⁴ 眼,机电井供水能力达到 71.7×10⁸ m³/a; 提水工程 408 处,现状提水能力 3.5×10⁸ m³/a; 污水回用处理工程 51 座,处理能力为 133×10⁴ t/d; 调水工程一处,现状供水能力 0.55×10⁸ m³/a; 其他工程(坎儿井等)设计供水能力为 10.6×10⁸ m³/a。截至 2005 年,新疆各类蓄水工程和引水工程向工业、农业、城镇及农村生活供水总量 497.06×10⁸ m³。其中工业供水量 11.59×10⁸ m³, 占供水总量的 2.32%; 农业灌溉供水量 459.07×10⁸ m³, 占供水总量的 92.36%; 农村、城镇生活供水量 6.69×10⁸ m³, 占供水总量的 1.35%; 生态供水量 19.71×10⁸ m³, 占供水总量的 3.97%。

西藏内陆河湖地域辽阔,土地多为干寒和半荒漠草场,居住极度分散,还存在大片无人居住区,羌塘草原北部甚至被称为无人区,交通十分不便,经济基本属纯牧业区,小部分以牧业为主,农牧业相结合。水的开发利用水平较低。

青海省内流区基本属于牧区,人口较少,流域内居住着藏、汉、蒙、回、土、撒拉族等 10 多个民族,是一个以牧为主、农牧结合的区域。种植小麦、青稞、油料、豆类等作物。水的开发利用程度较低。

甘肃省内陆河湖有着丰富的土地资源,而水资源量极其有限,使得水资源供需矛盾愈来愈突出。内陆河湖有较发达的农业灌溉用水系统,相对水资源短缺,沙漠无人区占有一定比例。在多年的开发建设中,偏重农业,对林、牧业关注较少,农业灌溉发展效率偏低,用水量过大。

内蒙古自治区内陆河湖内阿拉善盟、锡林郭勒盟、乌拉特中后旗、达茂旗是以牧业为主,乌兰察布市为半农半牧区,均为经济欠发达地区。矿产资源主要有食盐、煤炭等,盛产羊绒、皮毛,建成几处畜牧业基地。草场类型多样,牧草资源丰富。近几年,工业有所发展,主要产品有乙烯及相关产品、精细化学品、输变电设备、机床、环保设备、新型建材、钢材、有色金属、水泥等一大类重点产品。山区和牧区人畜饮水多为地下水,农村耕地灌溉用水分河道灌渠引水和机井抽取地下水两种。近年来由于年降水量呈递减趋势,地下水得不到适量补充,所以人均水资源呈递减趋势,水资源短缺现象逐渐突出。近几年由于退耕还林、还草、还牧,禁牧,水土保持等项工作的进行,水土流失现象日益好转,河水含沙量渐小,随意开荒种地的现象得到控制。但由于人口增长及人类活动影响,人均国土资源仍偏少,牧区由于牲畜饲养量与土地资源拥有量不协调,草原沙化现象仍呈发展上升势头。

1.2 水文特征

1.2.1 降水量

降水量是天气和气候综合变化的直接表现,由于内陆河湖区内不同的天气、气候,也就在内陆河湖省(区)显现出不同的降水量。

(1)新疆。新疆远离海洋,内部又被高山分隔成大小盆地(谷地),在远离海洋和高山环抱的影响下,具有典型的干旱气候特征。新疆多年平均年降水量154.8 mm,仅为全国平均降水量的23.8%,属于干旱少雨区。与相同纬度地区相比也最小,降水分布主要受大气环流和地形影响。新疆盛行西北风,水分输送方向从东向西。南疆西部受帕米尔高原阻隔,海洋气流很难进入,北疆西部地势较低,大西洋气流可沿几个缺口进入上空,所以降水量自西向东和从北向南逐渐减小。

降水量的地区分布总的趋势是北疆大于南疆,西部大于东部,山地大于平原,迎风坡大于背风坡。北疆山地一般为400~800 mm,准噶尔盆地边缘为150~200 mm,盆地中心约为50 mm;南疆山地一般为200~500 mm,塔里木盆地边缘为50~100 mm,东南缘为25~50 mm,盆地中心约为25 mm。年降水量多集中在5~8月,占全年的60%以上。

(2)西藏。藏北内流水系由于远离海洋,加上高山阻隔,气候严寒干燥。大部分地区年降水量小于200 mm,西北部在100 mm以下,中部为200~300 mm,靠东南部少数地区为400 mm左右。藏南内流水系由于南侧喜马拉雅山脉的屏障作用,降水量为150~400 mm,流域径流深为70~150 mm,东部比西部大。

(3)青海。青海柴达木盆地处高原,气候干燥、温凉,日照强烈,冬季寒冷漫长,夏季凉爽短促,具有典型的高原大陆性气候特征,盆地降雨甚少,且自东向北递减,东南部都兰县年平均降水量为179.1 mm,西北部冷湖镇只有17.6 mm。

青海湖流域深居内陆,远离海洋,其水汽主要来自印度洋孟加拉湾上空的西南暖湿气流,其次来自西太平洋副热带高压和东南沿海台风输送的暖湿气流,由于青海湖湖泊效应的作用,降水量较其他内陆河地区充沛。多年平均降水量为300~550 mm,其特点是地区分布不均匀,年际变化较小,年最大降水量与最小降水量的比值为2.5左右。

祁连山流域内有大片森林,植被良好,河水较清,含沙量较小。流域区内气温偏低,年降水量为395 mm,多集中在6~8月。

可可西里盆地位于青海省西南部,平均年降水量为250 mm,年径流深为55.9 mm,年总径流量为25.3×10^8 m³。地处欧亚大陆腹地,降水稀少,蒸发量大,气候干燥,气温适中,光照充足,太阳辐射强烈,昼夜温差大,为典型的大陆性气候。

(4)甘肃。甘肃降水量由山区到平原急剧减小,冷龙岭主峰段年降水量达700 mm,河西走廊区的武威市仅有160 mm。区内西部降水量更小,阿尔金山主脉年降水量约300

mm，敦煌市不足 50 mm。河西走廊区为干旱气候，年降水量为 50 ~ 160 mm，北山山地为干旱荒漠气候，年降水量为 30 ~ 100 mm，干旱指数大于 30。

（5）内蒙古。内蒙古地区降水量分布趋势为：东部大于西部，南部大于北部，山地大于平原，迎风坡大于背风坡。根据气象条件分析，阴山山前年平均降水量为 400 ~ 500 mm，阴山山后一般不到 250 mm，额济纳旗仅 50 mm。降水量多集中在 6 ~ 8 月三个月，占年降水量的 70% ~ 80%。但冬春季少雨雪，春旱严重。

1.2.2　蒸发量

内陆河流域水面蒸发量相差较大，按各省（区）分述如下：

（1）新疆。新疆维吾尔自治区四周高山环列，境内干山盆地相间，地形极为复杂，气候在地区上的变化很大，因此水面蒸发量在地区上的分布也有很大的差异。蒸发量分布规律与降水量相反，与气温的变化规律基本相同。阿尔泰山区和准噶尔西部山区年蒸发量为 800 ~ 1 000 mm。伊犁地区和天山西部山区年水面蒸发量为 700 ~ 1 400 mm，准噶尔盆地边缘绿洲带内年水面蒸发量为 700 ~ 1 400 mm，中心大于 1 600 mm。帕米尔高原及喀喇昆仑山、昆仑山山区年水面蒸发量为 1 200 ~ 1 600 mm，个别地区如民丰、若羌超过 1 700 mm。盆地中心年水面蒸发量超过 1 800 mm。吐鲁番盆地以及哈密南北戈壁年水面蒸发量为 1 400 ~ 2 200 mm，在哈密七角井一带蒸发量高达 2 600 mm 以上。总之，新疆气候干燥，蒸发能力强，其趋势是北疆小，南疆大；西部小，东部大；山区小，平原大。一般山区为 800 ~ 1 200 mm，平原盆地为 1 600 ~ 2 200 mm。

（2）西藏。西藏自治区藏北内流水系由于远离海洋，加上高山阻隔，气候严寒干燥，年平均气温多在 0 ℃ 以下，是西藏降水量最小的地区。大部分地区年降水量小于 200 mm，全区平均年径流深不足 50 mm。这里蒸发强度较大，因而造成地表径流贫乏，河流一般短小，大部分为季节性河流。

（3）青海。青海省柴达木盆地地处高原，气候干燥、温凉，日照强烈，年日照时数平均长达 3 000 h 以上，蒸发强烈，年平均蒸发量为 2 088.8 ~ 3 518.5 mm。因盆地戈壁沙丘广布，风大风多，年平均风速 3 ~ 5 m/s，年平均大风日数西部茫崖高达 110 d，居中国同纬度之冠，加之人类活动影响，沙化问题日益加剧。

格尔木河流域深居西北内陆，属典型的高原大陆性气候，特点是气候干旱，降水稀少，光照充足，太阳辐射强烈。年蒸发量为 2 802（格尔木市）~ 2 139 mm（纳赤台），蒸发量随高程的降低而递减，全年日照时数为 3 078 h。

祁连山流域内有大片森林，植被良好，河水较清，含沙量轻微。流域区内气温偏低，蒸发量为 1 539 mm。

（4）甘肃。甘肃省内陆河气候干旱的主要特征是水面蒸发能力大，而且降水越少的地方蒸发量越大，其水面蒸发能力普遍比同纬度的东部地区大。

（5）内蒙古。内蒙古自治区内陆河水面蒸发量由东向西逐渐递增。从锡林郭勒高原东部的 1 000 mm，西经浑善达克（小腾格里）沙地、乌兰察布高原、巴彦淖尔高原及至阿拉善高原的巴丹吉林沙漠，递增至 2 400 mm。额济纳旗毛淖湖站实测为 2 663.7 mm，为内蒙古自治区实测最高值，也是目前国内实测最大值。在狼山与贺兰山之间的乌兰布和沙漠地区,又出现一个 2 000 mm 的高值区。

内蒙古自治区陆面蒸发从东向西呈递减趋势,降水量和陆面蒸发量相近。至阿拉善盟减至 50 mm,主要原因是除山丘区产生径流外,其余地区基本不产生径流。

1.2.3 径流

内陆河流域径流的分布差别较大,按各省(区)分述如下:

(1)新疆。新疆维吾尔自治区河川径流主要来源于山区的大气降水,因此地表水资源的地理分布与气候因素如辐射、气温、降水量的地理分布有密切关系,并与下垫面因素如地形地貌、植被、土壤、高山冰雪储量等有关。新疆的山区与平原高差悬殊,气候与水文要素垂直地带性显著。阿尔泰山、天山、昆仑山高大山体拦截高空西风带的水汽,形成山区较多的固态或液态降水,除部分蒸发返回大气外,其余均以径流形式汇入河网。新疆地表水资源量为 788.7×10^8 m^3,主要产流于高、中山区。河流源高流长,水量大;反之,源低流短,则水量少。新疆河流年径流量与流域平均高程成正比。

由于新疆水汽主要来源于西方、西北方,其次是北方,加上准噶尔盆地地势东高西低,准噶尔西部山区山体较低,且有数个大的缺口,额尔齐斯河谷、额敏河谷、伊犁河谷等均向西开敞,利于水汽输入,所以上述各地降水或积雪、冰川比较丰富,年径流深较大。而南疆北、西、南三面环山,且山体十分高大,所以西来、北来水汽难以进入;南疆的多数山区位于背风坡,年降水量远小于北疆,年径流深较小,但南疆山区在高程 4 000 m 以上区域有丰富冰川,是河流径流主要的补给来源。至于北疆东部或南疆东部,山体较低,拦截水汽较少并受沙漠干旱气候影响,年径流深远较西部为小,冰川面积亦甚少,所以造成新疆地表水资源分布具有北部、西部多而南部、东部少的鲜明特点。

(2)西藏。西藏自治区藏北径流深的地区分布与降水相仿,大部分地区在 50 mm 以下,中部为 50~100 mm,东部为 150 mm。全区平均年径流深不足 50 mm。流域径流深为 70~150 mm,东部较西部为大。藏南内流水系由于南侧喜马拉雅山脉的屏障作用,境内气候比较寒冷干燥。湖盆地区年平均气温一般为 0.7~2.4 ℃,流域径流深为 70~150 mm,东部较西部为大。西藏内流水系区水量约为 202×10^8 m^3,平均径流深约为 34 mm。

(3)青海。青海省可可西里盆地位于青海省西南部,年径流深为 55.9 mm,年总径流量为 25.3×10^8 m^3。柴达木盆地河流均发源于四周山地,径流主要靠冰雪融水、雨水和泉水补给,因此径流在 4~6 月融雪期及 7~8 月雨季较为集中,青海湖内流区年径流量为 14.43×10^8 m^3。祁连山地内陆河年平均径流深为 138 mm,年总径流量为 34.6×10^8 m^3。

(4)甘肃。甘肃省河西走廊内陆河出山径流的年内分配差异较大,年际变化剧烈,出山径流主要集中在 5~9 月。在出山径流相对集中的汛期,疏勒河、黑河和石羊河出山径流量分别占年出山径流总量的 74.75%、75.04% 和 80.94%,最小出山径流量出现在每年的 12 月至次年的 2 月;处于祁连山中部的黑河流域受祁连山的影响最大,各月出山径流量分配极不平衡,最大月和最小月出山径流量相差 81.79%。

(5)内蒙古。内蒙古自治区内陆河流域地表水资源总量占全区总量的 3.0%。年径流量的地区分布与降水和地形的走向基本相同。中部阴山山脉的年径流深较大,但巴彦淖尔高原和阿拉善高原都基本上不产生径流。内陆河流域地下水资源量为 41.26×10^8

m^3，其中内蒙古高原（锡林郭勒高原、乌兰察布高原、巴彦淖尔高原）为 $31.75 \times 10^8 \ m^3$，阿拉善高原为 $9.15 \times 10^8 \ m^3$。

1.2.4 洪水与干旱

内陆河流域洪水和干旱的程度相差较大，按各省（区）分述如下：

（1）新疆。新疆维吾尔自治区境内耸立着许多高大山体，截获了较多的水汽，因而易在山区形成降水，高山区在低温条件下，降水形成冰川和积雪，融化后产生冰雪融水洪水；中低山带多暴雨，常形成暴雨洪水和泥石流，同时在各种特殊地理条件下，还会形成各种类型突发性洪水。这种独特的自然地理条件，使得新疆河流具有径流补给多样、洪水成因复杂的特点。新疆的洪水有四种类型：融水洪水、暴雨洪水、融水和暴雨混合洪水以及各种类型的突发洪水。

新疆洪水的过程特征与洪水类型有密切关系。季节积雪和高山冰雪融水型河流，洪水过程与气温变化过程较相应，日变化明显，洪水涨落较缓慢，历时较长，洪量较大；暴雨洪水和突发型洪水，洪水上涨迅速，历时短，洪峰高，洪量较少；混合型洪水，河流洪峰洪量都较大。

新疆是干旱少雨地区，洪旱灾害时有发生，严重威胁着农牧业生产和国民经济的发展。由于地域辽阔，水文气象差异很大，降雨时空分布不均，故局部地区洪旱灾害频繁，全疆湿润多雨、干旱少雨洪旱年份存在一定的循环周期性，有时也连续出现。新疆自然气候各地差异很大，东部比西部干旱，北疆比南疆多雨，北疆昌吉、乌鲁木齐小河沟多靠雨水补给，伊犁、塔城丘陵坡地多种旱田，全靠降雨滋润庄稼。山区降水直接影响河流水量的消涨，所以南、北疆每年都有旱灾。

新疆的平原区极度干旱，地层松散，渗漏严重，经平原水库调节有 30% ~40% 水资源耗于蒸发渗漏，山区是洪水形成区，在山口区修建水库，蓄洪削峰，减轻旱灾，还可显著减缓洪水发生时对下游绿洲区的危害。

（2）青海。青海省内陆河主要有那棱格勒河、格尔木河、香日德河、茶汗乌苏河、诺木洪河、巴音河等。那棱格勒河位于柴达木盆地西南部，是青海省最大的内陆河，发源于昆仑山脉阿尔格山的雪莲山，海拔 5 598 m，源头为冰川，以下 13 km 处河水汇入库水浣，汛期水从东北流出进入戈壁滩，水流潜入地下，至戈壁滩东段河水又流出地面，东流 10 km 进入太阳湖，湖长约 15 km，南面马兰山有大面积冰川分布。那棱格勒河全长 396 km，流域面积 21 118 km^2，多年平均流量 34.6 m^3/s，实测最大洪峰流量 414 m^3/s，调查历史最大洪峰流量 700 m^3/s，多年平均含沙量 21.75 kg/m^3，年输沙量 2 236.6 $\times 10^4$ t。

青海省内陆河流域为典型的高原大陆性干旱气候，特点是气候干旱，降水稀少，光照充足，太阳辐射强烈。乌图美仁乡多年平均气温 2.1 ~3.6 ℃，气温随纬度的增加而降低，随海拔的增加而降低，霜期从 9 月下旬开始至次年 4 月下旬告终。其他内陆河相对较小，水旱灾害雷同。

（3）甘肃。甘肃受大陆性季风气候的影响，90% 以上的洪水发生在 6~9 月，大部分河流年最大洪水多发生在 7~8 月，各河流发生洪水时间与暴雨一致。干旱灾害不但多发而且范围广、时间长,位居各种自然灾害首位,占各种自然灾害面积的50.1%,从灾情的年度变化分布上看,干旱存在年际间的持续性,干旱一般持续两年甚至七年。

(4)内蒙古。内蒙古自治区内陆河流域大部分处于高原区,多为局部地形雨,故一河一片的洪水时有发生,而大面积连片则不多。根据已设站的几条河流统计,洪水分布季节差异很大。

内蒙古自治区内陆河流域降水大多为多年平均降水量的50%,各河水量均为枯水年,有的甚至断流。艾不盖河百灵庙水文站年径流量约为多年平均径流量的20%。受地理位置、自然环境及大气环流的影响,各地干旱程度有所不同。

1.2.5　河流泥沙和水质

内陆河河流泥沙和水质监测及水资源的综合利用不尽相同,按各省(区)分述如下:

(1)新疆。新疆维吾尔自治区河流多发源于高山区,河流含沙量由于受流域内植被覆盖率和流域地质条件等下垫面及气候干旱程度,暴雨和洪水大小、频次等因素的影响,各河流含沙量相差较大。南疆河流含沙量普遍较大,北疆河流含沙量相对较低。

新疆是一个多山地区,特殊的地理位置和地形条件使得山区成为拦截水汽、形成降水的主要区域,同时也是泥沙的侵蚀源地。高山区径流量小并为冰雪融水,产沙量相对较小,中山带和浅山带为降水汇流带,致使产沙量不断增加,在出山口达到最大,随后逐渐减小。河流输沙量取决于含沙量、径流量及流域面积等因素,南疆河流含沙量普遍较大,加之流域面积也较大,因而输沙量也较大。新疆主要河流多年平均年输沙量见表1-2。

表1-2　新疆主要河流多年平均年输沙量

水资源三级区	河名	站名	集水面积(km²)	年输沙量(×10⁴ t)
额尔齐斯河	鄂尔齐斯河	布尔津	24 246	33.9
乌伦古河	基什克奈青格里河	小青河	1 326	6.85
额敏河	卡琅古尔河	卡琅古尔	349	1.44
伊犁河	伊犁河	雅马渡	49 186	819
	特克斯河	卡甫其海	27 402	607
	巩乃斯河	则克台	4 123	69.6
	喀什河	乌拉斯台	5 081	145
艾比湖	四棵树河	吉勒德	921	42.4
天山中段	玛纳斯河	肯斯瓦特	4 637	321
	呼图壁河	石门	1 840	46.1
	头屯河	制材厂	840	35.9
	乌鲁木齐河	英雄桥	924	10.6
天山东段	开垦河	开垦	371	10.6

水资源三级区	河名	站名	集水面积(km²)	年输沙量(×10⁴ t)
吐鲁番盆地	阿拉沟	阿拉沟	1 842	21.9
哈密盆地	故乡河	白吉	431	2.49
开都—孔雀河	开都河	大山口	19 022	59.4
	黄水沟	黄水沟	4 311	18.7
渭干河	库车河	兰干	3 118	212
阿克苏河	托什干河	沙里桂兰克	19 166	696
	阿克苏河	西大桥	43 123	1 770
	库马拉克河	协合拉	12 816	1 570
	台兰河	台兰	1 324	361
喀什噶尔河	库山河	沙曼	2 169	191
	盖孜河	克勒克	9 753	330
	克孜河	卡拉贝利	13 700	1 350
和田河	玉龙喀什河	同古孜洛克	14 575	1 160
叶尔羌河	叶尔羌河	卡群	50 248	2 980
克里雅诸小河	克里雅河	努努买买提兰干	7 358	276
车尔臣河	卡墙河	且末	26 822	391
塔里木河干流	塔里木河	阿拉尔		2 340

新疆河流天然水质受河流水量季节性变化的影响,矿化度和水化学类型都呈明显的季节性变化。丰水期河流水量大,河水主要由融雪和降水补给,因此河水矿化度一般都很低。枯水期河流水量小,且河水补给往往以地下水为主,故水体矿化度增高。从全年分配来看,汛前比汛后高。南疆有些河流水化学类型也随水量变化而改变。新疆河流天然水质分布规律是:北疆优于南疆,西部优于东部,山区优于平原。一般河流出山口以前天然水质良好,下游河段水体矿化度较高,南疆一些河流下游矿化度极高,已不能满足人畜饮用和农业用水要求。

(2)西藏。西藏自治区的藏北高原气候十分干旱,湖泊水质多为咸水湖或盐湖,矿化度高,不宜饮用和灌溉。藏南内陆湖泊的矿化度很低,有的为淡水湖,如玛旁雍错、普莫雍错等,矿化度仅为 400 mg/L 左右,几乎与我国东部湿润地区一些湖泊相似。其余咸水湖的矿化度也多为 4 g/L 以下,只有很少几个小湖达到盐湖的标准。

(3)青海。青海省柴达木盆地河水含沙量除那棱格勒河、格尔木河、香日德河等几条大河相对较大外,其余河流都很小。祁连山地流域内有大片森林,植被良好,河水清澈,含沙量较小。青海内陆河流域部分地区,河水矿化度也在 500 mg/L 以上。河水多属碳酸盐类或氯化物盐类。东南部和东北部地区、柴达木盆地北部河流上游河水属软水,其他广大地区河水均属中等或中等以上的硬水。

（4）甘肃。甘肃省由于生态环境恶劣，森林及其他植被覆盖率很低，河西沙化、风沙和沙尘暴活动非常频繁，生态环境和水土流失呈现普遍恶化的状况。内陆河流域多年平均输沙量为 $1\,275 \times 10^4$ t。河西祁连山区及山前洪积扇地带，水的矿化度介于 $100 \sim 300$ mg/L，河西三大水系下游地区，个别地方矿化度超过 $1\,000 \sim 2\,000$ mg/L 以上。

（5）内蒙古。内蒙古自治区内陆河流域各河流含沙量变化范围较大，一般山丘区河流较大，多年平均含沙量为 $10 \sim 30$ kg/m^3，而草原区的河流则较小，多年平均含沙量为 $0.05 \sim 1$ kg/m^3。包头市的艾不盖河百灵庙站多年平均含沙量约为 30.5 kg/m^3，最大含沙量为 96.8 kg/m^3，锡林郭勒草原区，巴音河昌图庙水文站多年平均含沙量为 0.078 kg/m^3，最大含沙量为 1.06 kg/m^3。

内蒙古自治区内陆河流域多年平均输沙量为 283×10^4 t，占全区河流总输沙量的 1.4%。这些泥沙大多滞留在河流下游或淤积于水库和湖泊中。

内蒙古自治区内陆河流域各河流变化范围较大，一般山区河流年输沙模数较大，为 $100 \sim 400$ t/km^2。平原和草原区河流都很小，一般为 10 t/km^2。

从内蒙古全区地表水供水水质看，城镇生活用水可基本达到Ⅲ类标准，工业用水大多数可达到Ⅳ类标准，但农业用水达到Ⅴ类标准的供水量仅占 50% 左右。其中，城镇生活和工业供水的水质基本反映了供水水源的水质；而造成农业供水 50% 左右为劣Ⅴ类水质的原因主要不是供水水源，而是在灌溉用水通过下游河道时被污染。

1.2.6　水资源

内陆河流域因自然地理特性和气候等影响水资源差别较大，按各省（区）分述如下：

（1）新疆。新疆维吾尔自治区河川径流主要来源于山区的大气降水，因此地表水资源的地理分布与气候因素如辐射、气温、降水量的地理分布有密切关系，并与下垫面因素如地形、地貌、植被、土壤、高山冰雪储量等有关。

地表水资源量通常指河流、湖泊、水库、冰川等地表水体的动态水量，亦即地表水体逐年可以得到恢复更新的，在较长时间又可以保持动态平衡的淡水量。新疆地表水资源主要形成于山区，山区河川径流量的分布和变化反映了新疆地表水资源的变化特点，具有明显的地带性规律。湖泊的死储量、冰川的静储量都是静态水资源，不计在地表水资源内。由于各种地表水体的动态水量均汇入河流，因此通常以河流的水量即用河流出口处的多年平均年径流量来表示地表水资源量。新疆多年平均地表水资源量为 788.7×10^8 m^3，地下水资源总量为 503.4×10^8 m^3，地下水与地表水资源量不重复计算量为 44.15×10^8 m^3，新疆水资源总量为 832.9×10^8 m^3。

（2）西藏。西藏自治区内陆河水系分为藏北内流水系和藏南内流水系。藏北内流水系由于远离海洋，加上高山阻隔，气候严寒干燥，是西藏降水量最少的地区。大部分地区年降水量小于 200 mm，全区平均年径流深不足 50 mm。这里蒸发强度较大，因而造成地表径流贫乏，河流大部分为季节性河流。

藏南地区内流水系的降水比藏北地区内流水系多，产流量也高。因此，这里的湖泊退缩小于藏北内陆湖泊退缩。

（3）青海。青海省内陆河水系各河流呈辐合状，自四周山区流向盆地中心，径流随海拔的降低而减小。省内河流的年内变化与河流的补给条件有很大关系，以雨水补给为主的河流，汛期连续最大4个月的径流量占年径流量的55%~85%；以冰雪融水补给为主的河流，年内分配不均匀，在气温较高的4~9月，冰雪融水大量汇集河中，连续最大4个月径流量占年径流量的70%以上；以地下水补给为主的河流，河流水量较稳定，年内分配比较均匀。柴达木盆地河流水资源在地区分布上很不均匀，特别是西北部降雨少，有大片无径流区，用水极为困难。河水流出山谷后大都流经戈壁滩，渗漏严重，流量随流程加长而逐渐减少，甚至全部变为潜流，至戈壁前缘溢出带复以泉水形式流出，汇集于湖泊中。

（4）甘肃。甘肃省内陆河流域多年平均水资源量为 55.64×10^8 m³，不重复的地下水资源量为 5.14×10^8 m³。

（5）内蒙古。内蒙古自治区内陆河流域大多属于温带大陆性季风气候，冬夏温差大，大部分地区干旱少雨，且春季多大风或飞沙天气。夏季日照时间长，温度高，有利于植物生长，但存在沙化，半沙化及部分降雨量偏少的草原地区易出现干旱，对农牧业危害极大。农业灌溉多为河道引水和地下水供给。湖、海、淖尔由于水质差，含盐碱高，只能养鱼，不能灌溉。近几年地域年降水量普遍递减，蒸发量加大，地下水得不到及时补充，导致湖、海、淖尔的水量逐年减少，水面面积相应缩小，水资源紧缺程度越来越突出。

第2章　全国内陆河湖水文站网普查情况

2.1　水文站网普查的重要性

水文是水利工作的重要基础和技术支撑,是国民经济和社会发展不可缺少的基础性公益事业。水文工作通过对水位、流量、降水量、泥沙、蒸发量、地下水位及水质、墒情等水文要素的监测和分析,对水资源的量、质及其时空变化规律的研究,以及对洪水和旱情的监测与预报,为国民经济建设,防汛抗旱,水资源的配置、利用和保护提供基本信息和科学数据。

水文事业是国民经济建设和社会发展的基础性公益事业。水文资料是防汛抗旱,水资源开发利用管理与保护及水工程规划、设计、施工、运行、管理、调度的依据。水文测站是采集水文资料的基础单元,科学地布设水文站网,依靠不同观测项目站网间的协调配合,发挥全部测站的整体功能,以有限站点的有限观测,满足区域内任何地点对水文资料的需求。因此,通常把水文站网看做是整个水文工作的基础。

水文站网的实施是一个渐进的过程。一个国家对水文资料的需求,会随着经济的发展而增加,因此将水文站网视做一个动态系统,定期对站网的效果进行检查是非常重要的。只有针对资料需求的变化及时调整资料收集的目的,才能使水文工作切实满足经济社会发展的需求。

全国内陆河湖水文站网的建设虽已具备了一定的数量,但较其他流域明显滞后,各省(区)水文站网建设差距较大。随着社会经济的发展,水文站网应在允许最稀站网基础上不断发展。但值得注意的是,构成内陆河流域今天这样一个站网的主体,即70%的测站,都是在20世纪50~70年代建设的。当时的设站目的主要有两个方面:收集基本水文资料,为流域规划和水工程设计提供依据;进行径流预报,为防汛减灾决策提供依据。今天来看,这样一个站网规模基本可以满足收集中、大尺度空间水资源信息时空分布规律的需要,但在紧密结合社会实时性服务需求方面以及解决突出水问题方面尚显不足。随着人类社会步入21世纪,人口的膨胀,土地利用的加剧,资源的过度占用,使得人与自然之间的关系处于越来越矛盾和不和谐状态,全球变暖、土地沙化、河流断流、水质劣变、地面沉降等,就是自然对这种不和谐关系做出的系统响应。这些警示信息促使社会反思,提出可持续发展的战略方针。可持续发展的重要基础之一是水资源的可持续利用,水文信息是反映水资源系统体征的指标,水文站网是水文信息的采集体,从社会可持续发展和风险控制角度,以建立一个具备饮水安全、用水安全和有效管理洪旱灾害的和谐环境为目标,重新审视、评定站网设置目的与服务目标之间的关系,调整和充实现有水文站网,成为水文部门需要迫切研究的问题。

为此,2003年8月,水利部办公厅印发了《关于开展全国水文站网普查与功能评价工作的通知》(办水文[2003]113号),水利部水文局同时也下发了《全国水文站网普查与功能评价》工作大纲,决定对全国水文站网进行一次全面普查与客观评估,为站网今后的调整与发展提供依据。

2.2 水文站网普查组织实施情况

全国内陆河湖水文站网普查与功能评价组织单位为黄委水文局,负责流域水文普查评价总体设计、组织与协调工作,并对最终成果进行汇总与审查。全国内陆河湖水文站网普查与功能评价工作组由黄委水文局及流域内各省(区)水文部门指定专人组成。

黄委水文局负责协调流域片内水文站网的普查与功能评价工作,并对成果进行汇总。各省(区)水文部门负责本辖区水文站网的普查与功能评价工作。

为保证工作认真有序地进行,流域片各省(区)水文单位均指定专人,成立了本辖区工作组。

总体工作分为站网普查和站网评价两个阶段。2004~2006年为站网普查和汇总阶段,2006~2007年各省(区)和流域片开展评价和报告编写,2007~2008年内陆河湖水文站网普查汇总、评价和报告编写。过程简述如下。

2004年3月,水利部水文局在黑龙江省召开了全国水文站网普查与功能评价第一次工作会议,针对各单位初步调查情况,就工作思路、工作方法、普查内容、填表说明等进行了讨论与交流。

随后,2004年6月黄委水文局在郑州召开了全国内陆河湖水文站网普查成果审查会议(初步成果)。参加单位为流域内各省(区)水文部门。会议对各省(区)的普查成果进行了审查,并听取、汇总了各省(区)在普查过程中发现的问题和难题,并对下阶段普查工作进行了安排、部署。

之后至2006年期间,全国内陆河湖各省(区)紧锣密鼓地开展了普查工作,共完成了普查表17张。

全国内陆河湖水文站网普查收集了大量数据,检查数据的准确性至关重要。鉴于数据量浩大,除层层把好基础调查和数据录入质量关外,为减少人工查错的疏漏,还设计了表格之间、数据之间的逻辑核查关系,通过程序查错,最大可能减少数据错误。数据汇总、查错、核对、矫正、再汇总、再查错、再校核,持续了半年时间。

在普查取得初步成果后,2005年1月水利部水文局在江西省召开了全国水文站网普查第二次工作会议,就站网功能评价进行培训,编制了评价报告提纲和评价方法,要求在普查数据基础上,分析计算形成24张评价表。这些表为客观评价站网功能提供依据。

2006年11月,水利部水文局在昆明召开全国水文站网普查评价第三次工作会议,通报普查数据的核查情况,交流了各地评价表格填写和报告编写情况,对关键技术问题提出处理意见。

2007年8月,黄委水文局在郑州再次召开内陆河湖水文站网普查评价工作会议,会议审查了各单位站网普查评价报告,并对审查中发现的细节问题提出修改意见。

2007年9月,水利部水文局在北京召开了全国水文站网普查与功能评价报告汇总工作会议,各流域机构和部分省(区)代表参会,就总报告和专项报告数据汇总及报告编写进行了讨论。

2009 年 4 月,经多次修改,全国内陆河湖水文站网普查评价报告最终稿上报水利部水文局。

2.3 水文站网普查成果说明

全国内陆河湖水文站网普查不仅对水文测站的各项属性进行摸底,还从评价目标出发,对相关系统与站网之间的影响和互馈情况进行了调查。普查表格 17 张,普查内容(字段数)677 项(见表 2-1)。由于篇幅所限,仅附普查表 1。全国内陆河湖国家基本水文站和水文部门辅助站、实验站、专用水文站调查表见附表 1。

表 2-1　水文站网普查一览

	表格名称	字段数
表 1	国家基本水文站和水文部门辅助站、实验站、专用站调查表	144
表 2	水文部门水位站(水文站的水位观测项目不包括在内)调查表	90
表 3	水文部门雨量站(水文站、水位站的雨量观测项目不包括在内)调查表	44
表 4	水文部门蒸发站(水文站、水位站、雨量站的蒸发观测项目不包括在内)调查表	26
表 5	其他非水文部门水文站、水位站调查表	105
表 6	××省(区)基本地下水监测站调查表	44
表 7	水文、水保(水文站、水位站的水质观测项目不包括在内)和环保部门水质站调查表	30
表 8	墒情站信息调查表	13
表 9	勘测队(巡测基地)管理信息调查表	53
表 10	水文站裁撤沿革调查表	44
表 11	水文报汛站网满足需求程度调查表	11
表 12	××省(区)际间水文(水质)控制需求和测站情况调查表	17
表 13	水资源服务需求调查表	13
表 14	××省(区)流域面积 500 km^2 以上河流情况调查表	18
表 15	××省(区)水文区划及河流情况统计表	9
表 16	××省(区)水文分区分级及测站统计表	10
表 17	国家重要水文站调整意向调查表	6
	合计	677

全国内陆河湖水文站网普查历时两年,花费了大量人力物力,调查了涵盖各类测站、巡测基地、河流、水文分区的现况基本属性资料和用于评价的特征数据。属新中国成立以

来内陆河湖水文站网的第一次全面普查和体检,具有重大现实意义:一是为各省(区)水文站网首次提供了系统全面的基础资料,将大大促进水文管理的科学化和精细化;二是为首次定量评价水文站网,回答业内、业外人士关于水文站网为社会提供服务的真实程度的关切,提供了第一手信息;三是为今后开展水文站网规划提供了直接和重要参考依据。

普查成果主要包括以下几部分:

水文测站(水文站、水位站、雨量站、蒸发站、水质站、地下水站、墒情站等)基本属性,水文特征值,水文站受水利工程影响程度,水文站设站功能,$500~\text{km}^2$ 以上河流水文站设置情况,省界河流及其水文站设置情况,水文站报汛满足程度调查,水文分区及区域代表站设置等。

第 3 章 水文站网发展历程

水文学是研究水的特性及其变化规律的科学,要揭示水体现象的地区性规律和水文现象及水文过程物理机制,预测未来水文形势变化趋势。水文工作是防汛抗旱、水资源保护、水资源评价、水资源管理、水工程规划设计的依据,是国民经济建设的前期性工作和基础工作,它与水资源的开发、利用、管理和保护更是息息相关,起着"耳目"和"参谋"的作用。

水文测站是河流或流域内为收集水文要素而设置的经常性工作站点,水文站网是由这些站点组成的有机集合体。水文站网的具体构成为流量站、水位站、泥沙站、雨量站、蒸发站、水质站、地下水站、实验站、专用站等,绝大多数的水文工作都要以水文测站收集到的资料作为分析研究的基础,而资料需要通过一定年限的积累才能应用。为此,水文测站需要超前若干年设立才能满足要求。科学地布设站网,以最小的经济代价,利用有限数量的水文测站,依靠站网整体功能,提供所有地点具有一定精度的水文资料,是水文工作的战略目标,水文站网是水文战略布局的工作基础。

全国内陆河湖水文站网从新中国成立前的寥寥站点,发展到目前按一定规则部署的具有相当规模的内陆河湖水文站网,为内陆河湖防汛抗灾、水资源合理开发利用、水污染防治,进而为内陆河湖地区国民经济和社会发展,发挥了极其重要的作用,作出了重大贡献。

3.1 新中国成立前的水文站网建设

新中国成立前,内陆河湖的水文站点分布很稀,还未形成站网。由于当时的社会环境和经济条件限制,只是在一些重要的河流上零星分布几处水文站,大部分河流(包括一些较大的河流)还没有水文站点。已设立的站点,观测时间都比较短,有的不足一年,而且功能比较单一,到1945年内陆河湖设有水文站14处,雨量站13处,仅收集各河流的径流、降水等水文资料,为防汛抗旱和农业灌溉提供服务。

3.2 新中国成立早期的水文站网建设

新中国成立初期,国家政治经济相对稳定,加大了对水文等基础公益事业的投入,内陆河湖在原有基础上增设了不少的水文站点,其他项目的观测点也相应有所增加,到1960年内陆河湖在较大一些河流上开始设立水文站,在疏勒河水系、黑河水系、石羊河水系、库尔雷克湖水系等共设有水文站210处,设有水位站7处,设有雨量站144处,设有蒸发站73处,特别是水质站点在这个阶段开始布设,1957年石羊河水系在黄羊河水库开始建立了第一个水质站。

内陆河湖各水系站点的设立,有效地弥补了内陆河湖水文站点布设的不足,初步形成了涵盖大多数河流的水文站网,为收集各河流的径流、泥沙、降水、蒸发等水文资料,为当地的国民经济建设和社会的发展起着重要的作用。尽管河流站点有所增加，但测站的功能还比较单一，站网规划还是在摸索中前进，加之财力不足，有的站时建时停，观测方法和时间不统一，资料系列不够连续，精度较差。所以，这一阶段整个内陆河湖水文站网还处于初步发展阶段。

3.3　20 世纪 60～70 年代水文站网的建设

1961～1965 年，为适应国民经济"调整、巩固、充实、提高"的方针，内陆河湖水利部门贯彻落实党中央的方针政策，逐步撤销了部分布设不合理、交通不便、生活条件非常艰苦的测站，同时设立了少数条件较好的站点，到 1965 年内陆河湖设有 180 处基本水文站，对保留下来的测站进行了测验设施整顿，基本配齐了仪器测具，初步解决了各站测流、测沙问题，为多数测站修建了简易的土木结构站房，各站的测验和资料整编工作日益走向正规，资料质量显著提高。

1965 年第二次站网规划之后，水文站网建设又获得了一次较大的发展，新建和恢复了一些基本水文站、水位站、雨量站、蒸发站。1969 年干部下放，流域内一些水文站也被撤销，到 1970 年内陆河湖水文站数降到 139 处。"文化大革命"结束后，从 1977 年开始，又逐年新建和恢复了一部分测站，到 1980 年内陆河湖共设有水文站 174 处、水位站 10 处、雨量站 350 处、蒸发站 98 处、水质站 58 处、地下水站 79 处。

这段时期的内陆河湖水文站网建设总体是有增有减的。一方面，通过一些站点的增减，站网更加合理，功能更加齐全；另一方面，由于社会经济等因素的制约，水文站网在这段时期发展相对缓慢，还有一些水文空白的河流，水质站和地下水站都比较少，水文站网密度和测验精度也有待于进一步提高。

3.4　20 世纪 80 年代水文站网的建设

20 世纪 80 年代在水利电力部水文局的统一部署下，对水文站网进行全面整顿和有计划地发展。随着社会经济的快速发展，国家对水文事业的投入也大幅度上升，水文站网建设也有了较大的发展。一方面，对一些达到设站年限的、测验精度不高的测站进行裁撤或迁移，使站网布设更加趋于合理；另一方面，在有设站要求的地方增加站点，对已有的测站增加测验项目，提高测验精度，并开始重视和发展水质站和地下水站，以适应国家社会经济发展的需要。截至 1990 年，内陆河湖共设有水文站 181 处、水位站 10 处、雨量站 381 处、蒸发站 104 处、水质站 130 处、地下水站 273 处，基本满足了流域地区雨水情监测、防汛测报、水资源利用及水质监测等方面的要求，为内陆河湖地区的经济建设发挥重要作用。

3.5　1990～2005 年水文站网的建设

1990～2005 年，内陆河湖水文站网稳步发展，水文站点在总数上变化不大，只是个别区域在站网优化过程中有所调整，站网建设主要是在增加测验项目、改善测验条件、改进测验设施、提高测验精度上下工夫。但不容忽视的是,在 2000 年以后,由于委托雨量站工资偏低,委托观测人员进城务工,加之各地邮电所撤销,因此有部分雨量站自动停测、停报,对水文资料的采集产生一定影响。随着改革开放的不断深入,本着站网精干的原则,对水文站网进行了局部调整,撤销了一些没有水情任务、功能单一的雨量站。截至 2005 年,内陆河湖共设有水文站 167 处、水位站 8 处、雨量站 304 处、蒸发站 89 处、水质站 134 处、地下水站 612 处。通过进一步调整,使内陆河湖基本具备了雨水情监测、防汛测报的功能,随着社会的进步和经济的发展,加强了水资源利用、水质监测、地下水监测等方面的管理,为内陆河湖地区的经济建设作出了重要的贡献。

水文站网的发展变化与社会政治、经济的变化,管理机构的变迁以及水文站生活工作条件的变化密切相关。特别是近几年,国家投入了大量资金进行水文站危房改造工程,改造、改建一批水文站房,购置测验设备,极大地提高了水文职工的生活环境和工作环境。内陆河湖域水文站网经历了由少到多、由点到面,逐步调整优化充实发展的过程,到目前为止,已初步建成了覆盖内陆河湖大部分河流,布局较为合理、项目较为齐全、整体功能较强的水文站网体系,但有些河流存在空白区,还需加大力度增设水文站点。

3.6　内陆河湖水文站网发展综合评价

综上所述,内陆河湖水文站网建设最早自 1943 年,先后在黑河水系设有 8 处水文站,分别是莺落峡、正义峡、梨园堡、大寨子、黑山堡、姚沟、尖山渚湾、岔家堡;设有 2 处雨量站,分别是俄博、黄藏寺。石羊河水系设有于家湾、蔡旗堡、小泉沟、马营庄、三岔堡共 5 处水文站。到新中国成立前夕,内陆河湖水文事业处于起步阶段,水文站点很少,还未形成站网,只是零星分布在一些重要的河流上,已设立的站点观测时间都比较短,且功能比较单一,只是收集各河流的径流、降水等水文资料,为防汛抗旱和农业灌溉提供服务。

中华人民共和国成立后,由于当时经济发展的需要和“大跃进”高潮,水文测站得到迅速恢复和发展,至 1965 年,内陆河湖有水文站 180 处。随着社会经济的快速发展,国家对水文事业的投入也大幅度上升,水文站网建设也有了较大的发展。20 世纪 80 年代,在水电部水文局的统一部署下,对水文站网进行了全面整顿和有计划地发展。一方面,对一些达到设站年限的、测验精度不够的测站进行裁撤或迁移;另一方面,在有设站要求的地方增加站点,对已有的测站增加测验项目,提高测验精度,并开始重视发展水质站和地下水站,以适应国家社会经济发展的需要。

到 2005 年内陆河湖水文站网已初具规模,共有水文站 167 处、水位站 8 处、雨量站 304 处、蒸发站 89 处、水质站 134 处、地下水站 612 处。已建成了门类比较齐全、布局大致合理的水文站网。

总之,内陆河湖水文站网经过规划发展和优化调整,数量上由少到多,由点到面,在测验项目上由单一到综合配套,并逐步形成了相对稳定的基本水文站网,在历年的防汛抗旱、水利工程设计、水利工程运行调度、水资源管理和保护中发挥了显著作用。

内陆河湖各类水文站网的发展历程,详见内陆河湖历年测站数量统计表 3-1 和内陆河湖历年测站数量变化曲线图 3-1。

表 3-1 内陆河湖历年测站数量统计

年份	水文站	水位站	雨量站	蒸发站	水质站	地下水站
1900						
1905						
1910						
1915						
1920						
1925						
1930						
1935						
1940			7			
1945	14		13			
1950	25		24	1		
1955	57	2	56	17		
1960	210	7	144	73	2	
1965	180	7	203	82	2	
1970	139	8	198	77	3	
1975	142	10	237	79	6	30
1980	174	10	350	98	58	79
1985	176	12	372	102	111	177
1990	181	10	381	104	130	273
1995	159	7	367	92	115	290
2000	155	7	355	90	122	283
2005	167	8	304	89	134	612

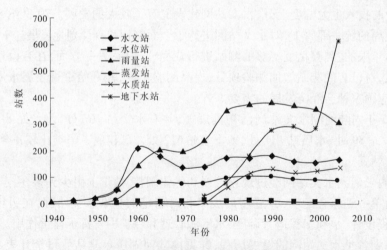

图 3-1 内陆河湖历年测站数量变化曲线

3.7 非水文部门水文测站建设

从本次初步普查统计分析得知,非水文部门水文测站大多由水利部门为灌溉监测设立,工程管理部门为工业引水量监测和水库传递雨情水情信息设立,地方水资源办公室为监测分析地区间出入境水量、分析泉水的动态变化和分析水文变化规律而设立。

特别需要指出的是,新中国成立以后,大批进入新疆的解放军在完成解放新疆的任务后成立了新疆生产建设兵团,沿边境线驻防,开荒种地,屯垦戍边。为了发展新疆的农业,兵团从1965年开始在全区部分河流设立了22处水文站,主要的目的是为农业灌溉算清水账,至80年代初,由于农业生产的需要,加大了水文站的建设。兵团所设水文站是对水文部门站网建设的补充。

内陆河湖目前有非水文部门水文站16处,占辖区内总水文站数的8.7%;水位站4处,占辖区内总水位站数的33.3%;雨量站42处,占辖区内总雨量站数的13.8%;水质站2处,占辖区内总水质站数的1.9%;地下水站171处,占辖区内总地下水站数的27.9%。非水文部门水文测站与国家基本水文测站没有重复设置现象,是对国家基本水文站网的有益补充。

在整个水文站网体系中,水文部门设立的基本水文站网是主要的,占绝大多数,是承担社会水文公共任务工作的主体,其他非水文部门所设水文测站是对基本水文站网的有益补充。

第4章　水文站网基本情况分析

4.1　站网密度评价

全国内陆河湖流域总面积 320×10^4 km²，截至2005年共有水文站167处，现有蒸发观测项目132处、降水观测站304处。现有的水文站网还不能完全满足区域内防洪抗旱、水资源开发利用、水环境监测、水工程规划设计等国民经济和社会发展的需要。

《水文站网规划技术导则》(SL 34—92)中推荐容许最稀站网密度分别如下：

(1)水文站。内陆湿润山区，每站控制面积为300～1 000 km²；干旱区和边远地区(不包括大沙漠)，每站控制面积为5 000～20 000 km²。

(2)雨量站。内陆湿润山区，每站控制面积为100～250 km²；干旱区和边远地区(不包括大沙漠)，每站控制面积为1 500～10 000 km²。

(3)蒸发站。内陆湿润山区，每站控制面积为5 000 km²；干旱区，每站控制面积为30 000 km²。

(4)泥沙站。泥沙站在容许最稀水文站网的所占比例：干旱区、内陆区为30%，湿润区为10%。

(5)水质站。水质站网在容许最稀水文站网中所占比例：干旱区为25%，湿润区为5%，高度工业化地区所占比率应大大高于以上标准。

(6)地下水站。潜水区一般为5～20 km/站，未开发的开阔区域，间距可增至40 km；大量开采或超采区应大大高于以上密度。

4.1.1　流量站网

截至2005年，内陆河湖基本水文站167处，所控制总面积为 77.3×10^4 km²，平均站网密度为4 632 km²/站，基本达到《水文站网规划技术导则》(SL 34—92)中有关容许最稀站网密度。如按内陆河湖总面积 320×10^4 km² 计算站网密度，则为19 162 km²/站，接近容许站网密度中干旱和边远地区的下限值。但各区域随所处的地理位置、自然环境和区域经济发展的不同，测站数量及密度存在较大差异。内陆河湖2005年水文站网、泥沙站网密度情况统计见表4-1，雨量站网、蒸发站网密度情况见表4-2。

从表4-1和表4-2平均密度来看，内陆河湖水文站网平均密度基本上满足《水文站网规划技术导则》(SL 34—92)规定的最稀站网密度要求。由于内陆河湖处于西北边远的干旱区和内陆山区，受人类活动影响较小，区域间站网布设极不平衡。其中西藏、内蒙古、青海省(区)站网密度较稀。

表 4-1 内陆河湖 2005 年水文站网、泥沙站网密度情况统计

序号	水系码	水系名称	管理单位：××水文局	面积（km²）	水文站				泥沙站			
					站数	平均密度（km²/站）	标准范围上限（km²/站）	标准范围下限（km²/站）	站数	平均密度（km²/站）	标准范围上限（km²/站）	标准范围下限（km²/站）
1	001	新疆额尔齐斯河	新疆	53 800	14	3 843	5 000	20 000	9	5 978	16 000	66 000
2	002	额敏河区	新疆	16 559	3	5 520	5 000	20 000	2	8 280	16 000	66 000
3	003	伊犁河区	新疆	61 640	17	3 626	5 000	20 000	10	6 164	16 000	66 000
4	004	博尔塔拉、玛纳斯河区	新疆	6 627	12	552	5 000	20 000	12	552	16 000	66 000
5	005	天山北坡呼图壁河以东地区	新疆	2 596	12	216	5 000	20 000	7	371	16 000	66 000
6	006	哈密、吐鲁番地区诸河	新疆	1 961	6	327	5 000	20 000	7	280	16 000	66 000
7	007	叶尔羌河、塔里木河区	新疆	50 248	36	1 396	5 000	20 000	27	1 861	16 000	66 000
8	008	天山南坡诸河	新疆	16 660	8	2 083	5 000	20 000	7	2 380	16 000	66 000
9	009	昆仑山北坡诸河	新疆	26 822	4	6 706	5 000	20 000	7	3 832	16 000	66 000
10	010	青海柴达木河、霍鲁逊湖	青海	256 669	3	85 556	5 000	20 000	3	85 556	16 000	66 000
11	011	青海格尔木河、达布逊湖	青海	4 434	1	4 434	5 000	20 000			16 000	66 000
12	012	青海布哈河、青海湖	青海	19 621	2	9 811	5 000	20 000	1	19 621	16 000	66 000
13	013	青海库尔雷克、德宗马海诸湖	青海	14 337	2	7 169	5 000	20 000	2	7 169	16 000	66 000
14	014	甘肃河西地区疏勒河	甘肃	20 197	6	3 366	5 000	20 000	3	6 732	16 000	66 000
15	015	甘肃河西地区黑河	甘肃	54 071	17	3 181	5 000	20 000	8	6 759	16 000	66 000
16	016	甘肃河西地区石羊河	甘肃	14 242	16	890	5 000	20 000	4	3 561	16 000	66 000
17	017	内蒙古贺兰山、狼山、阴山以北诸河	内蒙古	142 504	6	23 750	5 000	20 000	0		16 000	66 000
18	018	内蒙古阴山以南内陆河	内蒙古	5 326	1	5 326	5 000	20 000	0		16 000	66 000
19	019	河北北部地区内陆河	河北	350	1	350	1 000	5 000	0	0	16 000	66 000
20	020	西藏地区内陆河	西藏	286			300	1 000	0	0	16 000	66 000
21	021	毛乌素闭流区	陕西	4 511	0		5 000	20 000	0	0	16 000	66 000
		合计		773 461	167	4 632			109	7 096		

表 4-2 内陆河湖域 2005 年雨量站网、蒸发站网密度情况统计

序号	水系码	水系名称	单位名称	面积（km²）	雨量站					蒸发站				
					站数	平均密度（km²/站）	标准范围（km²/站）			站数	平均密度（km²/站）	标准范围（km²/站）		
							上限	下限				上限	下限	
1	001	新疆额尔齐斯河	新疆	53 800	6	8 967	1 500	10 000		6	8 967	30 000	30 000	
2	002	额敏河区	新疆	16 559	4	4 140	1 500	10 000		3	5 520	30 000	30 000	
3	003	伊犁河区	新疆	61 640	7	8 806	1 500	10 000		13	4 742	30 000	30 000	
4	004	博尔塔拉、玛纳斯河区	新疆	6 627	10	663	1 500	10 000		11	602	30 000	30 000	
5	005	天山北坡呼图壁河以东地区	新疆	2 596	9	288	1 500	10 000		11	236	30 000	30 000	
6	006	哈密、吐鲁番地区诸河	新疆	1 961	8	245	1 500	10 000		7	280	30 000	30 000	
7	007	叶尔羌河、塔里木河区	新疆	50 248	24	2 094	1 500	10 000		28	1 795	30 000	30 000	
8	008	天山南坡诸河	新疆	16 660	6	2 777	1 500	10 000		5	3 332	30 000	30 000	
9	009	昆仑山北坡诸河	新疆	26 822	4	6 706	1 500	10 000		4	6 706	30 000	30 000	
10	010	青海柴达木河、霍鲁逊河	青海	256 669	5	51 334	1 500	10 000		3	85 556	30 000	30 000	
11	011	青海格尔木河、达布逊湖	青海	4 434	8	554	1 500	10 000		3	1 478	30 000	30 000	
12	012	青海布哈河、青海湖	青海	19 621	3	6 540	1 500	10 000		2	9 811	30 000	30 000	
13	013	青海牟尔雷克、德宗马海诸湖	青海	14 337	7	2 048	1 500	10 000		3	4 779	30 000	30 000	
14	014	甘肃河西地区疏勒河	甘肃	20 197	16	1 262	1 500	1 000		5	4 039	30 000	30 000	
15	015	甘肃河西地区黑河	甘肃	54 071	22	2 458	1 500	1 000		13	4 159	30 000	30 000	
16	016	甘肃河西地区石羊河	甘肃	14 242	28	509	1 500	1 000		7	2 035	30 000	30 000	
17	017	内蒙古贺兰山、狼山、阴山以北诸河	内蒙古	142 504	59	2 415	1 500	10 000		3	4 750	30 000	30 000	
18	018	内蒙古阴山以南内陆河	内蒙古	5 326	18	296	1 500	10 000		1	5 326	30 000	30 000	
19	019	河北北部地区内陆河	河北	11 656	54	216	1 500	10 000		1	11 656	30 000	30 000	
20	020	西藏地区内陆河	西藏	286	3	95	100	250		3	95	30 000	30 000	
21	021	毛乌素闭流区	陕西	4 511	3	1 504	0	0		0				
合计				784 767	304	2 581				132	5 945			

总之,内陆河湖现有的水文站网,还不能完全满足探索区域水文规律的需要,需要根据《水文站网规划技术导则》(SL 34—92)的有关规定,分别对大河站(按直线原则)、区域代表站(按水文分区原则)、小河站(按分区、分类、分级原则)来进行规划,再根据规划成果确定需要增补站数,满足区域内探索水文规律和国民经济发展的需要。

4.1.2 泥沙站网

河流的含沙量和输沙量是反映一个地区水土流失的重要指标,泥沙对地表水资源的开发利用、航运、湖泊、水库等的寿命,都有很大的影响。

内陆河湖泥沙站基本上都是在现有流量站中选定的,现有泥沙站109处,占流量站的56.3%,站网平均密度为7 096 km²/站,单站控制面积过大,无法掌握内陆河湖泥沙变化规律,难以满足该地区生态环境保护、水土流失治理及水利工程规划的需要。

世界气象组织有关干旱区泥沙站容许最稀站网密度约是水文站容许最稀站网密度的30%,即16 000~66 000 km²/站。目前,新疆、内蒙古、甘肃三省(区)大部分内陆地区泥沙站网基本满足以上最稀站网密度要求,但在西藏61.61×10⁴ km²的内陆区泥沙观测还是空白的。

内陆河湖的现有泥沙站网还不能满足沙量计算和绘制悬移质泥沙侵蚀模数等值线图的需要,还不能完全掌握各河系泥沙变化规律。今后应根据侵蚀模数变化,对水土流失严重地区的主要河流及站点稀少地区水文站增加泥沙观测,要根据不同地质、地貌、集水面积和来沙情况增设泥沙观测站,开展泥沙监测。

4.1.3 雨量站网

内陆河湖现有雨量站304处,站网平均密度为2 581 km²/站,如按内陆河湖总面积计算,则雨量站网密度为10 530 km²/站。根据有关内陆干旱区和边远地区雨量站每站控制面积为1 500~10 000 km²,内陆山区雨量站容许最稀站网密度100~250 km²/站,在现有布设雨量站的21个水系中,16个水系平均站网密度在容许最稀站网密度范围内,基本满足要求,其余5个水系雨量站网密度低于容许最稀站网密度。

在满足最稀密度规定的水系中,已有雨量站在面上的分布还不够均匀,个别地方还是空白区。例如,青海省的青海湖水系雨量观测点相对较多,其他水系因受设站条件的限制而未能设雨量站,处于降水观测空白区;内蒙古各个水系的内陆山区站网密度还远低于最稀标准要求;新疆的6个主要内陆水系中,雨量站主要集中在河流出山口处,而在山区降水主要区雨量站布设不够;西藏的3个雨量站均布设在羊卓雍错—普莫雍错流域,北羌塘水文区、南羌塘水文区至今无雨量站布设。

总之,内陆河湖雨量站网布设密度极不合理,主要表现在空间地域上分布不均,随高程变化站网分布不平衡,站网密度总体偏低,小于容许最稀密度,不能控制降水在面上的变化。

4.1.4 蒸发站网

蒸发是自然界水量平衡三大要素之一,水面蒸发量是反映当地蒸发能力的指标,它受气压、气温、湿度、风、辐射等气象因素的影响。

内陆河湖主要位于西北边远地区,蒸发能力比较强。至 2005 年共有蒸发观测站 132 处,基本都设在水文(位)站和雨量站内,站网平均密度 5 945 km²/站,基本满足有关干旱区蒸发站容许最稀站网密度 30 000 km²/站。如按内陆河湖总面积计算,则蒸发站网密度为 24 242 km²/站。但根据这些地区的地形地貌特征看,蒸发站点分布极不均匀,且不合理。西藏内陆河湖地区共设 3 个水面蒸发站点,其密度严重偏低。内蒙古自治区内陆河湖干旱区蒸发站仅有 4 处,分别位于腾格里诺尔、呼和诺尔、查干诺尔 3 个水系,山区蒸发站只有 1 处。甘肃省黑河水系站网密度低于容许最稀站网密度。青海省内陆河湖现有蒸发观测项目 11 站,内陆河湖蒸发站网未达到设站密度要求且站点分布不够均匀,蒸发场位置高程 2 000~3 000 m 有 2 个,3 000~4 000 m 有 9 个。从蒸发场位置高程看,该流域大部分蒸发观测点地处艰苦的高海拔和经济落后地区,随着地区社会经济发展可适当增加蒸发站,以满足在面上流域蒸发计算的需要和研究水面蒸发的地区规律。新疆内陆河湖的 9 个水系中,除昆仑山北坡诸河区外,蒸发站网密度为 102 853 km²/站,远小于容许最稀蒸发站网密度下限 30 000 km²/站,其余水系的蒸发站网密度基本满足推荐容许最稀蒸发站网密度下限 30 000 km²/站的要求。

4.1.5 水质监测站网

江河天然水质的地区分布主要受气候、自然地理条件和环境的制约。江河水质是河流水文特征之一,分析江河水质特征及其时空变化是评价水质优劣及其变化的主要内容。截至 2005 年,全国内陆河湖共有水质监测断面 134 站,平均站网密度为 5 769 km²/站,所占的比例远远超过 WMO 所规定的水质站在干旱地区最稀水文(流量)站网中容许 25% 的比例。

从地域和地区划分来看,由于各地自然环境和发展需求的不同,站网布设呈现区域分布不均等现象。例如,青海的库尔雷克湖、都兰湖和霍布逊湖流域全部为空白,达布逊湖有 8 个,青海湖 3 个,其他监测断面 4 个。内蒙古自治区内陆河湖仅有 9 处水质站,均为国家重点站,其中环保部门设置 7 处,其中与水文站结合的水质站有 2 处,仅占地表水水质站总数的 22.2%。新疆自治区水文水资源局共有水质站 156 个,其中与水文(水位、流量)站结合的有 98 处,按照 2005 年水文(水位、流量)站共 132 处计算,水质站在水文站网中所占的比例为 74.2%,远远超过 WMO 所规定的水质站在干旱地区最稀水文站网中容许 25% 的比例。西藏内陆河只有 5 处水质监测站,远未达到站网密度要求,且站点分布极不均匀。

目前,现有水质站网还不能完全掌握水资源质量的时空变化和动态变化,还不能完全满足实时掌握水质信息的要求。

现有水质站网布局存在以下问题:还未形成监测网络体系;地下水、大气降水自动监测站、动态监测站尚未布设;河道水质的动态监测能力较差,尚未形成机动性较强的水质监测队伍。因此,必须调整优化水质站网,增配先进的水质监测设备,建立与完善监测站网,设置供水水源地和入河排污口水质站,并使其投入正常运行,以满足新时期对水资源保护、开发、利用的需求。

4.1.6 地下水监测站网

根据普查资料,内陆河湖共有地下水监测站 612 站,站网平均密度为 1 246 km²/站,主要分布在新疆和甘肃境内,分别占总数的 65% 和 20%,其余内陆河湖区则相对较少,站网密度总体上远未达到基本要求。

现有的监测井均为普通潜层监测井,施测的项目有潜水水位、水质和水温等。这些站网在地区的地下水开发利用、管理和保护方面发挥了重要的作用。但现有站网分布不均,存在大量空白区,部分地区站网过密,未按不同地貌及水文地质单元布设,控制性和代表性不好,在时间分布上也缺乏对不同含水层进行分层观测等问题。如甘肃省的地下水站主要分布在疏勒河、黑河中下游地区,而且靠近河道附近多,其他地方少,测井年久失修、测验设备及手段落后、工作条件差等,不能完全满足地下水监测的要求;内蒙古自治区内陆河湖地下水监测站网绝大部分监测井是农用机井和民用井,缺少城镇井。在地域分布上极不均匀,空白区较大,阿拉善闭塞荒漠区无地下水监测站,新疆现有的 465 处地下水站控制的总面积约为 20 000 km²,密度为 2.3 站/100 km²,其中 340 处水质监测井,占水位监测井的 73%,但是这些监测井并不是按《地下水监测规范》(SL 183—2005)中地下水监测井布设原则来布设的,只是在平原灌区选用了大部分的生产井作为地下水监测站,因此地下水站比较集中,距离远的为 2~3 km,近的相距只有几百米,甚至是几十米,并不能在真正意义上监测全疆的地下水动态,大部分需要监测的地方还是空白。水文部门的 78 处监测站控制面积几百平方千米,大部分也是生产井,其中 6 眼在水文测站的院内,邻近大河,其水位受大河的影响而变化;青海的内陆河湖地区只有十多处地下水站,西藏内陆河湖区全部为空白区,远远满足不了井网的最稀要求,无法掌握流域地下水位运动规律,不能适应目前经济社会发展的需求。为了满足水资源开发利用等国民经济的需要,必须进行全流域地下水监测站网设计,设立地下水监测站点,进行地下水观测,研究地下水的运动和变化规律。

根据国家和各地的不同需求以及轻重缓急的情况,在基本监测站(井)中,划分出国家重要监测站(井),以加快重要基本监测站(井)的建设,满足国家水资源管理、生态环境保护和抗旱的需要。

根据各省(自治区、直辖市)地下水开发利用程度确定布设省级重要监测站(井)的数量。省(自治区、直辖市)地下水开发利用程度小于 50%,省级重要监测站(井)数量应控制在基本监测站(井)数的 20% 左右;地下水开发利用程度介于 50%~75%,省级重要监测站(井)数量应控制在基本监测站(井)数的 30% 左右;地下水开发利用程度大于 75%,省级重要监测站(井)数量应控制在基本监测站(井)数的 40% 左右。

根据水文地质条件和地下水开发利用程度来确定布设普通监测站(井)的数量。在平原灌区地下水埋深较小的潜水区,5~20 km² 设一个观测井。在冲积平原上部应按在 20~100 km² 设一个观测井。

4.2 基本站、辅助站、专用站和实验站

基本站是为综合需要和公用目的服务的,其数量应在动态发展中保持相对稳定,在规定的时期内连续进行观测,收集的资料应刊入水文年鉴。辅助站是为帮助某些基本站正确控制水文情势变化而设立的一个或一组站点/断面,其水文资料的主要作用是对基本站资料的补充。专用站是为特定目的而设立的水文测站,不具备或不完全具备基本站的特点。实验站是为深入研究专门问题而设立的一个或一组水文测站,实验站也可兼作基本站。

本次评价以5年为一个单元,统计新中国成立以来各年度的基本站、枢纽性辅助站(断面)、一般性辅助站(断面)、专用站数和实验站数。统计截至2005年年底,内陆河湖共有国家基本水文站167处、辅助站55处(其中,一般性辅助站16处,枢纽性辅助站39个)、专用站1处、实验站2处。各时间段各站类分布情况见表4-3。在同一图内绘制各类测站(断面)随时间建设变化数的曲线见图4-1。

表4-3 各时间段各站类分布情况 （单位:处）

年份	基本站	枢纽性辅助站	一般性辅助站	专用站	实验站
1950	25				
1955	57				
1960	210	8			
1965	180	10	3		
1970	139	10	3		
1975	142	14	3		1
1980	174	19	3		1
1985	176	24	3		2
1990	181	27	3		2
1995	159	15	5		1
2000	155	32	8		2
2005	167	39	16	1	2
占基本站比例(%)		23.4	9.6	0.6	1.2

从图4-1可见,基本站在动态发展中保持相对稳定的增长。但从其整个发展历程来看,20世纪50、70年代为两个建设高峰时期,在50年代水文站网规划布设建设初期,基本站数量增长迅速;60年代"文化大革命"期间受影响,站数显著减少,70、80年代恢复基本站网建设,内陆河湖站网处于稳步增长期,形成了比较科学合理的站网布局;90年代以

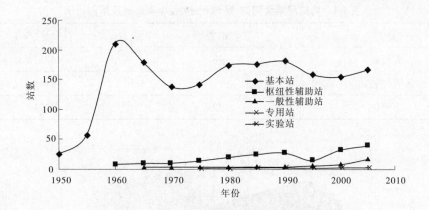

图 4-1　各站类随时间建设变化数情况

后基本趋于稳定。枢纽性辅助站在 1995 年后有明显增长,达到基本站的 23.4%,其余三类站测站数量不仅变化缓慢而且总数偏少,分别只有基本站的 9.6%、0.6% 和 1.2%。

　　从现有的各类测站数量来看,内陆河湖基本站尚能满足主要功能,只需局部增设。辅助站在部分地区(如新疆)基本能够满足对基本站资料的补充、水量平衡算水账。其余无论是专用站的特定服务对象和社会需求,还是实验站的专项研究需要,数量都明显偏少。随着水资源管理、水环境保护和社会各有关部门对水文资料需求的不断扩大,应在稳定发展基本站的基础上,扩大辅助站,特别是专用站和实验站,以满足水利工程建设、水资源管理和社会对水文资料的需求。

　　从各类站的地域分配来看,内陆河湖各站在地区间分配极不均匀,存在大量的空白区和区域站点集中等明显不合理布局。如 167 处基本站中有 132 处位于新疆境内,现有的 55 个辅助站中也有 49 处在新疆境内,另外除新疆有 1 处实验站外,其余各处均为空白,专用站除新疆和西藏各有 1 处外,其余内陆地区也为空白。

　　基本水文站是现行站网中的主体,也是水文工作者致力于规划和设计的主要对象。各区应在基本站相对稳定的情况下,通过设立相对短期的辅助站,与长期站建立关系来达到扩大资料收集面的目的,为当前水资源管理、水环境保护和社会各部门提供更为全面的水文资料需求服务。

4.3　大河站、区域代表站、小河站

　　我国内陆河湖基本上处于中西部的干旱区,依据《水文站网规划技术导则》(SL 34—92)中对干旱区水文测站按控制面积大小及作用进行站类划分,共分为三类:大河站、区域代表站和小河站。按此标准划分,现有集水面积大于 5 000 km² 的大河站 78 处,集水面积大于 500 km² 且小于 5 000 km² 的区域代表站 81 处,集水面积小于 500 km² 的小河站 22 处,分别占总测站数的 43.1%、44.8% 和 12.1%。内陆河湖各类站数见表 4-4,测站所占比例见图 4-2。

表 4-4　内陆河湖大河站、区域代表站、小河站数及所占比例

分类	站数	百分比(%)
大河站	78	43.1
区域代表站	81	44.8
小河站	22	12.1

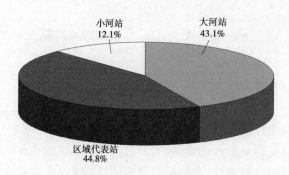

图 4-2　内陆河湖大河站、区域代表站和小河站分配图

4.3.1　大河站

内陆河湖现有大河站 78 处,占站网的 43.1%。由于整体站网偏稀,大河站数量也严重不足,现有的大河站仍然存在着大量空白区和区域分配不均的现象。例如,新疆 44 条河流集水面积大于 5 000 km²,还有额尔齐斯河一级支流喀拉额尔齐斯河、喀什噶尔河、盖孜河一级支流木吉河、叶尔羌河一级支流克勒青河、塔什库尔干河、车尔臣河一级支流乌鲁克苏河以及北羌塘区阿特坎河和皮提勒克河 8 条河流因地处高山边远地方没有设站;内蒙古除锡林河干流和开发程度高的黑河外,其余的 11 条大河干流上均需增加测站布设;西藏 61.16 × 10⁴ km² 的内陆河湖地区还没进行大河站设置,根据经济社会发展情况,其余几个内陆区的大河站数也需增加。

4.3.2　区域代表站

区域代表站是为收集区域水文资料而设立的,应用这些站的资料进行区域水文规律分析,解决无资料地区水文特征值内插需要,区域代表站的分析就是验证水文分区的合理性、测站的代表性、各级测站布设数量是否合理,能否满足分析区域水文规律内插无资料地区各项水文特征值的需要。

内陆河湖区域代表站的数目按《水文站网规划技术导则》(SL 34—92)要求,分区、分类、分级确定。现共有区域代表站 81 处,占总站数的 44.8%。就其分布来看,也存在着与大河站同样的问题,如新疆的 179 条河流集水面积在 500 ~ 5 000 km²,目前只有 49 条河流设有区域代表站,占 179 条河流的 27.4%;内蒙古的阿拉善闭塞荒漠区和西藏内陆河湖地区无区域代表站,均为空白区,需增加布站;甘肃、青海等内陆区区域代表站数量过少,而且山区站网密度低于容许最稀站网密度,不满足要求,需增加布站和进行调整。

4.3.3 小河站

小河站的布设主要是进行产汇流分析，推求各种地理类型的水文规律。内陆河湖地形、地貌特点复杂，划分标准不同，总体上按照分区、分类、分级的原则进行设站。

内陆河湖现有小河站 22 处，占总站数的 12.1%。按我国小河站应占 35% 的比例要求，现有站网还远远不能满足收集小面积暴雨洪水资料，探索产汇流参数在地区上和随下垫面变化规律的要求。根据流域防汛及水资源管理的要求，需在以后的水文站网规划中逐步补充站网，增加一些小河站数量，以探求流域产汇流特性，更好地为防汛、水资源利用服务。

在水资源紧缺且经济发展较快的区域适当增加小河站，结合区域水资源开发、利用、评价和水利工程建设着重扩大区域代表站数量，在稳定现有大河站数量的基础上，扩充测站服务领域，增强测站功能。

4.4 国家级重要水文站、省级重要水文站和一般水文站

4.4.1 各种类型水文站划分标准

4.4.1.1 国家级重要水文站标准
（1）向国家防汛抗旱总指挥部传递水文情报的大河控制站。

（2）集水面积大于 1 000 km^2 的出入境河流的把口站。

（3）集水面积大于 10 000 km^2，且正常年径流量大于 3×10^8 m^3 的控制站；集水面积大于 5 000 km^2，且正常年径流量大于 5×10^8 m^3 的控制站；集水面积大于 3 000 km^2，且正常年径流量大于 10×10^8 m^3 的控制站；正常年径流量大于 25×10^8 m^3 的控制站。

（4）库容大于 5×10^8 m^3 的水库水文站；库容大于 1.0×10^8 m^3，且下游有重要城市、铁路干线等对防汛有重要作用的水库水文站。

（5）对防汛、水资源评价、水质监测等有重大影响和位于重点产沙区的特殊基本水文站。

4.4.1.2 省级重要水文站标准
（1）大河控制站。

（2）向国家防汛抗旱总指挥部、流域、省（自治区、直辖市）报汛部门报汛的区域代表站。

（3）对防汛、水资源评价、水质监测等有较大影响的基本水文站。

4.4.1.3 一般水文站标准
未选入国家级和省级重要水文站的其他基本水文站。

4.4.2 基本情况

按以上划分要求，内陆河湖现有国家级重要水文站 51 处，占基本水文站网的 30.5%；省级重要水文站 70 处，占基本站网的 41.9%；一般水文站 46 处，占基本站网的

27.6%。详见表4-5和图4-3。

表4-5　按重要性划分内陆河湖测站组成情况

国家级重要水文站	51	30.5%
省级重要水文站	70	41.9%
一般水文站	46	27.6%

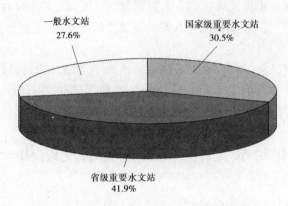

图4-3　按重要性划分内陆河湖测站组成情况

4.4.3　站网存在问题

内陆河湖水文站网经过多年来的建设、调整,逐步趋于合理。但由于地区间的差异和经济发展等,加上水利工程不断兴建,社会对水文工作要求不断提高,流域内大部分区域的国家级重点站和省级重点站布设数量偏低,站网严重不足,还有部分地区为水文空白区,无法收集到应有的暴雨洪水、水文水资源信息。如内蒙古、西藏还没有国家级重要水文站,不能满足防洪和水资源管理的需要,也满足不了国民经济发展对水文工作的要求。现有站类需要进行级别调整,站网中的国家级重要水文站和省级重要水文站需进一步发展,才能使水文站网的布设较为科学合理,以满足生态环境保护及水资源开发利用等经济和社会发展对水文的需求。

4.5　水文站网裁撤、搬迁情况

新中国成立以来至2005年,内陆河湖先后裁撤水文站129处,其中达到设站目的完成监测任务的站有85处,占裁撤站总数的65.9%;受水利工程影响搬迁裁撤的站有12处,占裁撤站总数的9.3%;由于环境变化不符合监测条件的站有3处,占裁撤站总数的2.3%;受经费限制而裁撤的站有11处,占裁撤站总数的8.5%;移交其他部门的站有9处,占裁撤站总数的7.0%;情况不明的站有12处,占裁撤站总数的9.3%。以上撤站总数中资料可以应用的站有105处,占裁撤站总数的81.4%。

总的看来,有65.9%的站完成了它的使命,是应该撤销的,除9.3%的站情况不明外,在所裁撤的测站中有81.4%的测站资料是连续的,可以满足不同要求的水资源评价、水利水电工程规划设计等国民经济和社会发展的需要。说明这些测站虽然被裁撤,但资料仍具有宝贵的应用价值。

因此,内陆河湖被裁撤的水文站大多数属于主动,是正常必要的调整,见表4-6内陆河湖水文站网裁撤站调整情况统计。

表4-6　内陆河湖水文站网裁撤站调整情况统计　　　　　　　(单位:处)

序号	流域	单位名称	达到设站目的	水利工程影响失去代表性	环境变化不符合监测条件或失去代表性	经费困难	移交其他部门	情况不明	小计	其中:水文资料仍可使用的站数
1		新疆	40	6	1	6	8	6	67	44
2		青海	29						29	29
3	内陆河湖	甘肃	7	5	2	4	1	0	19	19
4		内蒙古	2	1	0	1	0	6	10	10
5		河北	4	0	0	0	0	0	4	4
6		西藏	3	0	0	0	0	0	0	3
合计			85	12	3	11	9	12	129	105
占裁撤站总数的百分数(%)			65.9	9.3	2.3	8.5	7.0	9.3		81.4

4.6　具有一定资料系列长度的水文测站数的变化趋势

建站历史悠久、拥有长期系列资料的水文测站是水文站网的一笔宝贵财富。在内陆河湖站网密度仍然比较稀疏的现阶段,以一定数量的长期站为依托,辅以一定数量和适时更新的中期站,并有能够持续增加的短期站做补充(向中长期站过渡),是水文站网中不同资料长度水文站数的理想构成模式。

因此,在站网评价中,需要分析水文站网中不同资料长度水文站数的构成及其变化趋势,统计内陆河湖各年度不同资料系列长度水文测站变化情况,见表4-7。

4.6.1　分析方法

分析内陆河湖辖区内实际的站网构成情况,具体做法如下:

(1)以过去各时段内在本辖区进行水文监测的所有水文站(包括裁撤站在内)为分析对象。

(2)横坐标为时间(年份),起始年为1910年,截止年为2005年,每个时间间隔为5年;纵坐标为各资料长度系列的水文站数,资料长度以20年为一个区间,按资料长度统计60年以上、41~60年、21~40年、20年以下资料长度系列站数,分为长期、中长期、中期、中短期四段。

表4-7　内陆河湖各年度不同资料系列长度水文测站变化情况　　（单位:处）

设站年份	各年度累计水文站数				
	>60 年	41 ~ 60 年	21 ~ 40 年	≤20 年	合计
1910					
1915					
1920					
1925					
1930					
1935					
1940					
1945				6	6
1950				9	9
1955				35	35
1960				161	161
1965			3	162	165
1970			7	134	141
1975			15	126	141
1980			85	82	167
1985			119	55	174
1990		2	117	61	180
1995		1	109	50	160
2000		1	120	37	158
2005		3	131	33	167

（3）根据每个水文站的设站日期,统计截止到每个时间坐标点时,满足建站60年以上、41~60年、21~40年、20年以下的站数,绘制各类站数1910~2005具有一定长度系列资料水文站数随时间变化的曲线,分析水文站网中不同资料长度水文站数的构成及其变化趋势（见图4-4）。

4.6.2　情况分析

内陆河湖水文站网的发展与全国水文站网发展的趋势基本一致,从20世纪80年代至今,总数在缓慢下降中逐渐趋于稳定,基本水文站现维持在167站左右,但也显示了这个基数仅能维持现有站网,不能提供进一步发展的动力。图4-4显示了拥有20年以下、21~40年、41~60年资料系列的水文站数目的时间函数。可以看到,在20世纪40~60

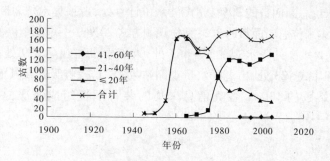

图 4-4　内陆河湖具有一定系列资料水文站变化情况

年代时,资料系列在 20 年以下的水文站数增率很大,表明大量新水文站的设立,从 60 年代向后开始持续走低,而代之以资料系列为 21～40 年的水文站在 70～80 年代走高。这表明从 80 年代开始,新水文站的建设越来越少,而原先在 50～60 年代建成的水文站开始逐渐成为中长期站。在站网基本骨架建成后,这种变化是正常的。但是过快的跌速暴露出站网受正常调整发展之外因素的干扰,如经费层面的问题等。从 80 年代开始,21～40 年资料长度的水文站也开始稳定,显示在站网中新水文站不再增加。90 年代后,41～60 年资料长度的水文站一直在持续走高并且增幅加大,这表明现行水文站网主要依靠原有水文站在维持着。

　　这些长期水文站的持续运行将对水文评价提供有价值的历史资料,但是受限于它们当时的设站目的,在满足今天新增的水文资料的需求方面,这个水文站网显然会存在一定的缺陷。此外,新设水文站越来越少,站网发展迟滞不前,导致流域水文信息的采集面难以扩大,而近十几年以及未来几年经济的快速发展、人类活动的加剧以及土地利用系数的提高,都需要更密空间尺度上的水文信息的提供,这种供需缺口所产生的影响将是十分深远的。

4.7　水文站网资料收集系统现状评价

　　水文测验是通过定位观测、巡回测验、水文调查和站队结合等方式来收集各项水文要素资料,是一项长期工作,开展此项工作必须设立相应的水文测验基础设施和仪器、设备来完成。

4.7.1　水文站、水位站、雨量站

4.7.1.1　信息采集的装备配置情况

　　内陆河湖现有流量信息采集断面 250 处,其中缆道站 145 处(自动控制测流缆道 8 处,机动电动缆道 12 处,手动缆道 32 处,缆车和吊箱 93 处),占全部缆道测流的 58%;测船站 6 处,占全部缆道测流的 2%;水工建筑物等其他方式测流站 99 处,占全部缆道测流的 40%。

　　采集水位的 252 处断面中,水尺观读 125 处,占采集水位总断面数的 49%;浮子式水位

计 99 处,占采集水位总断面数的 39%;超声波水位计 4 处,占采集水位总断面数的 2%;电子水尺 4 处,占采集水位总断面数的 2%;其他观测方式 20 处,占采集水位总断面数的 8%。

降水量观测(含水文站降水观测)站 463 处,人工雨量器观测 279 处,占总降水量观测站数的 60%;翻斗式 123 处,占总降水量观测站数的 27%;虹吸式及其他雨量器 61 处,占总降水量观测站数的 13%。各类信息采集的装备配置组成情况,具体见图 4-5 ~图 4-7、表 4-8 ~表 4-10。

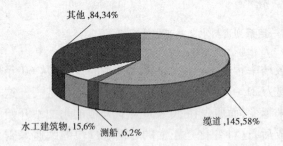

图 4-5 内陆河湖流量信息采集设备配置情况　　图 4-6 内陆河湖水位信息采集设备配置情况

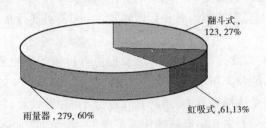

图 4-7 陆河湖降水量信息采集设备配置情况

从信息采集装置分配图中不同采集装置所占百分比可以看出,内陆河湖主要的信息采集方式还是以最简单、最原始的人工采集方式为主,例如水文站还没有能够配备 ADCP 测流仪,自动控制缆道的仅 8 处;水位站采用水尺采集信息的断面占 49%,水位观测设施和设备大部分仍为人工观读,只是木制水尺发展到硬塑水尺板,安装在钢筋混凝土水尺桩上;超过 60% 的雨量站配备的都是传统雨量器,翻斗式仅占 27%,自动化程度低,对流域水文信息采集数据的精确性、实效性有很大影响。

现有的信息采集设备的配置很不平衡,流量信息采集的先进设备主要集中在近几年新建、改建水文测站中,如新疆国际河流和塔里木河流,内蒙古、甘肃的黑河等。因此,提高内陆河湖信息采集自动化是加快区域水文事业发展的关键。

4.7.1.2 信息记录的装备配置情况

近年来水文站网资料收集技术发展缓慢,以断面为单位,对内陆河湖的水文站、水位站、雨量站的信息记录装备配置进行统计,各类信息记录的装备配置组成情况具体见图 4-8 ~图 4-10、表 4-8 ~表 4-10。

表 4-8　内陆河湖流量测验信息采集、记录、传输方式情况统计

（单位：处）

序号	水系码	水系名称	单位名称	采集方式										记录方式					传输方式						
				缆道				测船		水工建筑物	ADCP	其他	合计	自动测报	普通自记	固态存储	人工观测	合计	PSTN	卫星	无线公网	电台	语传	人工数传	合计
				自动控制	机动电动	手摇	缆车或吊箱	机动	非机动																
1	001	新疆额尔齐斯河	新疆	2	0	9	2	1	1	0	0	15	29	1	0	0	16	17	0	0	0	3	10	18	31
2	002	额敏河区	新疆	0	1	2	5	0	0	0	0	5	13	0	0	0	8	8	0	0	0	2	0	8	10
3	003	伊犁河区	新疆	5	1	6	0	0	1	0	0	5	19	0	0	0	19	19	0	0	0	3	10	0	13
4	004	博尔塔拉,玛纳斯河区	新疆	0	0	3	10	0	0	0	0	10	23	0	0	0	14	14	0	0	0	3	5	0	8
5	005	天山北坡呼图壁河以东地区	新疆	0	0	2	8	0	0	2	0	5	17	0	0	0	18	18	0	0	0	12	5	0	17
6	006	哈密,吐鲁番地区诸河	新疆	0	0	5	1	0	0	0	0	1	7	0	0	0	6	6	0	0	0	6	2	0	8
7	007	叶尔羌河,塔里木河区	新疆	0	7	2	26	0	2	1	0	10	48	1	0	0	70	71	0	0	0	9	5	14	28
8	008	天山南坡诸河	新疆	0	0	0	8	0	0	0	0	2	10	0	0	0	9	9	0	0	0	3	4	0	7
9	009	昆仑山北坡诸河	新疆	0	0	0	4	0	0	0	0	1	5	0	0	0	7	7	0	0	0	6	0	0	6
10	010	青海柴达木河,霍鲁逊湖	青海	0	0	0	2	0	0	0	0	1	3	0	0	0	3	3	0	0	0	1	3	0	4
11	011	青海格尔木河,达布逊湖	青海	0	1	0	1	0	0	0	0	1	3	0	0	0	3	3	0	0	0	1	3	0	4
12	012	青海布哈河,青海湖	青海	0	0	0	2	0	0	0	0	2	4	0	0	0	4	4	0	0	0	3	4	0	7
13	013	青海库尔雷克,德宗马海诸湖	青海	0	0	1	1	0	1	0	0	1	4	1	0	0	2	3	0	0	0	2	3	0	5
14	014	甘肃河西地区疏勒河	甘肃	0	1	0	4	0	0	0	0	8	13	0	0	0	13	13	0	0	0	0	0	23	23
15	015	甘肃河西地区黑河	甘肃	0	1	2	12	0	0	5	0	5	25	0	0	0	25	25	0	0	0	2	18	13	33
16	016	甘肃河西地区石羊河	甘肃	0	0	1	7	0	0	7	0	5	20	0	0	0	20	20	0	0	0	0	0	23	23
17	017	内蒙古罗兰山,狼山,阴山以北诸河	内蒙古	0	0	0	0	0	0	0	0	4	4	0	0	0	6	6	0	0	0	8	3	12	23
18	018	内蒙古阴山以南内陆河	内蒙古	1	0	0	0	0	0	0	0	0	1	0	0	0	1	1	0	0	0	1	0	1	2
19	019	河北北部地区内陆河	河北	0	0	0	0	0	0	0	0	2	2	0	0	0	2	2	0	0	0	0	0	2	2
20	020	西藏地区内陆河	西藏	0	0	0	0	0	0	0	0	0	0	0	0	0	1	1	0	0	0	0	1	0	1
		合计		8	12	32	93	1	5	15	0	84	250	3	0	0	247	250	0	0	0	60	76	114	250

表 4-9　内陆河湖水位信息采集、记录、传输方式情况统计

（单位：处）

序号	水系码	水系名称	单位名称	采集方式							记录方式					传输方式						
				浮子式	超声波	压力式	电子水尺	水尺	其他	合计	自动测报	普通自记	固态存储	人工观读	合计	PSTN	卫星	无线公网	电台	话传	人工数传	合计
1	001	新疆额尔齐斯河	新疆	16	0	0	0	1	0	17	0	15	0	1	16	0	0	0	4	10	0	14
2	002	额敏河区	新疆	2	3	0	0	3	0	8	0	2	0	4	6	0	0	0	2	0	0	2
3	003	伊犁河区	新疆	17	0	0	0	5	0	22	0	12	0	4	16	0	0	0	3	12	0	15
4	004	博尔塔拉、玛纳斯河区	新疆	10	0	0	0	4	0	14	0	11	0	5	16	0	0	0	3	3	0	6
5	005	天山北坡呼图壁河以东地区	新疆	9	1	0	0	10	0	20	0	10	1	7	18	0	0	0	10	5	0	15
6	006	哈密、吐鲁番地区诸河	新疆	4	0	0	0	2	0	6	0	4	0	2	6	0	0	0	8	6	0	14
7	007	叶尔羌河、塔里木河河区	新疆	30	0	0	0	25	0	55	0	29	6	12	47	1	2	0	9	8	0	20
8	008	天山南坡诸河	新疆	5	0	0	0	4	0	9	0	4	1	6	11	0	0	0	5	3	0	8
9	009	昆仑山北坡诸河	新疆	4	0	0	0	3	0	7	0	4	0	3	7	0	0	0	8	0	0	8
10	010	青海柴达木河、霍鲁逊湖	青海	0	0	0	0	2	0	2	0	0	0	2	2	0	0	0	2	2	0	4
11	011	青海格尔木河、达布逊湖	青海	0	0	0	0	3	0	3	0	0	0	3	3	0	0	0	2	3	0	5
12	012	青海布哈河、青海湖	青海	0	0	0	0	4	0	4	0	0	0	4	4	0	0	0	3	3	0	6
13	013	青海库尔雷克、德宗马海诸湖	青海	0	0	0	0	3	0	3	0	0	0	3	3	0	0	0	3	3	0	6
14	014	甘肃河西地区疏勒河	甘肃	0	0	0	0	4	5	9	0	0	0	18	18	0	0	0	0	0	12	12
15	015	甘肃河西地区黑河	甘肃	0	0	0	0	18	12	30	0	0	0	30	30	0	0	0	2	18	0	20
16	016	甘肃河西地区石羊河	甘肃	2	0	0	0	23	3	28	0	3	0	22	25	0	0	0	0	0	16	16
17	017	内蒙古贺兰山、狼山、阴山以北诸河	内蒙古	0	0	0	1	0	0	1	0	2	0	10	12	0	0	0	4	3	0	7
18	018	内蒙古阴山以南内陆河	内蒙古	0	0	0	2	3	0	5	0	0	0	3	3	0	0	0	5	0	0	5
19	019	河北北部地区内陆河	河北	0	0	0	0	5	0	5	0	0	3	3	6	0	0	0	0	0	1	1
20	020	西藏地区内陆河	西藏	0	0	0	1	3	0	4	0	0	0	3	3	0	1	0	0	3	0	4
		合计		99	4	0	4	125	20	252	0	96	11	145	252	1	3	0	73	82	29	188

表4-10　内陆河湖降水量信息采集、记录、传输方式情况统计

（单位：处）

序号	水系码	单位名称	水系名称	采集方式					记录方式					传输方式						
				翻斗式	虹吸式	雨量器	其他	合计	自动测报	普通自记	固态存储	人工观读	合计	PSTN	卫星	无线公网	电台	话传	人工数传	合计
1	001	新疆	新疆额尔齐斯河	9	0	3	0	12	0	0	9	8	17	0	1	0	4	5	0	10
2	002	新疆	额敏河区	3	0	2	0	5	1	0	2	1	4	0	0	0	4	0	8	12
3	003	新疆	伊犁河区	8	12	0	0	20	0	7	8	0	15	0	0	0	6	6	3	15
4	004	新疆	博尔塔拉、玛纳斯河区	8	2	4	0	14	0	5	7	3	15	0	0	0	6	9	0	15
5	005	新疆	天山北坡呼图壁河以东地区	6	1	15	0	22	0	0	6	10	16	0	0	0	8	4	8	20
6	006	新疆	哈密、吐鲁番地区诸河	2	1	10	0	13	0	2	2	15	19	0	0	0	5	1	2	8
7	007	新疆	叶尔羌河、塔里木河区	24	1	8	0	33	0	2	24	6	32	0	0	0	6	5	0	11
8	008	新疆	天山南坡诸河	7	0	0	0	7	0	0	7	0	7	0	0	0	2	4	0	6
9	009	新疆	昆仑山北坡诸河	3	0	1	0	4	0	0	3	2	5	0	0	0	8	0	10	18
10	010	青海	青海柴达木河、霍鲁逊湖	3	4	0	0	7	0	5	3	0	8	0	0	0		2	10	12
11	011	青海	青海格尔木河、达布逊湖	9	2	0	0	11	0	2	9	0	11	0	0	0		2	15	17
12	012	青海	青海布哈河、青海湖	1	4	0	0	5	0	5	1	0	6	0	0	0		2	1	3
13	013	青海	青海库尔雷克、德宗马海诸湖	5	2	0	0	7	0	2	5	0	7	0	0	0		2	8	10
14	014	甘肃	甘肃河西地区疏勒河	0	0	10	0	10	0	0	0	8	8	0	0	0	0	0	10	10
15	015	甘肃	甘肃河西地区黑河	0	6	18	0	24	0	15	0	12	27	0	0	0	6	10	0	16
16	016	甘肃	甘肃河西地区石羊河	3	3	5	0	11	0	4	4	10	18	0	0	0	0	0	60	60
17	017	内蒙古	内蒙古贺兰山、狼山、阴山以北诸河	0	6	90	0	96	0	8	0	90	98	0	0	0	5	5	90	100
18	018	内蒙古	内蒙古阴山以南内陆河	0	2	38	0	40	0	2	0	30	32	0	0	0	5	0	40	45
19	019	河北	河北北部地区内陆河	30	15	71	0	116	0	2	30	76	108	0	0	0	0	1	8	9
20	020	西藏	西藏地区内陆河	1	0	2	0	3	0	0	1	4	5	2	0	0	0	3	0	5
21	021	陕西	毛乌素闭流区	1	0	2	0	3	0	0	1	4	5	0	0	0	0	0	0	0
		合计		123	61	279	0	463	1	61	122	279	463	2	1	0	65	61	273	402

45

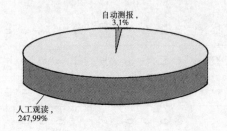

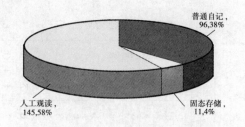

图4-8　内陆河湖流量信息记录设备配置情况　　　图4-9　内陆河湖水位信息记录设备配置情况

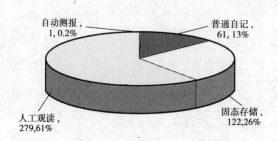

图4-10　内陆河湖降水量信息记录设备配置情况

从图4-8～图4-10上可以看出,信息记录装备配置同采集装备配置面临着同样的问题,自动化程度低,主要依靠人工记录。流量信息记录只有一站实现自动测报,其余站全部为人工记录;水位信息由于采用了自记水位计、固态存储和自动测报系统建设,自动化程度相对较高,但仍有60%的站以人工观读为主;雨量站近几年来虽然大力提倡使用固态存储雨量计,但在内陆河湖地区并未得到广泛应用,目前仅有26%的站使用,13%的站为普通自记,人工观读仍然有超过60%的站使用,实现自动测报的仅占0.2%。

4.7.1.3　信息传输的装备配置情况

对内陆河湖水文站、水位站、雨量站各断面所采用的信息传输方式进行统计,结果见图4-11～图4-13和表4-8～表4-10。可以看出,内陆河湖目前信息的传输方式主要依靠话传和人工数传,占各种传输方式的75%以上,近年来电台也有一定的使用量,随着电子网络的迅猛发展,无线公网在水文信息传输中的应用也得到了拓展,但因受多种条件的限制,没有大范围推广,使用率仍然很低,而短信和卫星等高端技术在各种信息的传输中还处于试验阶段。

4.7.1.4　流量信息传输方式情况

在250个流量断面中,其中电台信息传输方式60处,占流量观测项目站总数的24%;话传和人工数传方式191处,占流量观测项目站总数的76%;水文站常规流量信息传输依靠短波、超短波、微波信息、电缆和话传方式,基本能够将信息及时传送。内陆河湖流量信息传输设备配置情况见图4-11。

4.7.1.5　水位信息传输方式

在水位观测项目中,具有电台信息传输方式73处,占水位观测项目站总数的39%;话传方式82处,占水位观测项目站总数的43%;人工数传方式29处,约占水位观测项目

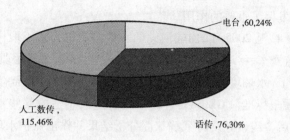

图 4-11　内陆河湖流量信息传输设备配置情况

站总数的 15% ;无线公网传输方式 0 处;卫星传输刚刚起步,仅有 3 处,约占水位观测项目站总数的 2% ,处于试验阶段。不同方式水位信息传输详细情况见图 4-12。

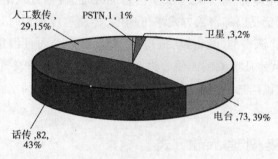

图 4-12　内陆河湖水位信息传输设备配置情况

4.1.7.6　降水量信息传输方式

内陆河湖降水量观测项目中人工数传和电台是主要的信息传输方式,共有 338 处,占降水量观测项目站总数的 85% ;具有话传方式站 61 处,占降水量观测项目站总数的 15% ;无线公网为 0;卫星传输和 PSTN 也有部分使用,共 3 处,约占降水量观测项目站总数的 0.7% 。内陆河湖降水量信息传输方式具体分配情况见图 4-13。

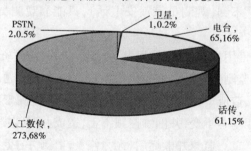

图 4-13　内陆河湖降水量信息传输设备配置情况

4.7.2　水质站

内陆河湖的水质监测工作从 20 世纪 70 年代末起在各地陆续开展,特别是从 1985 年全国水质站网规划实施以后,在主要河流、湖泊、水库上形成了一个基本的常规监测网络体系,取得了显著的成效,积累了系统、完整的水质资料,为水资源开发、利用与保护及水资源的综合管理发挥了重要的作用。

（1）样品采集。截至 2005 年，内陆河湖的水质站全部为人工取样，无自动监测站、自动监测仪器、水质监测车、移动水质实验室和自动采样系统，采样手段落后，缺乏现场分析测试仪器。满足不了《水环境监测规范》（SL 219—98）要求，达不到实施中华人民共和国标准《地表水环境质量标准》（GB 3838—2002）的需要，不适应某些水质项目时效性强和水质污染事件发生后各级领导及时了解掌握分析结果并作出保护水环境决策的要求。

另外，由于内陆河区站点分布面广线长，部分水质站点交通不便，又缺少采样交通工具，造成水样运送时间较长，样品收集时一些参数已发生变化，不能满足《水环境监测规范》（SL 219—98）的要求。

（2）水质信息的处理、传输方式。水质信息的处理、传输方式落后，各水环境监测分中心测定的水质数据仍是以邮寄的方式来传递的，传递速度很慢，信息的发布相对较迟，与所要求的水质信息"测得准、测得到、报得快"相差甚远。而且信息处理全部依赖人工进行，已不能适应现代水质监测的需要。为加快水质信息处理和传递速度，更好地为水资源保护和管理及时提供信息，应建立完善的水质信息服务系统和水资源与水环境综合分析系统。

4.7.3 地下水采集、处理、传输方式

《地下水监测规范》（SL 183—2005）要求地下水监测项目为水位、水量、水质、水温，目前内陆河湖的地下水监测以基本水位观测为主，个别井监测水温、水质。

据不完全统计，内陆河湖现有地下水井 612 眼，分别为专用井、生产井和民用井，观测方式分别为自记水位和人工观测。

现行的监测仍然是以传统的人工观测为主，自记井占有极少的比例，自动化监测井比例太小，技术手段落后，且观测测具陈旧，资料报送手段落后。由于没有配备自动化监测系统，就连电话报送也达不到（观测员家没安电话），只能靠观测员用信件邮递或观测组长下去收集。

由于大多数监测井借用当地生产井、民井、报废的机井，监测资料的质量难以保证，影响资料的精度。由委托监测的地下水资料收集系统存在诸多问题，缺报、漏报、拒报地下水资料的现象时有发生，造成资料中断或不连续，无法保证监测工作质量；由于经费的制约，而地下水监测费多年基本不变，井网维修跟不上，造成井况破损严重，正常维修维护无力开展，淤积堵塞现象严重。监测井毁坏后，无力修复，监测井在逐年减少，这样不可避免地造成资料的丢失，而且收集时间太长，不能及时有效地获取地下水动态信息；测验设备及手段陈旧落后，不能满足地下水监测的需求，地下水位观测大多数采用测绳测量，仅有几眼监测井采用自记水位计观测；井网布设不尽合理，现有测井区域代表性差，不能反映重点地区地下水动态变化规律。监测井网密度低，已满足不了目前社会发展和有关部门对地下水科学管理的需要；地下水观测项目单一，仅限于水位、水质。工作条件差，缺乏交通工具。观测人员在巡回观测时只能骑自行车或步行，劳动强度大，难以在规定观测时间

开展工作,影响观测质量。

4.7.4 水文站网资料收集系统现状评价

内陆河湖区域水文测站基本能按规范要求进行水文信息的采集,但其信息采集的技术设施设备距水利部发布的《水文基础设施建设及技术装备标准》(SL 276—2002)相差甚远,也难以适应国民经济建设和社会的快速发展对水文事业提出的高要求。内陆河湖的水文基础设施设备仍然处于落后状态。内陆河湖现有的水文站网的设施设备多数测站不达标。原因和存在的问题是多种多样的,但主要原因和问题是:

(1)测洪能力偏低,达不到实测大洪水的标准,如部分站站房位置较低,水位观测设施防洪能力低,测流定位设备及通信设备不达标等。大部分测站设施只能施测一般大洪水。

(2)常规设施设备陈旧、简陋、老化失修。由于经费短缺,无力进行有效的维修、保养和更新,不少"超期服役"。供电供水设施不足,大部分测站无配电室及供水设施。每年汛期,设施被洪水毁损事件时有发生,这些问题不仅影响洪水测报的质量,而且使测流作业人员缺乏安全保障。

(3)生产、生活用房配置简陋。主要是水位观测房、泥沙处理室、办公室、缆道室、文体活动室、厕所、仓库等基础设施和面积不达标,有的甚至无站房及报汛房。

根据水文站流量信息传输方式现状,首先应实现 PSTN 网络完全覆盖各个断面。其次对于备用信息传输方式建设应建立以卫星、短信、超短波、短波、微波为传输手段的自动遥测系统,满足水文信息化、现代化发展对信息传输方式的需求。再次应建立基于移动数据、图像、语音为基础的应急信息传输保障手段。

要发展内陆河湖区水文事业,必须要提高水文基础设施及技术装备的水平,对水文测报的设施设备更新改造要加大力度,增加投入,并要注重基本测验设施设备的提升,积极改造部分陈旧、破烂的生产用房,加快引进和应用具有实用价值的水文新仪器、新设备。使内陆河湖区水文事业更好地为防洪抗旱、水资源开发利用和保护,为区域国民经济建设和社会发展提供科学的服务。

4.8 水文测验方式现状与水文基地建设和站队结合工作开展状况

4.8.1 水文测验方式现状

内陆河湖现有 184 处测验断面,测验方式分别为驻测、汛期驻测和巡测三种方式,其中驻测断面为 158 处,占测站总断面数的85%,其他两类断面分别只有7%和8%,水位流量单一关系的站24处,水文站自动测报还未开展。内陆河湖水文站(断面)测验方式情况统计见表4-11。

表 4-11　内陆河湖水文站（断面）测验方式情况统计　　　　　　　　（单位：处）

序号	水系名称	水系码	单位名称	测站断面总数	驻测站断面数	汛期驻测站断面数	巡测站断面数	水位流量单一关系的水文站				
								测站数断面数	设站>30年	驻测站		
										测站数	报汛站	
											测站数	自动测报站
1	新疆额尔齐斯河	001	新疆	14	14	0	0	10	8	8	4	0
2	额敏河区	002	新疆	5	3	0	2	4	1	1	1	0
3	伊犁河区	003	新疆	17	13	0	4	5	1	1	0	0
4	博尔塔拉、玛纳斯河区	004	新疆	12	11	1	0	0	0	0	0	0
5	天山北坡呼图壁河以东地区	005	新疆	12	11	0	1	3	2	2	1	0
6	哈密、吐鲁番地区诸河	006	新疆	6	2	4	0	0	0	0	0	0
7	叶尔羌河、塔里木河区	007	新疆	54	41	7	6	13	8	7	7	0
8	天山南坡诸河	008	新疆	8	8	0	0	2	1	1	1	0
9	昆仑山北坡诸河	009	新疆	4	3	1	0	1	1	1	1	0
10	青海柴达木河、霍鲁逊湖	010	青海	2	2							
11	青海格尔木河、达布逊湖	011	青海	2	2							
12	青海布哈河、青海湖	012	青海	2	2							
13	青海库尔雷克、德宗马海诸湖	013	青海	2	2							
14	甘肃河西地区疏勒河	014	甘肃	6	6	0	0	0	0	0	0	0
15	甘肃河西地区黑河	015	甘肃	16	16	0	0	2	2	2	2	0
16	甘肃河西地区石羊河	016	甘肃	11	11	0	0	1	1	1	1	0
17	内蒙古贺兰山、狼山、阴山以北诸河	017	内蒙古	6	6	0	0	0	0	0	0	0
18	内蒙古阴山以南内陆河	018	内蒙古	3	3	0	0	0	0	0	0	0
19	河北北部地区内陆河	019	河北	1	1	0	0	0	0	0	0	0
20	西藏地区内陆河	020	西藏	1	1	0	0	0	0	0	0	0
21	毛乌素闭流区	021	陕西									
合计				184	158	13	13	41	25	24	18	0

从表4-11可以看出，流域内41处水位流量单一关系的水文站有24处是驻测站，这些驻测站基本上都有30年以上的实测资料，理论上可对这41处站点实行巡测或汛期驻测方式，50%的水文站（断面）需要研究进一步改革测验方式，提高测验手段，减轻水文测验任务。在规划站网调整方案时，应考虑对这些测站尤其是报汛站实行流量汛期驻测；对仅仅承担水文资料常规收集任务的测站，水位、降水量可以考虑自记和固态存储，定期下

载资料。

但是,随着水利工程的日益增加,越来越多的水文站受到水利工程的影响,原先水位流量单一关系的水文站有可能关系不再单一,原先撤销或降级的水文站点再恢复水文站需要重新配置测验设备及站房,所需经费较大。

4.8.2 水文基地建设和站队结合工作开展状况

水文巡测是测验方式的重大改革,是促进水文体制改革的重要环节,也是满足新形势下各方面对水文的要求而采取拓宽资料收集范围的一种方式,是逐步实行"站网优化、分级管理、站队结合、精兵高效、技术先进、优质服务"工作模式的必由之路,也是水文工作走出困境,实现良性循环的根本出路,是水文基地建设的基础。

水文巡测的主要功能是把基层测验人员从长期封闭、孤立地驻守在偏远分散的测站直至终老的现状中解放出来,通过相对集中、开展培训、提高测验分析的技术含量,来达到改善基层测站人员的工作和生活水平,完成水文水资源监测系统中的定位观测所不能完成的工作;减少定位观测,发挥巡测灵活机动的优势,扩大水文信息的收集范围,为社会提供更优质的服务。

4.8.2.1 基地建设和站队结合工作现状

内陆河湖站队结合工作的开展始于 20 世纪 80 年代,截止到 2005 年年底,流域内共有 20 处站队结合基地,分别以水文分局、勘测队和水文中心站的形式组建。经过多年的不断实践、不断创新、不断总结、不断前进,形成了以平原区、山丘区、经济发达区等多种管理模式并存的发展格局。在勘测方式上,实现了由常年驻测向巡测、遥测和委托观测的转变;在人员管理上,实现了由松散型向集中型管理的转变;在水文服务上,实现了由单纯的测、整、报向社会化服务转变。目前,流域内共建成测站职工在城市集中的工作和生活基地共 27 处,分别为分局 20 处、勘测队 2 处和中心站 5 处。这些站队共辖有水文站 173 处(其中轮流值守 120 处,巡测站 12 处),水位站 3 处(其中汛期驻测、间测站 1 处,巡测站 1 处),雨量站 204 处,水质站 25 处以及地下水站 243 处。在流域水文监测工作中发挥着重要作用,具体情况见表 4-12。

4.8.2.2 基地建设和站队结合工作目标评价

站队结合是对基层水文生产方式和管理体制的综合性改革,它运用先进的科技手段和方法,在现有水文站网和水文职工队伍的基础上,分片组合成立勘测队或巡测队,改变传统的单一驻守观测方式,实行驻测、巡测和委托观测、水文调查以及工程控制法与水力因素法相结合的站队结合方式,建设的最终目标是要实现水文水资源信息从采集、传输、处理到决策支持全部自动化即"数字水文",全面完成测区范围内的各项工作任务,不仅提高工作效率和经济效益,而且为防汛、水利、资源、环境等国民经济各部门提供快捷而又准确的水文信息服务。

结合内陆河湖目前水文站、水位站、雨量站网站点多、自动化程度低、人员少等问题,在今后规划站网调整方案时应考虑对这些测站,尤其是报汛站,实施水位、降水量自记和遥测,流量汛期驻测或巡测,建议组建站队结合基地,推广"区域巡测"模式。通过驻测和巡测有机科学地结合起来,完成测报任务,完善区域巡测工作,提高工作效率,从而提高服务水平。

表 4-12　内陆河湖站队结合水文勘测工作情况统计

序号	水系名称	水系码	单位名称	测站职工在城市有集中的工作和生活场所的基地 名称	基地性质 分局	基地性质 勘测队	基地性质 中心站	所辖测站断面数（处） 水文站	所辖测站断面数（处） 水位站	所辖测站断面数（处） 雨量站	所辖测站断面数（处） 水质站	所辖测站断面数（处） 地下水站	其中轮流值守（含汛期驻测、间测）的站断面数（处） 水文站	其中轮流值守（含汛期驻测、间测）的站断面数（处） 水位站	其中轮流值守（含汛期驻测、间测）的站断面数（处） 水文站	其中巡测的站断面数（处） 水文站
1	新疆额尔齐斯河	001	新疆	阿勒泰	1	0	0	4	0	4	0	0	4	0	0	0
2	新疆额尔齐斯河		新疆	青河	0	0	1	6	0	4	0	0	6	0	0	0
3	新疆额尔齐斯河		新疆	哈巴河	0	0	1	4	0	3	0	0	4	0	0	0
4	额敏河区	002	新疆	塔城	1	0	0	5	0	4	0	0	3	0	2	2
5	额敏河区		新疆	奎屯	0	1	0	3	0	4	0	0	3	0	0	0
6	伊犁河区	003	新疆	伊犁	0	0	0	11	0	10	0	7	11	0	4	0
7	伊犁河区		新疆	解放大桥	0	0	1	6	0	2	0	0	2	0	4	0
8	博尔塔拉、玛纳斯河区	004	新疆	博乐	1	0	0	4	0	4	0	3	4	0	0	0
9	博尔塔拉、玛纳斯河区		新疆	石河子	1	0	0	5	0	6	0	0	5	0	0	0
10	天山北坡呼图壁河以东地区	005	新疆	昌吉	1	0	0	8	0	10	0	24	8	0	0	0
11	天山北坡呼图壁河以东地区		新疆	乌鲁木齐	1	0	0	4	0	2	0	0	3	0	1	1
12	哈密、吐鲁番地区诸河	006	新疆	吐鲁番	1	0	0	4	0	9	0	32	2	0	0	0
13	哈密、吐鲁番地区诸河		新疆	哈密	1	0	0	4	0	6	0	0	4	0	0	0
14	叶尔羌河、塔里木河区	007	新疆	巴州	1	0	0	12	1	6	0	6	11	1	1	1
15	叶尔羌河、塔里木河区		新疆	阿克苏	1	0	0	13	0	6	0	0	11	0	2	2
16	叶尔羌河、塔里木河区		新疆	协和拉	0	0	1	3	0	1	0	0	1	0	2	2

序号	水系名称	水系码	单位名称	测站职工在城市有集中的工作和生活场所的基地 名称	基地性质			所辖测站断面数（处）					其中轮流值守（含汛期驻守、间测）的站断面数（处）		其中巡测的站断面数（处）	
					分局	勘测队	中心站	水文站	水位站	雨量站	水质站	地下水站	水文站	水位站	水位站	水文站
17	叶尔羌河,塔里木河区		新疆	克州	1	0	0	1	0	1	0	0	1	0	0	0
18	叶尔羌河,塔里木河区		新疆	喀什	1	0	0	16	0	12	0	3	16	0	0	0
19	天山南坡诸河	008	新疆	拜城	0	0	1	8	0	6	0		8	0	0	0
20	昆仑山北坡诸河	009	新疆	和田	1	0	0	12	0	7	0	3	12	0	0	0
21	青海柴达木河,霍鲁逊湖	010	青海	德令哈水文分局	1	0		2		3		7				
22	青海格尔木河,达布逊湖	011	青海	格尔木水文分局	1	0		2		6	4	5				
23	青海布哈河,青海湖	012	青海	格尔木水文分局	1	0		2		1	6	6				
24	青海库尔雷克,德宗马海诸湖	013	青海	青海湖水文分局	1	0		2	1	4	6					
25	甘肃河西地区疏勒河	014	甘肃	酒泉水文水资源勘测局	1	0		6	0	20	6	35	0	0	0	3
26	甘肃河西地区黑河	015	甘肃	张掖水文水资源勘测局	1	0		14	0	31	6	88	0	0	0	8
27	甘肃河西地区石羊河	016	甘肃	武威水文水资源勘测局	1	0		11	1	36	3	24	1	0	0	0
28	内蒙古贺兰山,狼山,阴山以北诸河	017	内蒙古	达来呼布水文水资源勘测队	0	0		3	1	0	0	0	1	0	1	1
合计					20	2	5	173	3	204	25	243	120	1	12	19

针对仅仅承担水文资料常规收集任务的测站,可以采用自记或固态存储,定期下载资料。尤其是对设站已30年以上的单一线断面,应采取"有人看管,无人值守"的测验方式,比如站队结合的工作方式,以解决人员不足、职工生活条件差等问题,同时也提高基础水文测验的工作效率与水平。

对当前"以人为本"的社会可持续发展思路,更应进一步坚定推动"站队结合"工作的信念,开展形式多样的基地(队)模式。可以是分局、勘测队,甚至可以是设置在城市附近的规模相对大一些的水文站,主要是为基层测站人员在城市里提供一个相对集中的场所,从而改善工作和生活条件,实施轮流培训,不断提高业务水平,由单点固守模式逐步向以点带面、扩大流域和行政辖区面上信息收集的模式转变。

4.8.2.3　存在问题

(1)水文经费投入不足,水文巡测进展缓慢,现有的水文基地基础设施达不到国家要求的标准,测验项目采用传统的设备、仪器和方法施测,信息的收集、传递、管理等工作还需手工完成,自动化程度低。如内蒙古2003年成立巴彦浩特市水文水资源勘测局,内蒙古机构编制委员会批复了2个水文水资源勘测队,即达来呼布和海勃湾水文水资源勘测队,达来呼布勘测队只是巡测1个水文站和1个水位站,至今没有办公场所,巡测设备配置不足。海勃湾水文水资源勘测队至今没有业务及办公场所和巡测设备。

(2)部分内陆河湖区巡测基地尚未完全建成,直接影响水文巡测工作的开展。开展了水文巡测的没有配备必要的通信设备、交通工具和巡测设备,给工作带来诸多不便,不能满足水文工作为社会经济服务的需要。

(3)对于边远区的水文测站,尤其已积累了30年以上资料系列的单一线测站,观测设施、设备需要更新改造,测洪标准、自动化水平需要提高,达到水文巡测标准要求,全面开展水文巡测工作。

第5章 水文站网功能评价

5.1 水文站网功能发展与变化

水文测站的设站目的是为防汛抗旱、水库、水电工程、灌溉、调水工程及其他水利工程服务,为水量平衡计算、拟建和在建水利工程开展前期工作、水文科学试验研究等提供基础资料。

水文测站功能一般为:分析水文特性规律(水沙变化、区域水文、水文气候长期变化),水文情报,水文预报(洪水、来水),水资源管理(水资源评价、省级行政区界、地市界、城市供水、灌区供水、调水或输水工程、干流重要引退水口),水质监测(水功能区界站、源头背景站、供水水源地),生态环境保护,水土保持,前期规划设计,工程管理,法定义务(执行专项协议、依法监测行政区界水事纠纷、执行国际双边或多边协议),试验研究等。

内陆河湖新疆、青海、甘肃、内蒙古、西藏水文站网功能变化与发展可分为以下五个阶段。

5.1.1 民国时期的水文站网功能

民国时期内陆河湖水文发展缓慢,水文站点稀少,许多地方是水文空白区,没有形成水文站网。已有站点的功能单一、简单,水文观测项目仅有雨量、水位、流量、泥沙,个别测站观测冰情,观测时间都比较短。其作用主要是为防汛和农业灌溉服务,收集降水量等基本水文资料。

5.1.2 新中国早期的水文站网功能

新中国成立后,党和人民政府重视水文工作,水文站网发展较快,在此阶段内陆河湖站网布站是哪里需兴修水利工程就在哪里建立测站。根据水利部提出的水文站网布设原则,结合内陆河湖的特殊情况,服务于工农业生产和当地经济建设的发展,1956年进行了第一次水文站网规划,初步形成水文站网,内陆河湖的水文站由1949年的25处,经过规划、调整、充实,至50年代末,发展到210处。这些站的布设主要是为防汛抗旱和农业灌溉服务,收集河流的径流、泥沙、降水等水文资料,做好洪水预报和水文分析等,为当地的国民经济建设和社会的发展服务。

5.1.3 20世纪60~70年代水文站网功能

在"大跃进"年代,为适应大规模群众性水利建设高潮,内陆河湖水文站网开始进行区域性水文研究工作,各省(区)开展水文调查,普及水文技术,开展群众性的技术革新和技术革命。但建站发展过快,脱离了当时历史条件的实际要求,取得的成果不能巩固,只重视数量,测验质量下降,加上水文行政管理体制的下放,水文工作受到很大挫折。自1962年贯彻中共中央、国务院批转水电部党组"关于当前水文工作存在的问题和解决意见的报告"后,整顿巩固了站网,调整了体制,加强了管理,从而使水文工作得到恢复和提高。

1964年9月至1965年年底完成了第二次水文站网规划,这次规划工作随着水利建设的发展,水文站网建设也取得了很大的成绩。许多地方用委托、巡测等方法建设小河站,水文调查广泛开展。这些测站在水利建设、防汛抗旱和其他国民经济建设等方面,发挥了"耳目"、"尖兵"作用,作出了很大的贡献。

1963~1965年在水利部提出"巩固整顿站网、提高测报质量"的原则指导下,部署开展站网分析规划,对水文站基本设备、特别是测洪设施,按正规设计标准进行全面整顿和质量验收,流域各地又恢复了一些水文站。

1966~1976年水文站网布置缺乏长远规划,观测时限短暂,有些站设立后观测1~2年后即撤销,水文站网建设未能继续发展,原有测站亦受到影响,废除了一些应有的规章制度,任意撤站停测,使本来就很单一的功能又遭到破坏。尽管如此,仍为地方经济建设防汛抗旱、灌溉发挥了积极作用。

20世纪60年代后期,内陆河湖为了防汛抗旱、兴修水利工程的迫切需要和国民经济的建设,设站目的和测站功能有所扩展,为满足一些水利工程的需要,增加了调水、工程管理等功能。为满足水环境监测的需要,水质站网开始布设,在一些主要河流上进行水质监测。

5.1.4 20世纪80年代水文站网功能

20世纪80年代,随着国民经济的发展和水利建设新形势下对水文工作的要求,内陆河湖水文站网进入了一个新的发展时期。流域水文系统逐步恢复,建立健全了规章制度,加强了测站建设。根据水利部"关于调整充实水文站网规划的报告"要求,充实培训了水文技术人员,增建水文站、雨量站,使水文站网建设发展到一个新的阶段,各类功能站也应运而生,水质站、地下水观测井也开始发展起来。这一时期水文站网的功能也不断地得到扩展和延伸,与国民经济的发展相联动。该时期的站网功能主要为水资源评价和水文资料收集、水文情报、水文预报,为防汛抗旱、流域规划设计、水质监测、区域水文、长期变化、试验研究和工程管理服务。

经济的发展也带动了水文事业的发展,水文站的设备得到一定的改善,监测项目增多,站网功能增强,除雨水情监测外,还兼有水沙变化、水质、生态环境保护等功能,水文站网开始为社会经济的发展提供有力的支持。

5.1.5 1990~2005年水文站网功能

水文站网在经历了充实发展、调整优化等发展过程后,初步形成了覆盖流域内大部分河流与地区、布局较为合理、项目较为齐全、整体功能较强的水文站网体系。兼有水沙变化、区域水文、水文情报、水文预报、供水、水质监测等10多种功能,基本形成了水文监测网络。

随着水文事业的发展,水文在新技术上的应用有了很大进步,水文测验设施由过去手工作业逐步向半自动化水文缆车、缆道发展,水位、雨量观测由人工观读逐步过渡到自记水位、雨量计,部分水位、雨量采集实现了数字化,信息采集与水文资料整编对接使资料整编逐步由人工录入数据向自动转储水文数据发展。信息采集的自动化为水情实时报汛及水资源评价提供了更便捷的条件。

近年来,随着国民经济建设和社会发展对水文资料的需求以及人们对站网认识的提高,内陆河湖水文站网经过多次规划、分析检验,不断得到调整充实,测站功能也逐步增强,为国家建设作出积极贡献。

5.2 现行水文站网功能评价

内陆河湖水文站网经历了充实发展、调整优化等发展过程,已初步建成了覆盖流域内大部分河流与地区、布局较为合理、项目较为齐全、整体功能较强的水文站网体系。这些基本水文站兼有各类测验项目:水位、流量、泥沙、冰凌、降水、蒸发、水质、地下水、土壤墒情、水文调查等。内陆河湖水文站(断面)功能统计见表 5-1,相应的内陆河湖水文站(断面)功能分布图见图 5-1。

从表 5-1 及图 5-1 可以看出,功能较多的前三项为水沙变化(59.9%)、水资源评价(57.1%)、水文情报(55.1%),其他功能均在 45% 以下。在生态环境保护、干流重要引退水口、水土保持、省级行政区界、地市界、城市水文、试验研究等方面还比较薄弱,所占的比重还非常低,站网在紧密结合社会现实需求方面存在一定的不足。这些问题应通过本次站网普查和评估后加以改进,以此来全面、适时地满足内陆河湖水文及社会经济发展的需要。

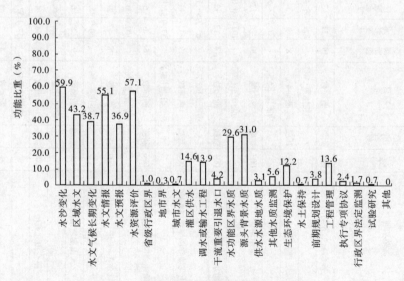

图 5-1　内陆河湖水文站(断面)功能分布图

表5-1 内陆河湖水文站（断面）功能统计

序号	测站功能	水系码	单位名称	项目	全部断面数	水沙变化	区域水文	水文气候长期变化	水文情报	水文预报	水资源评价	省级行政区界	地市界	城市水文	灌区供水	调水或输水工程	干流重要引退水工口	水功能区界水质	源头背景水质	供水水源地水质	其他水质监测	生态环境保护	水土保持	前期规划设计	工程管理	执行专项协议	行政区界法定监测	试验研究	其他
1	额尔齐斯河	001	新疆	断面数	19	11	13	4	15	13	14						1	11	8		2								
				功能比重(%)		57.9	68.4	21.1	78.9	68.4	73.7						5.3	57.9	42.1		10.5								
2	额敏河区	002	新疆	断面数	8	3	3	0	3	3	3							5	4	1	1								
				功能比重(%)		37.5	37.5	0.0	37.5	37.5	37.5							62.5	50.0	12.5	12.5								
3	伊犁河区	003	新疆	断面数	20	20	12	10	13	10	17				2			12	16						7				
				功能比重(%)		100.0	60.0	50.0	65.0	50.0	85.0				10.0			60.0	80.0						35.0				
4	博尔塔拉、玛纳斯河区	004	新疆	断面数	14	12	12	5	12	11	12							10	8		1	4							
				功能比重(%)		85.7	85.7	35.7	85.7	78.8	85.7							71.4	57.1		7.1	28.6							
5	天山北坡呼图壁河以东地区	005	新疆	断面数	19	11	11	7	7	7	12							7	8	1								1	
				功能比重(%)		57.9	57.9	36.8	36.8	36.8	63.2							36.8	42.1	5.3								5.3	
6	哈密、吐鲁番地区诸河	006	新疆	断面数	6	6	6	5	6	6	2							4	4										
				功能比重(%)		100.0	100.0	83.3	100.0	100.0	33.3							66.7	66.7									
7	叶尔羌河、塔里木河	007	新疆	断面数	78	47	28	22	36	26	38		1		16	23	9	29	37	5	3	29			5	1	2		
				功能比重%		60.3	35.9	28.2	46.2	33.3	48.7		1.3		20.5	29.5	11.5	37.2	47.4	6.4	3.8	37.2			6.4	1.3	2.6		
8	天山南坡诸河	008	新疆	断面数	9	8	6	3	8	8	8							4	4						7				
				功能比重%		88.9	66.7	33.3	88.9	88.9	88.9							44.4	44.4						77.8				
9	昆仑山北坡诸河	009	新疆	断面数	7	4	4	4	4	4	4						1	3	3						1				
				功能比重%		57.1	57.1	57.1	57.1	57.1	57.1						14.3	42.9	42.9						14.3				
10	青海柴达木河、霍鲁逊湖	010	青海	断面数	3	2	3	1	1	1	3	0	0	0	0	0	0	0	0	0	0	0	0	2					
				功能比重(%)		66.7	100.0	33.3	33.3	33.3	100.0	0	0	0	0	0	0	0	0	0	0	0	0	66.7					

续表 5-1

测站功能

序号	测站功能	水系码	单位名称	项目	全部断面	水沙变化	区域水文	水文气候长期变化	水文情报	水文预报	水资源评价	省级行政区界	地市界	城市水文	灌区供水	调水或输水工程	干流重要引退水工口	水功能区界水质	源头背景水质	供水水源地水质	其他水质监测	生态环境保护	水土保持	前期规划设计	工程管理	执行专项协议	行政区界法定监测	试验研究	其他
12	青海格尔木河、达布逊湖	011	青海	断面数	3	1	3	2	1		2				1		1	1												
				功能比重（%）		33.3	100.0	67.0	33.3		67.0																		
13	青海布哈河、青海湖	012	青海	断面数	4	4	4	2	2	1	2				2									1					
				功能比重（%）		100.0	100.0	50.0	50.0	25.0	50.0																		
14	青海库尔雷兑、德宗马海诺湖	013	青海	断面数	3	2	2	2	2	2																			
				功能比重（%）		67.0	67.0	67.0	67.0	67.0																			
15	甘肃河西地区疏勒河	014	甘肃	断面数	15	6	3	11	8	15	6				6						4								
				功能比重（%）		40.0	20.0	73.3	53.3	100.0	40.0				40.0						26.7								
16	甘肃河西地区黑河	015	甘肃	断面数	42	18	6	17	22	6	18	3			16	13	1	1	1	2	2	2	0	6	19	6	3		
				功能比重（%）		42.9	14.3	40.5	52.4	14.3	42.9	7.1			38.1	31.0	2.4	2.4	2.4	4.8	4.8	4.8	0	14.3	45.2	14.3	7.1		
17	甘肃河西地区石羊河	016	甘肃	断面数	25	11	1	10			11					2	1			2	2								
				功能比重（%）		44.0	4.0	40.0			44.0					8.0	4.0			8.0	8.0								
19	内蒙古贺兰山、狼山、阴山以北诸河	017	内蒙古	断面数	6	6	5	3	6		6			0	0	0	0	0	0	1	1	0	0	2	0	0	0		
				功能比重（%）		100.0	83.3	50.0	100.0		100.0			0	0	0	0	0	0	16.7	16.7	0	0	33.3	0	0	0		
24	内蒙古阴山以南内陆河	018	内蒙古	断面数	3	1	0	3			1			2	0	0	0	0	0	0	0	0	2	0	0	0	0		
				功能比重（%）		33.3	0.0	100.0			33.3			100.0	0.0	0.0	0.0	0.0	0.0	0.0	0.0	0.0	100.0	0.0	0.0	0.0	0.0		
26	河北北部地区内陆河	019	河北	断面数	2	2	0	1	1		2			2	0	0	0	0	0	0	0	0	2	0	0	0	0		0.0
				功能比重（%）		100.0	0.0	50.0	50.0		100.0			100.0	50.0	0.0	0.0	0.0	0.0	0.0	0.0	0.0	100.0	0.0	0.0	0.0	0.0		0.0
27	西藏地区内陆河	020	西藏	断面数	1		1	1	1		1																	1	
				功能比重（%）			100.0	100.0	100.0		100.0																	100.0	
	合计			断面数	287	172	124	111	158	106	164	3	1	2	42	40	12	85	89	9	16	35	2	11	39	7	5	1	0
				功能比重（%）		59.9	43.2	38.7	55.1	36.9	57.1	1.0	0.3	0.7	14.6	13.9	4.2	29.6	31.0	3.1	5.6	12.2	0.7	3.8	13.6	2.4	1.7	0.7	0.0

第6章 水文站网目标评价

6.1 流域水量计算

根据内陆河湖省(区)所报 500 km² 以上的内陆河数量,在进行资料汇总时把因跨省(区)而重复统计的河流(主要是黑河水系和祁连山地水系)予以扣除。最终统计结果:内陆河 500 km² 以上的河流总数为 525 条,涵盖新疆、青海、甘肃、西藏等地区的 20 个内陆河水系。内陆河面积 500 km² 以上河流水文控制情况见表 6-1。

表 6-1　内陆河面积 500 km² 以上河流水文控制情况

项目	河流数	比例(%)	说明
全部河流	525	100	比例指各项占全部河流数比例
完全水文空白河流	227	43.2	未设任何流量站、水位站、雨量站
流量测验空白河流	216	41.1	无流量站,仅有水位站或雨量站
水文部门已设水文站河流	298	56.8	
由其他部门设置水文站河流	11	2.1	水文部门未在该河流设站
出流口已设水文站河流	76	14.5	表示该河流水量可以全部控制

内陆河 500 km² 以上的 525 条河流中有 227 条河为完全水文空白区,既无水文站,也无雨量站、水位站,占 43.2%;由水文部门设置了水文站的河流有 298 条,占了 56.8%;完全由其他部门设置了水文站的河流有 11 条,占了 2.1%;全部河流中没有水文站(但有水位站或雨量站)的河流为 216 条,占 41.1%;能够完全满足流域水量计算要求的河流数,即出流口附近有水文站的河流数为 76 条,占 14.5%。

从统计结果来看,水文部门已设水文站河流占全部河流数的 56.8%,但出流口附近有水文站的河流数为 76 条,占全部河流数的 14.5%,即流域水量计算控制的目标满足率仅为 14.5%,水文控制率较低。完全水文空白河流的比例为 43.2%,流量测验空白河流的比例为 41.1%,说明河流水量计算控制率也比较低。西藏的 55 条河流全部是完全水文空白的河流,内蒙古地区的完全水文空白的河流也占内蒙古全部河流的 83%,新疆地区的完全水文空白的河流占新疆全部河流的 60%,说明高寒荒漠地区的河流是水文控制的薄弱地区。这些地区中小河流众多,是下一步站网布局所重点关注的地区。

流域水量控制目标满足率随时间的变化能够反映不同时期的水文发展情况,内陆河各年河流水量控制情况见表 6-2。根据评价方法绘制流域水量控制目标满足率随时间的变化曲线见图 6-1。图 6-1 中显示,流域河流水量控制目标满足率在 1950～1960 年和2000～2005 年增长比较明显,1960～1985 年为稳定增长时期,但总体水平严重偏低。

追求100%的目标在大部分地区是不现实也是不需要的,但对无水文站控制的河流提出一个合理的增设测站方案,为较低的流域水量计算满足率拟定一个提高的方案,则是需要的。

表6-2　内陆河各年河流水量控制情况

年份	出流口已设水文站的河流数（累计数）	占全部河流的比例（%）	年份	出流口已设水文站的河流数（累计数）	占全部河流的比例（%）
1920	0	0	1965	21	4
1925	0	0	1970	22	4.2
1930	0	0	1975	22	4.2
1935	0	0	1980	27	5.1
1940	0	0	1985	30	5.7
1945	0	0	1990	31	5.9
1950	1	0.19	1995	31	5.9
1955	2	0.38	2000	31	5.9
1960	21	4	2005	41	7.8

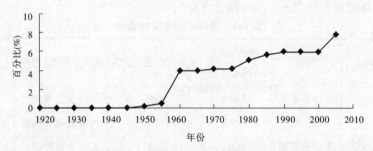

图6-1　内陆河1920～2005年河流水量控制满足率变化曲线

6.2　省界与国界水量监测

以穿越或分割省界、国界的1 000 km² 以上的河流为样本总体 M,统计其中在边界附近或界河上设有水文站的河流数 m,二者之比 $Q_1 = \frac{m}{M} \times 100\%$ 可以反映省界或国界水量监测的满足率(%)。此目标用来衡量水文站为各省级行政区域划分水资源量,以及为维护我国国境河流水资源权益提供公正资料的能力。$Q = \frac{m}{M} \times 100\%$ 反映了一个现行站网对省界、国界河流的现状控制程度,并不是每一条省界或国界河流都必须控制的,对需要控制的河流加以控制是 Q 值提高的目标。有控制需求的河流数 m_1 与 M 之比 $Q_1 = \frac{m_1}{M} \times 100\%$ 是提高 Q 值所追求的目标。

内陆河湖大于 1 000 km² 以上的省级区界河流 3 条,分别是位于青海的祁连山地水系的疏勒河、位于甘肃的黑河干流,以及内蒙古与甘肃之间黑河水系中的额济纳河。3 条河流都有径流控制的需求。在省界附近已经设立水文站的河流有 2 条,现状满足率为 $Q = m/M \times 100\% = 2/3 \times 100\% = 66.7\%$,或者现状不满足率为 $100\% - 66.7\% = 33.3\%$。因此,各省(区)最终的追求目标是 3 条有径流控制需求的河流全部得以控制,目前还有 1 条河流需要加以控制。主要省级区界河流控制情况统计见表 6-3。

表 6-3　主要省级区界河流控制情况统计

项目	河流数	百分比(%)	说明
全部省级区界河流	3	100	
有控制需求的省级区界河流	3	100	尚有 1 条河流需设立水文站
区界附近有水文站控制河流	2	66.7	
区界附近有独立水位站控制河流	0	0	不被包含在水文站中
区界附近有独立水质站控制河流	0	0	不被包含在水文站、水位站中

新疆共有出入国境河流 29 条,其中 19 条河流年径流量较大,在其干支流上已经设置有 22 个国际河流水文站,详见表 6-4,出入国境水量已经基本得到控制,其余 10 条河流尚未得到控制,现状满足率为 65.5%,详见表 6-5。

表 6-4　国际河流水文站统计

序号	测站名称	河流	集水面积 (km²)	设站(断面)年份	设站(断面)目的	多年平均径流量 (×10⁸ m³)
1	南湾	额尔齐斯河	53 800	1985	出境水量控制站	94.79
2	保塔美	哈巴河	5 472	2003	入境水量控制站	
3	哈龙滚	别列则克河	760	2003	入境水量控制站	
4	塔克什肯	布尔根河	10 300	1987	入境水量控制站	3.63
5	阿克其(二)	额敏河	16 559	1979	收集基本资料	2.94
6	解放大桥	特克斯河	8 635	1985	入国境水量控制	20.11
7	木扎特	木扎特河	651	2002	入国境水量控制	4.17
8	夏塔	夏塔河	739	2002	入国境水量控制	5.09
9	特河庄	特克斯河	6 293	2002	入国境水量控制	14.56
10	哈桑	哈桑河	389	2002	入国境水量控制	0.43
11	雅马渡(三)	伊犁河	49 186	1953	出国境水量控制	115.90
12	三道河子	伊犁河	61 640	1985	出国境水量控制	129.10
13	会晤桥	霍尔果斯河	1 160	2003	出国境水量控制	5.40
14	斯木哈纳	克孜河	3 700	2003	入境水量监测	

序号	测站名称	河流	集水面积（km²）	设站（断面）年份	设站（断面）目的	多年平均径流量（×10⁸ m³）
15	牙师(二)	克孜河	5 196	1958	入境水量监测	11.12
16	卡拉贝利	克孜河	13 700	1958	入境水量监测	21.09
17	契恰尔	托什干河	8 727	1986	入境水量监测	14.82
18	协合拉	库玛拉克河	12 816	1956	入境水量监测	48.10
19	大库尔干站	铁木尔苏河		2003	入境水量监测	
20	小库尔干站	古库尔苏河		2003	入境水量监测	
21	阿克乔克	阿克乔克河	530	2003	入境水量监测	
22	卡拉奇塔特	卡拉奇塔特河	247	2003	入境水量监测	

表 6-5　主要国界河流控制情况评价

项目	河流数	百分比（%）	说明
全部国际河流	29		
有控制需求的国际河流	29	100	
国界附近有水文站控制河流	19	65.5	
国界附近有独立水位站控制河流	0	0	不包含在水文站中
国界附近有独立水质站控制河流	0	0	不包含在水文站、水位站中

6.3　防汛测报

防汛减灾一直是我国水文站网的一个主要服务目标,具有报汛任务的水文站网需要长期保持稳定运行。

本次评价采用由预报专家根据平时预测预报工作的经验和对信息支撑的需求,直接评估现行站网对防汛测报的满足程度,即专家评估法。我们知道,专家评估的结果与专家本人的经验以及对评估对象信息掌握量有很大的关系,不同的专家对同一评估对象可能会得出差异较大的结果。但总体而言,这次评价结果基本符合现实情况。

对于"有防汛测报需求的河流"这一概念,各省(区)有不同的理解,有的省(区)只评价面积在 500 km² 以上的河流,有的是把径流量较大的河流作为评价的对象,有的是把目前有防汛测报的河流作为评价的对象。这里统一把面积在 500 km² 以上的 525 条河流作为评价的对象。

统计了内陆河 20 个水系的 525 条河流,其中当前有防汛测报需求的河流 205 条。河流防汛测报满足率见表 6-6 和图 6-2。

由表 6-6 和图 6-2 可知,205 条参与防汛测报评价的河流中,满足率在 60% 以上的河流有 19 条,占 9.3%,主要分布在甘肃和新疆境内;尚未开展预测预报的有 56 条,占 27.3%,主要分布在青海、西藏等地区。

表 6-6 河流防汛测报满足率

满足率(%)	河流数	满足率(%)	河流数
0	56	71~80	1
1~30	116	81~90	4
31~50	9	91~99	0
51~60	5	100	1
61~70	13	总计	205

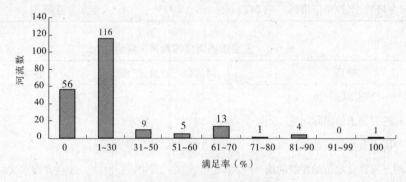

图 6-2 河流防汛测报满足率

6.4 水质监测

水质监测评价是用以衡量现有基本水质站满足国家功能水域水质监测需求的程度。统计分析的对象仅指基本水质站,包括水文测站中承担水质监测项目的测站,以及水文部门和水保部门负责的独立水质站,但不包括排污口观测站。以本辖区《全国水质监测规划》中各水功能区水质站规划数为 100% 满足率,以流域为单元,按保护区、保留区、缓冲区、饮用水源区、其他开发利用区 5 类,统计各区的现状基本水质站,其与对应功能区的规划基本水质站之比为评价现状水质站实际达到的满足程度,即目标满足率。

各省(区)资料大多来自本省(区)的水资源保护或负责水质化验的部门,部分资料来自水文部门,资料的精度难以评述。从统计汇总过程中发现,省(区)和流域机构之间存在一定的差异,包括规划水质站数的不一致,现状水质站数的重复或遗漏等。

统计结果显示:内陆河湖水功能区水质站网满足率平均为 48.2%,整体水平偏低。满足率水平最高的是保护区,达到 66%,其次为其他开发利用区,达 46.8%。对于缓冲区,只有甘肃评价统计中的 1 处规划水质站,其他内陆河湖所在省(区)没有统计资料。

内陆河水功能区水质站网目标满足率情况见表 6-7 及图 6-3。

表 6-7 内陆河水功能区水质站网目标满足情况

流域	功能区	规划水质站数	现状水质站数	满足率
内陆河湖	保护区	100	66	66.0
	保留区	61	19	31.1
	缓冲区	1	0	0
	饮用水源区	28	9	32.1
	其他开发利用区	173	81	46.8
合计		363	175	48.2

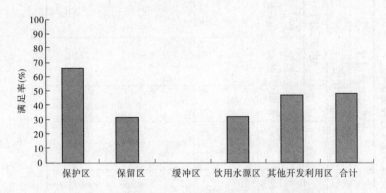

图 6-3 内陆河水功能区水质站网目标满足率

6.5 水资源管理监测

水资源管理监测分析评价是衡量水文站满足水资源水环境工程需求的能力。评价对象——水资源分配工程,主要包括调水工程、生态改造输水工程、地区水资源分配引水(退水)干渠、灌区输水干渠、其他水资源分配水利工程。

水资源分配工程归属不同的部门管理,工程规模等资料不易收集,而本次评价没有划定工程规模标准,由此可能会造成部分小型水资源分配工程的遗漏。

在水资源分配工程的水资源监测方面,监测断面没有统一规划,或虽有规划但没有根据经济社会发展及时进行调整。因此,各类工程中需要开展水资源监测的断面数也不尽科学。青海、西藏所调查的各类水资源分配工程均没有,其他省(区)的工程数量也有较大差异。

内陆河湖现有各类水资源分配工程 41 个,需要监测的断面为 94 处,现有监测断面为 60 处,其中由水文部门施测的断面为 37 处,占现有监测断面的 61.7%;在建的各类水资源分配工程 0 个;拟建的 11 个水资源分配工程中需要监测的断面为 22 处,全部需要由水文部门施测。水资源分配工程监测情况见表 6-8。

表 6-8　内陆河水资源分配工程监测情况

工程类型	现有					在建				拟建			
	工程数量	需设监测断面	现有监测断面	水文部门监测断面	水文部门所占比例（%）	工程数量	需设监测断面	水文部门监测断面	水文部门所占比例（%）	工程数量	需设监测断面	水文部门监测断面	水文部门所占比例（%）
调水工程	6	13	13	13	100					1	2	2	100
生态改造输水工程	2	21	11	11	100					6	12	12	100
地区水资源分配引水、退水干渠	1	1								3	6	6	100
灌区输水干渠	11	30	19	6	31.6					1	2	2	100
其他水资源分配水利工程	21	29	17	7	41.2								
合计	41	94	60	37	61.7					11	22	22	100

· 66 ·

从以上统计中可以看出几个问题。第一,在现有41个各类水资源分配工程已设的60处监测断面中,由水文部门施测的断面37处,占已设监测断面的61.7%,水文部门介入程度较强,但相对于需要监测的94处断面,水文部门所占39.4%的比例又较低,说明社会还有很大的服务需求,水文部门应该争取承担更多的服务项目。第二,按工程类型统计,水文部门在调水工程、生态改造输水工程中的介入程度高,而在地区水资源分配引水(退水)干渠、灌区输水干渠和其他水资源分配水利工程中却介入较少或没有,管理上的条块分割现象十分明显。水文部门承担现有水资源监测工作情况见图6-4。

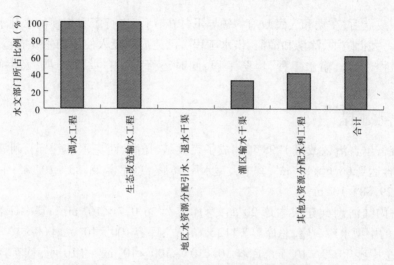

图6-4 水文部门承担现有水资源监测工作情况

第7章　水文站网受水利工程影响情况

7.1　水利工程建设情况

新中国成立后,在党和人民政府的领导下,内陆河湖进行了大规模的水利水电工程建设,兴建了一大批防洪、除涝和灌溉、供水工程。已建成并投入使用的主要有蓄水工程,水资源分配工程,调水、输水工程,堤防工程,同时还修建了一些橡胶坝、人字闸、拦河筑坝等。

7.1.1　蓄水工程

新疆维吾尔自治区截至 1998 年建成了克孜尔、托海、西克尔、塘巴湖、阿湖等 477 座水库,总库容达到 66.6×10^8 m³,其中大型水库 16 座,总库容 28.83×10^8 m³;中型水库 92 座,总库容 29.88×10^8 m³。

青海省内陆河湖共建成水库 20 座,总库容为 $36\ 027 \times 10^4$ m³。其中库容 $1\ 000 \times 10^4$ m³ 以上的中型水库 3 座,总库容 $7\ 112 \times 10^4$ m³;库容 $100 \times 10^4 \sim 1\ 000 \times 10^4$ m³ 的小型水库 6 座,总库容 $3\ 023 \times 10^4$ m³;库容 $10 \times 10^4 \sim 100 \times 10^4$ m³ 的 10 座,总库容 392×10^4 m³。此外,建成涝地(蓄水量 10×10^4 m³ 以下)29 座,总蓄水量 59.31×10^4 m³。

内蒙古自治区内陆河湖水库较少,呼和诺尔水系有乌兰花水库、黄旗海水系有泉玉林水库、乌兰戈壁水系有乌拉盖水库。

7.1.2　水资源分配工程

新疆维吾尔自治区建成了喀拉喀什河渠首、玉龙喀什河渠首、卡群渠首、库塔干渠、岳普湖输水总干渠和皮拉力、洛浦、策勒、玉麦、马场、帕其也水源地等,开工建设了乌鲁瓦提、引额济克、特克斯、协合拉引水枢纽和齐备岭、塔西河石门子、下天吉、榆树沟水库及开都河水利枢纽等工程。建成干、支、斗、农四级渠道,其中防渗渠道 9.34×10^4 km,各类渠系建筑物 44.56×10^4 座。1978 年累计渠道总长 19.72×10^4 km,其中防渗渠道 1.71×10^4 km。1949 ~ 1978 年渠道增加 16.72×10^4 km,防渗渠道增加 1.71×10^4 km,分别比 1949 年增长 5.6 倍和 170 倍。1978 ~ 1998 年渠道增加 11.90×10^4 km,防渗渠道增加 7.63×10^4 km,分别增长了 60%、446.46%。配套机电井近 3.44×10^4 眼;渠系有效利用系数由 1978 年的 0.4 提高到目前的 0.51。改革开放以来,积极引进研制推广高新节水技术,节水面积由 1978 年的 0.5×10^4 亩❶增加到目前的 40×10^4 多亩,全区节水灌溉工程面积已达 $2\ 800 \times 10^4$ 亩,年节水量 10×10^8 m³。

---

❶1 亩 = 1/15 hm²,全书同。

青海省内陆河湖共建有农田灌溉干支渠 558 条,总长 2 211.88 km。其中,草原灌溉干支渠 178 条,总长 686.00 km;供水管道 284 条,总长 1 523.75 km。共建有抽水机站 23 座,其中有电灌站 20 座,喷灌 9 处;有机电井 382 眼,其中已配套完好机电井 363 眼。农田有效灌溉面积达到 56.52×10^3 hm^2,其中自流引水灌溉 48.25×10^3 hm^2,水库灌溉 4.96×10^3 hm^2,涝地灌溉 0.19×10^3 hm^2,抽水机站灌溉 0.91×10^3 hm^2,水轮泵站灌溉 0.10×10^3 hm^2,井灌 2.11×10^3 hm^2。同时,治理水土流失面积 5.31×10^3 hm^2,治河造田 0.65×10^3 hm^2,改良盐碱地 8.48×10^3 hm^2,并解决了 0.17×10^4 人和 4.24×10^4 头(只)牲畜的饮水困难。

内蒙古自治区内陆河湖阿拉善盟黑河分水工程为河闸形式。其他内陆河主要以拱水坝、拦河土坝及渠道引水的形式引排水。每年进行断面水量还原调查有 3 处,其中乌兰察布市 2 处,锡林郭勒盟 1 处。

7.1.3　堤防工程

内蒙古自治区内陆河湖建成防洪堤防 5 115 km,较好地防御即时性洪水的侵害。

7.2　水利工程对水文站网的影响

近年来,随着水资源的开发利用和水利水电工程的兴建,改变了水文站的测验条件和上下游水沙情势,严重影响了区域水文资料的一致性和代表性,给这类地区水文测验、流域水文预报、水资源计算造成了一定的困难,受其影响,有些站被迫停测或搬迁,有些站裁撤了部分测验项目,站网不能发挥应有的功能,严重影响了站网的稳定。还有些站改变了原有的测验方式,耗费了不少人力和物力。经调查分析,内陆河湖水库、水电站、水利枢纽的建设对水文站的影响主要有三方面:一是水利工程设在水文站控制断面上游,改变了天然河道的水流情势,影响天然河道的水沙变化规律,造成水文资料失真和水账算不清;二是水利工程修建在水文站控制断面下游,使水文站测流断面有回水影响,无法开展正常测验工作,所收集的资料失去代表性;三是水利工程直接建设在水文测验河段上,使水文站失去设站目的,迫使水文站搬迁。

7.2.1　对大河站的影响

一是水电工程地址距水文测验断面位置较近,严重影响测验水沙条件;二是有些站来水受工程调节影响,测验难度加大,尤其是低水测验十分困难,而测站观测手段落后,自动化程度低,无法施测到所有人为调节变化过程,影响水文资料的连续性、代表性、完整性。

另外,近年来随着小水电工程规模的扩大及一些拦河筑坝取水工程为了提高经济效益而加坝加闸,河流上修建了橡胶坝、人字闸等蓄水建筑物,使一些水文站改变了原有的测验条件,不得不另增加设施,耗费大量人力、物力。低水断面水流有窜沟、分汊,流量测验困难,而且流量测验精度较低,水位与流量关系曲线不稳定。

水情预报方面,汛期由于水库不规则地放水,作业预报工作难度加大,预报精度差。

受水利工程影响的大河站一般不考虑保持资料一致性问题,将测站搬迁到能保证测验工作正常开展的位置即可。对工程建设前的水文资料应妥善保存,以便与新资料系列进行工程建设前后的对比分析。调整时一是对受工程建设影响的水文站,原有稳定的水、流、沙关系被破坏,可考虑搬迁测验断面;二是原测验方案布置测次不能很好地控制水、流、沙变化过程,可以增加测次;三是加强测站技术设备的更新改造,大力引进新仪器新设备,如 ADCP、电波流速仪、雷达式测速仪、OBS 现场测沙仪等,提高其自动化程度,使测站受工程建设影响降低到最低;四是可考虑与工程部门结合,争取水利水电工程管理单位向水文部门提供诸如闸门的开启变化及泄流关系曲线等资料,工程自动测报系统收集的信息,应与水文部门联网,双方实现资料共享,互利互惠;五是在搬迁时要适当考虑调整测站功能,尽量实现与水利工程结合和为工程提供服务的目标。

内陆河湖共有大河站 78 处,受水利工程建设影响的 8 处,占大河站总数的 10.3%;受水利工程影响的国家级重要站 7 处,占大河站总数的 8.97%;受水利工程影响的省级站 2 处,占大河站总数的 2.56%;受水利工程影响的一般站 1 处,占大河站总数的 1.28%。

7.2.2 对区域代表站和小河站的影响

对区域代表站和小河站的影响主要有水量影响、回水影响和工程调节影响,水量影响主要有水库蓄水影响、流域外客水引入影响和断面以上水量引出影响三种情况。

由于区域代表站和小河站在描述区域水文特性方面的重要性,以及对资料连续性和一致性的要求,因此这些站是受水利工程影响分析和调整的主要对象。可考虑从以下方面进行分析和调整:

(1)开展水文分区工作。为了实现内插径流特征值,往往需要根据地区气候、自然地理条件和水文特征值进行区域划分,称为水文分区。应争取在每一个水文分区内不同面积级的河流上设 1~2 个水文站,作为区域代表站,成为向同一水文分区内其他相似级别河流上进行径流移用的基础。

(2)分析设站年限。对工程影响区内的水文站,根据相关统计检验方法分析设站年限,确定该站是否已取得可靠的平均年径流资料。一般情况下,在湿润地区需要观测 30~40 年以上,而在降水量变化极大的干旱地区,则有可能需要观测 70 年以上。

(3)分析水利工程的影响程度。根据《水文站网规划技术导则》(SL 34—92),对中小河流代表站受水利工程影响的程度分为轻微影响、中等影响、显著影响和严重影响四级。以影响指标 $K_1 = \sum f' / F$($\sum f'$ 为测站以上流域内各水库集水面积之和,F 为测站以上流域面积)或 $K_2 = \sum V_引 / W_枯$($W_枯$ 为测站枯水年年径流量,$\sum V_引$ 为相应枯水年引水量的总和)来表示。

当 K_1 小于 15% 或 K_2 小于 10% 时,为轻微影响;当 K_1 为 15%~50% 或 K_2 为 10%~50% 时,为中等影响;当 K_1 为 50%~80% 或 K_2 大于 50% 时,为显著影响;当 K_1 大于 80% 时,为严重影响。

当为轻微影响时,测站保留,一般情况下不作辅助观测及调查;当为中等影响时,测站保留,一定要作辅助观测及调查,扩大面上资料收集,为需要时配合开展还原计算奠定基础;当为显著影响时,若经辅助观测及调查后表明,测站已失去代表性或补充观测费用太大,则测站可以撤销,否则保留;当为严重影响,一般可以撤销,但应在同一水文分区内补设具有相同代表作用的新站。

（4）确定调整方案。当区域代表站和小河站受水利工程影响时，首先应分析计算影响系数 K。当属显著影响或严重影响，需要撤销测站或取消代表站资格并调整测站任务时，需要先判断一下同一水文分区同一面积级的其他河流有无同样代表性测站或计算测站设站年限是否达到，如有测站或年限已达到，可决定撤站或取消其代表站资格。对于后者，虽然工程建设后测站或撤销或调整了任务，但是工程前的资料系列仍可作为区域代表站资料使用。

内陆河湖流域共有 81 处区域代表站，受水利工程影响的有 16 处，占区域代表站总数的 19.8%。其中受水利工程轻微影响的有 8 处，占区域代表站总数的 9.9%；受水利工程中度影响的有 5 处，占区域代表站总数的 6.2%；受水利工程严重影响的有 3 处，占区域代表站总数的 3.7%。需要增设辅助断面，开展还原计算。

内陆河湖流域共有 22 处小河站，有 3 处受水利工程影响，占小河站总数的 13.6%。其中受显著或严重影响的有 2 处，占小河站总数的 9.1%，急需增设辅助断面，开展还原计算。

第8章 水文分区与区域代表站

8.1 水文分区

水文分区是根据地区的气候、水文特征和自然地理条件所划分的不同水文区域。在同一水文分区内,同类水体具有相似的水文特征和变化规律,或在水文要素和自然地理特征间有良好的关系,以便在分区内合理布设测站,达到内插地点具有一定精度水文特征的目的。

8.1.1 水文分区的意义及分区方法

水文分区是水文站网规划的基础,其目的在于从空间上揭示水文特征的相似与差异、共性与个性,以便经济合理地布设区域代表站。

通常的水文分区主要是指为面上布设区域代表站,以满足内插径流特征值为目的,为代表站网规划服务。

水文站网建设是有限的,不可能对所有的河流进行控制,但希望通过这些有限资源能实现内插无资料地区且能得到相似河流特征值的目的。这是因为同一水文分区内河流是相似的,影响其水文特征值的因素也是相似的,对这些河流进行分类之后,如果能使每一类河流都有 $1\sim2$ 个水文站,就可以实现向同类无资料河流进行资料移用的目的。

在水文空白区或水文站网初建阶段,可根据气候与下垫面条件的相似性和差异进行分区;当实测资料不足以用某一精度指标确定水文分区时,可用部分水文要素和气候因素的相似性进行综合性水文分区,可以用主成分聚类分析法以及其他的分区成果;当具有一定数量水文测站和一定实测年限的水文资料时,应以内插水文要素某一精度指标为依据确定水文分区。

水文分区的具体方法有新安江流域模型法、暴雨洪水产汇流参数分析模型法、主成分聚类分析法、多元回归统计法、自然地理特征法等。

8.1.2 内陆河湖省(区)分区成果

内陆河湖省(区)中新疆、青海、甘肃及内蒙古基本都采用主成分聚类分析法进行水文分区。

用主成分聚类分析法进行水文分区的思路是:在地图上均匀适量地选择一批地理坐标点作为样点,进行编号并记下经纬度;选择与分区目标有成因联系的各水文特征值等值线图,内插出每个样点相应的水文特征值,组成原始因子矩阵,经过数据处理与线性正交变换,使原来具有一定相关关系的原始因子变成相互独立、不再含有重叠信息的新变量——主成分。用前两位主成分(一般含信息量在 80% 以上)绘制主成分聚类图,根据前位主成分的聚类特性,把聚合在一起的同类样点所代表的空间范围在地图上一一标示出来,初步构成水文分区图。结合实际情况,对水文分区的合理性进行论证,调整原始因子,修正错误,使理论与实际达到统一;参照每个分区的典型特征,给分区作出命名,并对每个分区的重要水文特性作出定性、定量的描述。

（1）新疆水文分区。水文分区采用1985年水文分区成果,该成果采用主成分聚类分析法进行计算,该次成果将新疆分为五个水文区,即湿润区、半湿润区、半干旱区、干旱区、极干旱区。

湿润区有丰富的降水、较小的蒸发量,下垫面稳定,形成径流稳定,径流深180 mm以上,蒸发量小于1 000 mm,在雪线以上有永久性积雪和冰川分布。

半湿润区蒸发量增加,降水量略有减小,气温升高,各种植物生长,水分状况次于湿润区。半湿润区大部分区域属于径流形成区,少部分区域属于径流散失区。

半干旱区则由两部分组成,即平原低山带和半干旱高寒区。地区降水量小,蒸发量大,径流条件差,植被少,水分缺乏。半干旱高寒区的气温、水分条件及干湿程度要比平原及低山区差。

干旱区属于径流散失区,气候干燥,降水极少,气温较高,蒸发量大,径流条件差。

极干旱区包括两部分:准噶尔盆地中部的古尔班通古特沙漠区和塔里木盆地中的塔克拉玛干大沙漠和东部的荒漠区。属于径流消失区。降水极少,气候干燥,蒸发强烈,气温高,植被条件极差。新疆自治区内陆河流域水文分区统计见表8-1。

表8-1　新疆自治区内陆河流域水文分区统计

水文区	编号	水文分区	分区面积（km^2）	测站数	区域代表站数
湿润区	Ⅰ1	阿勒泰山湿润区	24 473	4	3
	Ⅰ2	吾尔喀什尔山湿润区	7 995	1	
	Ⅰ3	巴尔鲁克山湿润区	2 423		
	Ⅰ4	天山中段湿润区	78 256	5	4
	Ⅰ5	伊犁河谷湿润区	3 150		
	Ⅰ6	昆仑山湿润区	52 332	2	
半湿润区	Ⅱ1	阿勒泰山半湿润区	12 477	5	3
	Ⅱ2	准噶尔西部半湿润区	25 378	4	1
	Ⅱ3	天山中段半湿润区	51 726	21	16
	Ⅱ4	伊犁河谷半湿润区	20 714	12	3
	Ⅱ5	博格达山半湿润区	14 053	3	
	Ⅱ6	天山东段半湿润区	6 117	1	
	Ⅱ7	帕米尔及昆仑山半湿润区	63 113	7	3
	Ⅱ8	喀喇昆仑山半湿润区	14 173		

水文区	编号	水文分区	分区面积（km²）	测站数	区域代表站数
半干旱区	Ⅲa-1	平原及低山半干旱区	319 807	38	12
	Ⅲa-2	北塔山半干旱区	4 846		
	Ⅲa-3	天山东段半干旱区	18 353	2	
	Ⅲa-4	伊犁河谷半干旱区	3 755	2	
	Ⅲa-5	帕米尔高原半干旱区	14 900	1	1
	Ⅲb-1	昆仑山半干旱区	137 978		
	Ⅲb-2	喀喇昆仑山半干旱区	10 418		
干旱区	Ⅳ1	平原及盆地边缘干旱区	348 371	21	1
极干旱区	Ⅴ1	准噶尔盆地极干旱区	29 922		
	Ⅴ2	塔里木盆地及东部荒漠极干旱区	385 723	3	1
5	24		1 650 453	132	48

（2）西藏水文分区。西藏内陆河地形地貌十分复杂，气象气候差异较大，水文特性差异同样很大。西藏自治区内陆河特殊的人文地理环境以及水文资料采集设施的落后，大多数中小河流及区域缺乏长系列的实测资料，藏北区域水文资料几乎为空白，而水文分区需要大量的调查、实测资料并进行分析、计算。因此，本次评价借用中国科学院熊倪教授划分的《中国水文区划》（1986 年版）全国水文分区成果作为西藏内陆河水文分区的基础。《中国水文区划》对全国进行了二级水文区划，对西藏内陆河进行区域代表站分析，还是基本可以满足要求的。

根据《中国水文区划》成果，在对河流水文特征进行分析后，西藏内陆河水文地区分为 3 级，水文区分为 11 级。西藏自治区内陆河流域水文区划统计见表 8-2。

表 8-2　西藏自治区内陆河流域水文区划统计

水文地区		水文区		水文分区名称	分区面积（km²）
	编号		名称		
Ⅵ	滇西、藏东南亚热带、热带丰水地区	Ⅵ1	藏东南、滇西北水文区		
Ⅹ	青藏高原东部和西南部温带、亚寒带平水地区	Ⅹ1	长江河源水文区		
		Ⅹ2	黄河上游水文区		
		Ⅹ3	三江上游水文区		
		Ⅹ4	川西东部边缘山地水文区		
		Ⅹ5	藏东、川西西部水文区		
		Ⅹ6	念青唐古拉山东段南翼水文区		
		Ⅹ7	雅鲁藏布江中游水文区	雅鲁藏布江中游地带	207 778
		Ⅹ8	印度河上游与雅鲁藏布江上游水文区	四河地带	110 061

水文地区		水文区		水文分区名称	分区面积
	编号		名称		（km²）
XI	羌塘高原亚寒带、寒带少水地区	XI1	南羌塘水文区	南羌塘地带	226 712
		XI2	北羌塘水文区	北羌塘地带	366 959
3		11			911 510

（3）青海水文分区。青海省水文分区采用主成分聚类分析法，将内陆河按水文地区分为4个一级区：极干旱区、干旱区、半干旱区、半湿润区；根据地理位置因素，将水文区分为7个二级区：南羌塘水文区、长江河源水文区、三江上游水文区、川西东部边缘山地水文区、柴达木盆地水文区、昆仑山东部水文区、祁连山水文区。青海省内陆河流域水文分区统计见表8-3。

表 8-3　青海省内陆河流域水文分区统计

水文地区		水文区		水文分区名称	分区面积
	编号		名称		（km²）
XI	羌塘高原亚寒带、寒带少水地区	XI1	南羌塘水文区	长江、黄河源头干旱区	45 907
X	青藏高原东部和西南部温带、亚寒带平水地区	X1	长江河源水文区	长江、黄河源头干旱区	96 608
				青南半湿润区	41 126
		X3	三江上游水文区	青南半湿润区	51 872
				长江、黄河半干旱区	33 769
				青南半湿润区	51 975
				长江黄河源头丘陵半干旱区	27 980
				河湟谷地强侵蚀区	14 295
		X4	川西东部边缘山地水文区	青南半湿润区	6 577
IX	西北盆地温带、暖温带干涸地区	IX6	柴达木盆地水文区	极干旱区	13 203
VIII	西北山地中温带、亚寒带、寒带平水、少水地区	VIII7	昆仑山东部水文区	干旱区	73 834
		VIII8	祁连山水文区	干旱区	32 284
				青海湖、哈拉湖半干旱区	55 505
				祁连半湿润区	34 100
				河湟谷地强侵蚀区	3 897
4		7			582 932

（4）甘肃水文分区。甘肃省内陆河主要分布于祁连山区,按气候、水文特征和自然地理条件划分不同的水文区域。采用主成分聚类分析法,将内陆河分为2个一级区:西北山地中温带、亚寒带、寒带平水、少水地区和西北盆地温带、暖温带干涸地区。再分为3个二级区:祁连山水文区,河西、阿拉善水文区,嘎顺戈壁与北山戈壁水文区。甘肃省内陆河流域水文分区统计见表8-4。

表8-4　甘肃省内陆河流域水文分区统计

水文地区		水文区		水文分区名称	分区面积（km²）
编号		编号	名称		
Ⅷ	西北山地中温带、亚寒带、寒带平水、少水地区	Ⅷ8	祁连山水文区	祁连山东区	13 491
				祁连山中部区	16 328
				祁连山西区	63 989
Ⅸ	西北盆地温带、暖温带干涸地区	Ⅸ4	河西、阿拉善水文区	河西走廊区	97 403
		Ⅸ5	嘎顺戈壁与北山戈壁水文区	北部戈壁荒沙区	81 925
2		3		5	273 136

（5）内蒙古水文分区。按地区气候、地形、土壤和植被等自然地理条件进行划分,按暴雨洪水产汇流分析法进行水文分区,按暴雨洪水特征的一致性和流域完整性,将内陆河分为5个水文分区。内蒙古自治区内陆河流域水文分区统计见表8-5。

表8-5　内蒙古自治区内陆河流域水文分区统计

水文地区		水文区		水文分区名称	分区面积（km²）
编号		编号	名称		
Ⅶ	内蒙古中温带少水地区	Ⅶ1	松辽平原水文区	辽河冲积平原区	1 813
		Ⅶ3	内蒙古高原水文区	干旱荒漠草原区	59 847
				锡林沙漠草原半干旱区	121 346
				锡林半干旱平原丘陵区	84 965
Ⅸ	西北盆地温带、暖温带干旱地区	Ⅸ4	河西阿拉善水文区	阿拉善闭塞荒漠区	255 757
2		3		5	523 728

8.2 区域代表站评价

揭示河流水文特征值的空间分布规律是水文站网的最重要任务。区域代表站在水资源空间变化规律的分析上有着最重要的作用。内陆河各省(区)区域代表站分析评价如下：

(1)新疆。新疆特殊的地理环境和地形地貌,使得集水面积不大的河流也穿越几个水文分区。新疆的独立性河流较多,多数发源于山区,流经低山带及平原,最终消失于沙漠。新疆有区域代表站共 48 处,各水文分区内均设有水文站控制。其中湿润区面积 168 629 km²,区域代表站 7 处,单站控制面积 24 090 km²/站;半湿润区面积 207 751 km²,区域代表站 26 处,单站控制面积 7 990 km²/站;半干旱区面积 510 057 km²,区域代表站 13 处,单站控制面积 39 235 km²/站;干旱区面积 348 371 km²,区域代表站 1 处,单站控制面积 348 371 km²/站;极干旱区面积 415 645 km²,区域代表站 1 处,单站控制面积 415 645 km²/站。

根据各水文分区水文站分布情况,可以看出新疆水文分区中的半湿润区水文站数目最多,达 53 处,占全疆测站总数的 40%;其次是半干旱区有 43 处,占全疆测站总数的 33%;塔里木河项目的实施,使干旱区水文站数目达到 21 处,占全疆水文站总数的 16%。这三个区的水文测站数占到全疆水文站总数的 89%。分布于极干旱区和湿润区的分别为 2% 和 9%,极干旱区基本上是沙漠或沙漠边缘,流于其内的河流极少,且气候条件恶劣,缺少设站的条件。润湿区多处于中高山区,不适于设立水文站。

具体到各水文分区子区,湿润区中巴尔鲁克山湿润区、伊犁河谷湿润区没有水文测站控制,巴尔鲁克山湿润区中有塔斯提河,该河上下游均没有控制,且该河有出境水量控制需求,可以考虑设站需求。

伊犁河谷湿润区降水量丰沛,河流发育,生成的众多小河沟集水面积较小,均注入伊犁河或特克斯河。可以选择在集水面积较大、代表性较好的一到两条河流上建站控制。其余各子区测站分布较均匀,基本满足控制需求。

半湿润区中天山东段半湿润区有一处测站,该区小河沟众多,集水面积不大,水量较小,现有头道沟水文站控制,该区面积不大,基本能满足控制需求。喀喇昆仑山半湿润区内河流主要有喀拉喀什河上游。该河流出本区后有托满站控制。该区海拔较高,人类活动很少,可考虑设雨量站进行控制。

半干旱区中北塔山半干旱区、昆仑山半干旱区、喀喇昆仑山半干旱区三个水文分区子区没有水文站控制。北塔山半干旱区极度干旱,降水稀少,河流稀少,可不进行控制。昆仑山半干旱区、喀喇昆仑山半干旱区两个子区所处海拔高,区内冰川发育,气候条件恶劣,不适宜人类居住活动,不考虑控制。新疆内陆河水文分区及各区水文测站统计见表 8-6。

(2)西藏。西藏内陆河仅 1 处小河站,无大河站、区域代表站布设。四河地带、南羌塘地带、北羌塘地带面积达 70.4×10⁴ km²,未设 1 处水文站。由于水文站点稀缺,多条河流无实测资料,使得西藏内陆河径流、洪水特征值等水文要素的内插计算十分困难。西藏自治区内陆河水文分区分级及测站统计见表 8-7。

表 8-6　新疆内陆河水文分区及各区水文测站统计

水文区	编号	水文分区	分区面积(km²)	测站数	区域代表站数
湿润区	Ⅰ1	阿勒泰山湿润区	24 473	4	3
	Ⅰ2	吾尔喀什尔山湿润区	7 995	1	
	Ⅰ3	巴尔鲁克山湿润区	2 423		
	Ⅰ4	天山中段湿润区	78 256	5	4
	Ⅰ5	伊犁河谷湿润区	3 150		
	Ⅰ6	昆仑山湿润区	52 332	2	
半湿润区	Ⅱ1	阿勒泰山半湿润区	12 477	5	3
	Ⅱ2	准噶尔西部半湿润区	25 378	4	1
	Ⅱ3	天山中段半湿润区	51 726	21	16
	Ⅱ4	伊犁河谷半湿润区	20 714	12	3
	Ⅱ5	博格达山半湿润区	14 053	3	
	Ⅱ6	天山东段半湿润区	6 117	1	
	Ⅱ7	帕米尔及昆仑山半湿润区	63 113	7	3
	Ⅱ8	喀喇昆仑山半湿润区	14 173		
半干旱区	Ⅲa－1	平原及低山半干旱区	319 807	38	12
	Ⅲa－2	北塔山半干旱区	4 846		
	Ⅲa－3	天山东段半干旱区	18 353	2	
	Ⅲa－4	伊犁河谷半干旱区	3 755	2	
	Ⅲa－5	帕米尔高原半干旱区	14 900	1	1
	Ⅲb－1	昆仑山半干旱区	137 978		
	Ⅲb－2	喀喇昆仑山半干旱区	10 418		
干旱区	Ⅳ1	平原及盆地边缘干旱区	348 371	21	1
极干旱区	Ⅴ1	准噶尔盆地极干旱区	29 922		
	Ⅴ2	塔里木盆地及东部荒漠极干旱区	385 723	3	1
5	24		1 650 453	132	48

(3)青海。青海省内陆河受自然条件的限制,水文站网密度相对很低,很多州县镇所在地的河流均没有设站,如海西州大柴旦镇的哈尔腾河、鱼卡河和塔塔棱河等,冷湖镇的苏干河和茫崖镇的斯巴利克河、铁木里克河、阿达滩河和曼特里克河以及都兰县的柴达木河等,果洛州玛多县的托索湖,海北州祁连县的黑河和八宝河等,有的虽然在 20 世纪五六十年代有水文站,但观测年限大多不足 5 年,不能满足经济社会发展的要求。因此,应在

表 8-7　西藏自治区内陆河水文分区分级及测站统计

序号	水文区 编号	水文区 名称	水文分区名称	分区面积（km²）	各面积（km²）级河流及水文测站统计																				
					200以下			200~500			500~1 000			1 000~2 000			2 000~3 000			3 000~5 000			5 000~10 000		
					河流数	测站数	代表站数	河流数	测站数	代表站数	河流数	测站数	代表站数	河流数	测站数	代表站数	河流数	测站数	代表站数	河流数	测站数	代表站数	河流数	测站数	代表站数
5	X7	雅鲁藏布江中游水文区	雅鲁藏布江中游地带	207 778				8	1		3			1											
6	X8	印度河上游与雅鲁藏布江上游水文区	四河地带	110 061																					
7	XI1	南羌塘水文区	南羌塘地带	226 712	2			2			12			11			1			2			4		
8	XI2	北羌塘水文区	北羌塘地带	366 959				3			6			7			1			1			3		
		合计		911 510	2			13	1		22			19			2			3			7		

内陆河地区增加水文站网。青海省内陆河水文分区分级及测站统计见表8-8。

（4）甘肃。甘肃省内陆河水文站布设较少，有些分区面积级为水文空白区，特别是北部戈壁荒沙区，面积81 925 km² 无1 处水文站。由于内陆区水文站点布设稀少，多条河流无实测资料，使得甘肃内陆河径流、洪水特征值等水文要素的内插计算非常困难。甘肃省内陆河水文分区分级及测站统计见表8-9。

（5）内蒙古。内蒙古自治区阿拉善闭塞荒漠区、阴山山地坡水区、干旱荒漠草原区等水文分区内尚没有区域代表站，应尽早补充200 km² 以下河流小河站；200～500 km² 河流在锡林半干旱丘陵区、干旱荒漠草原区、兴安南部草原山区补充小河站；500～1 000 km² 河流在锡林半干旱丘陵区、锡林沙漠草原半干旱区、干旱荒漠草原区应补充区域代表站；1 000～2 000 km² 河流在干旱荒漠草原区、锡林沙漠草原半干旱区、锡林半干旱丘陵区应补充区域代表站；2 000～3 000 km² 河流在锡林沙漠草原半干旱区、干旱荒漠草原区应补充区域代表站；3 000～5 000 km² 河流在锡林沙漠草原半干旱区、干旱荒漠草原区应补充区域代表站；5 000～10 000 km² 河流在锡林半干旱丘陵区、锡林沙漠草原半干旱区、干旱荒漠草原区应补充大河站。内蒙古自治区内陆河水文分区分级及测站统计见表8-10。

表 8-8　青海省内陆河水文分区分级及水文测站统计

序号	水文区编号	水文区名称	水文分区名称	分区面积（km²）	200~500			500~1000			1000~2000			2000~3000			3000~5000			5000~10000		
					河流数	测站数	代表站数	河流数	测站数	代表站数	河流数	测站数	代表站数	河流数	测站数	代表站数	河流数	测站数	代表站数	河流数	测站数	代表站数
1	XI1	南羌塘水文区	长江、黄河源头干旱区	45 907	0			9			7			1			0			0		
2	IX6	柴达木盆地水文区	极干旱区	13 203	0			2			2			0			0			0		
3	VIII7	昆仑山东部水文区	干旱区	73 834	2			26			10			2			3	1	1	2	2	2
4	VIII8	祁连山水文区	干旱区	32 284	0			4			6	1	1	3			1			2	1	1
5	VIII8	祁连山水文区	青海湖、哈拉湖半干旱区	55 505	0			6			5	1	1	1	1	1	1	1	1	1		
6	VIII8	祁连山水文区	祁连山丰湿润区	34 100	0			0			1			2			0			1		
合计				254 833	2			47			31	2	2	9	1	1	5	2	2	6	3	3

表 8-9　甘肃省内陆河水文分区分级及水文测站统计

序号	水文区编号	水文区名称	水文分区名称	分区面积（km²）	200~500			500~1000			1000~2000			2000~3000			3000~5000			5000~10000			说明
					河流数	测站数	代表站数	河流数	测站数	代表站数	河流数	测站数	代表站数	河流数	测站数	代表站数	河流数	测站数	代表站数	河流数	测站数	代表站数	
1	VIII8	祁连山水文区	祁连山区	93 808	1	1		2	2		1	1	1	1	1	1	1	1	1				水文空白
2	IX4	河西、阿拉善水文区	河西走廊区	97 403	1	1		6	6		2	2		2	2	1	1	1	1				
3	IX5	嘎顺戈壁与北山戈壁水文区	北部戈壁荒沙区	81 925							2	2		2	2		2	2		2	2	2	水文空白
合计				273 136	2	2		8	8		5	5	1	5	5	2	4	4	2	2	2	2	

表 8-10 内蒙古自治区内陆河水文分区分级及测站统计

序号	水文区编号	水文区名称	水文分区名称	分区面积(km²)	200以下 河流数	200以下 测站数	200以下 代表站数	200~500 河流数	200~500 测站数	200~500 代表站数	500~1000 河流数	500~1000 测站数	500~1000 代表站数	1000~2000 河流数	1000~2000 测站数	1000~2000 代表站数	2000~3000 河流数	2000~3000 测站数	2000~3000 代表站数	3000~5000 河流数	3000~5000 测站数	3000~5000 代表站数	5000~10000 河流数	5000~10000 测站数	5000~10000 代表站数
1	VII1	松辽平原水文区	辽河冲积平原区	1 813	1						2														6
2	VII3	内蒙古高原水文区	干旱荒漠草原区	59 847	2	1	1	14			18			9			5	1		2			2	1	1
3	VII4	内蒙古高原水文区	锡林沙漠草原半干旱区	121 346	7			9			17	2	2	19			8		1	6			5		
4	VII5	内蒙古高原水文区	阴山山地坡水区	13 040	4			6	2	2											1	1			
5	VII6	内蒙古高原水文区	锡林半干旱草原丘陵区	84 965	4			9			5			9						1			1		
6	IX4	河西阿拉善水文区	阿拉善塞荒漠区	255 757	6																				
合计				536 768	24	1	1	38	2	2	42	2	2	37			13	1	1	9	1	1	8	1	7

第9章 平原区水文站(新疆灌区)

进入 20 世纪 90 年代后,水资源的开发利用、配置、节约、保护服务成为水文工作的主题。站网评价应以满足水资源计量的程度来评价,站网调整应以水资源计量为标准。

干旱区内陆河湖灌区是水资源开发利用的主要区域,是绿洲区水资源合理配置的核心区域,灌区水文监测是研究水资源在灌区分布、变化规律性的基本信息,研究区域水资源承载能力,保障水资源可持续开发利用,实现经济社会和生态环境双赢的可靠基础支撑。

9.1 灌区水文监测体系的构成及其基本功能

9.1.1 监测体系的构成

灌区水文是干旱区内陆河湖域水资源统一管理、调度重要的组成部分,灌区水文监测站网是一个点多、面广、内容繁多的复杂水文监测体系,包括地表水水量监测、地下水水量监测、水环境监测、土壤墒情监测、辅助气象要素监测、典型试验监测等六大类监测站网。

9.1.2 监测体系的基本功能

9.1.2.1 分区控制功能

监测站点应能实现对灌区内各类水体输入、输出的有效宏观控制,满足研究灌区水循环规律的需要,进行站点的宏观分区划分,根据分区情况规划监测站点。

9.1.2.2 区域代表性

监测站网应具有较好的区域代表性。灌区范围广,水体运动、变化情况复杂,任何一个人工站网体系都不可能实现对灌区内水体运移路径的完全监控。具有区域代表性的站网体系可使站网建设、运行的投入降到最低而又不使其功能受到显著影响。

9.1.2.3 信息输出标准化

灌区水文监测系统通过不同地区、部门、单位共同运行,如果监测成果不采用统一的统计口径和数据输出格式,势必给系统成果汇总及数据共享带来极大不便,甚至难以使用。

9.1.3 统一监测技术标准,保证量水精度

(1)在一个流域内是由河流水文和灌区水文等众多单位共同组织和参与,监测队伍庞大而技术素质要求高的系统工程,需确保监测成果的可靠性,必须实施行业管理。行业管理的职能是:强制执行行业规范,统一监测技术标准,监督检查监测行为的规范性,组织

技术培训和核准监测人员的上岗资质,审核认定监测成果,管理维护监测信息档案,实现监测信息的资源共享。新疆自治区水文水资源勘测局是新疆水文行业归口管理职能部门,应在灌区水文行业管理中发挥重要作用。

(2)灌溉水资源配置通过水利工程实施,水利工程配水节点是重要的灌区水文监测点,利用水利工程建设项目建立配套的水文监测设施,是水利工程设计管理重要的组成部分。水文测验建筑物的设计要由水文行业部门进行技术指导和认定,以确保测验质量。

9.1.4 强制执行行业规范

灌区水文应是整个水文的一部分,必须强制执行中华人民共和国水利部与中华人民共和国住房和城乡建设部颁发的行业规范:

(1)《水文普通测量规范》(SL 58—93);

(2)《水位观测标准》(GB/T 50138—2010);

(3)《水文自动测报系统规范》(SL 61—94);

(4)《河流流量测验规范》(GB 50179—93);

(5)《水文站网规划技术导则》(SL 34—92);

(6)《堰槽测流规范》(SL 24—91);

(7)《水工建筑物测流规范》(SL 20—92);

(8)《水文资料整编规范》(SL 247—1999);

(9)《水环境监测规范》(SL 219—98);

(10)《灌溉与排水工程技术管理规程》(SL 246—1999)。

9.1.5 灌区量水设备和仪表的合法检定

灌区量水与大河的水文测验不尽相同,灌区量水施测流量较小,但观测次数频繁,时间要求严格,要保证测验精度。作为计量工具的灌区量水设备,应加紧独立设置或挂靠在具体设备和技术条件科研所的灌区量水设备检测部门,开展灌区量水设备和仪器的检验、测定工作,以保证量水设备的精度和合法性,规范水商品交易行为。

9.2　水平衡区分类

水平衡区分为大区和小区。

(1)大区。在统一规划下进行水利治理,水资源统一调度使用的区域,或北方地区的水资源供需平衡区。

(2)小区。在大区中按土壤、植被和水利条件来划分的区域,或对大区面积过大者进一步根据水平衡从中划分的若干中区或小区。水平衡区的外包线形成封闭的周界线。统计周界上的进出口门数为需求目标。

平原区水文站满足水量平衡情况分析详见表9-1。

表 9-1　平原区水文站满足水量平衡情况分析

省份	水平衡区		下垫面特征			水平衡区区界线控制情况				
	大区名称	小区名称	作物布局	土壤	水利工程运行方式	进出口门总数	被控制口门数	被控制口门中的基本水文站数	被控制进出水量占总进出水量比例（%）	其中基本站控制水量比例（%）
新疆	塔额河流域区	额敏河	小麦区	砂土	闸门启闭			2		
	额尔齐斯河流域区	额尔齐斯河	小麦区	砂土	闸门启闭			6		
	艾比湖流域区	奎屯河	小麦区	砂土	闸门启闭			2		
		博尔塔拉河	小麦区	砂土	闸门启闭			2		
		精河	小麦区	砂土	闸门启闭			2		
	天山北坡诸河区	玛纳斯河	小麦区	砂土	闸门启闭			1		
		呼图壁河	小麦区	砂土	闸门启闭			1		
		乌鲁木齐河	小麦区	砂土	闸门启闭			2		
		头屯河	小麦区	砂土	闸门启闭			2		
		三屯河								
	伊犁河流域区	特克斯河	小麦区	黏土	闸门启闭			2		
		巩乃斯河	小麦区	黏土	闸门启闭			1		
		哈什河	小麦区	黏土	闸门启闭			2		
		伊犁河	小麦区	黏土	闸门启闭			5		
	吐哈小河区	石城子河	小麦区	砂土	闸门启闭			3		
		煤窑沟河	小麦区	砂土	闸门启闭			1		
	塔里木河流域区	开都－孔雀河	小麦区	砂土	闸门启闭			3		
		渭干河	棉垦区	砂土	闸门启闭			7		
		阿克苏河	小麦、棉花区	砂土	闸门启闭			8		
		叶尔羌河	棉垦区	砂土	闸门启闭			4		
		喀什噶尔河	小麦、棉花区	砂土	闸门启闭			6		
		和田河	小麦区	砂土	闸门启闭			11		
		恰克马克河	小麦区	砂土	闸门启闭			1		

9.3 平原区水平衡区分类

9.3.1 水平衡大区

(1)塔额河流域大区;
(2)额尔齐斯河流域大区;
(3)艾比湖流域大区;
(4)天山北坡诸河大区;
(5)伊犁河流域大区;
(6)吐哈小河大区;
(7)塔里木河流域大区。

9.3.2 水平衡小区

(1)塔额河流域区:
①额敏河;
②白杨河。
(2)额尔齐斯河区:
①额尔齐斯河;
②乌伦古河。
(3)艾比湖流域区:
①博尔塔拉河;
②奎屯河;
③精河。
(4)天山北坡诸河区:
①玛纳斯河;
②乌鲁木齐河;
③呼图壁河;
④头屯河、三屯河。
(5)伊犁河流域区:
①特克斯河;
②巩乃斯河;
③哈什河;
④伊犁河。
(6)吐哈小河区:
①石城子河;
②煤窑沟河。
(7)塔里木河流域区:
①开都-孔雀河;

②渭干河;

③阿克苏河;

④叶尔羌河;

⑤喀什噶尔河;

⑥和田河。

9.4 灌区水文站网布局

灌区水文监测站网包括地表水量监测站网、地下水监测站网、水环境监测站网、土壤水盐监测站网、气象监测站网、典型区实验站网(见图9-1)。

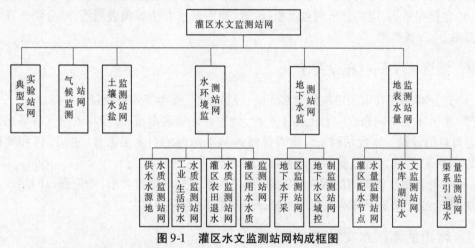

图9-1 灌区水文监测站网构成框图

根据新疆灌区的实际情况,以地表水量监测为主,包括渠系引、退水量监测站网,进行河流区间水量控制节点计算,校验算清灌区用水量,为科学治水,水资源统一管理、调度,生态保护和建设,农业可持续发展提供科学依据。

9.4.1 灌区水文站网的分类和作用

9.4.1.1 基本站网

1)引水渠渠首

观测从水源(河流)引入流量及水位,分析引水口水位与引水流量的变化关系和引水渠水位—流量关系,指导引水工作。断面布设在引水渠渠首以下 50~100 m 的水流平稳顺直段,亦可利用引水建筑物量水。

2)配水渠渠首

观测从上一段渠首配得的水量及渠首的输水损失,断面布设在配水渠渠首以下 30~50 m 范围内顺直、水流平稳渠段处,也可利用配水建筑物量水。

9.4.1.2 辅助站网

1)平衡点

观测渠道及灌区的退泄和排出水量,为灌区水量平衡的分析计算提供数据。平衡水量点应分别设在各级渠道的末端及排水、退水渠(包括回归水)上。

2)专用点

为观测收集专门的资料(如渠道输水损失、糙率系数、流速、流量与冲淤关系等)而设专用量水点,布设位置视实际需要选定。

9.4.2 灌区水文站网布设程序

(1)根据量水要求,在灌区渠系平面图上,全面规划,统一布设,分布实施。

(2)实地勘察,确保量水点的具体位置。

(3)设立断面标志,建立施测断面,鉴别建筑物类型或安装特设量水设备。修建水位自记井(岸式、岛式、非接触超声波)、永久水准点、永久水尺组、观测台阶路等。

(4)布设完毕后,应将量水网点类型、位置、使用量水方法等编表列册,并分别标在渠系平面图上,以备查考。

9.4.3 灌区水文站网布设要求

(1)充分利用现有水工建筑物量水,并视经济条件,逐步安装特设量水设备。

(2)灌区水文站网布设应自上而下进行,优先保证灌区渠道、乡与乡或村与村等用水单元分界点的计量。本次站网布设重点是灌区基本站网的引水渠渠首(进口门)和辅助站网的平衡点,即灌区的退泄和排出水量(出口门)。

(3)尽量利用水管部门的现有水管站,按灌区水文站网评价要求,选用进口门站和出口门站,若个别无法满足算清灌区用水量,则可增加部分站点。

9.4.4 常用的灌区水文量水方法

(1)利用水工建筑物量水;

(2)利用特设的量水设备量水;

(3)利用流速仪量水;

(4)利用浮标量水;

(5)利用水尺量水。

利用水工建筑物量水是较为经济简便的量水方法,在有可能用水工建筑物量水的地方应优先考虑使用,包括启闭式闸、涵量水,跌水量水,拱涵放水口量水,渡槽量水,倒虹吸量水,水工建筑物自动量水。

一般没有水工建筑物或现有水工建筑物不能用以量水时,或是要求的量水精度超过水工建筑物量水所能达到的精度时,可采用特设量水设备。

9.5 灌区水文站网管理模式

灌区水文的开展必须立法和制定有关规定,才能可持续发展。灌区水文只有水利、水文、水管等部门的共同合作,才能可持续发展,取得成绩。

(1)加速灌区水文立法。

从制度上为灌区水文开展提供保障,建立多层次、多渠道投入保障机制。要研究制定相应的法律、法规,明确县、地州、自治区有关部门以及相关方面在灌区水文监测站网建设、管理中的责任及义务。

(2)加速灌区水文监测站网建设。

实现最优站网布局,避免重复建站,完善站网功能。由于灌区水文监测事关流域水资源的科学配置和可持续利用,水资源问题的敏感性日益显现,监测站网建设已到了必须予以高度重视的时候,将之纳入法制化基本建设中来的时机基本成熟。

(3)加强行业管理,规范监测行为。

灌区水文监测是一个靠多单位共同组织和参与,监测队伍庞大而技术素质要求较高的系统工程,有确保监测成果的可靠性,需要实施行业管理。行业管理的职能为:统一监测技术标准,监督检查监测行为的规范性,组织技术培训,校准监测人员的上岗资质,对灌区水文测验设施的技术鉴定,审核认定监测成果,管理维护监测信息档案,实现监测信息的资源共享。

(4)引入"工程带灌区水文监测"机制。

灌区水资源配置通过水利工程实施,水利工程配水节点是重要的灌区水文监测点。利用水利工程建设项目建立配套水文监测设施是水利工程设计中的重要组成部分,而长期以来普遍存在工程设计中注重主体工程设计,而忽略对配套管理设施的建设,这种情况与现代化工程管理的要求是不相适应的,今后应加强非工程措施的投入和建设。

9.5.1 水管部门职责

(1)对列入灌区水文的基本站网(引水渠渠首、配水渠渠首)和辅助站网(平衡点)进行管理和监测运行。按《测站任务书》完成规定测验监测项目,并进行资料整理和整编工作。

(2)接受水文部门对灌区水文站网的人员培训、技术指导、督察及对年度资料的审查和技术认证。

(3)向水文部门支付有偿服务费。

9.5.2 水文部门职责

(1)对灌区水文站网(基本站网、辅助站网)进行统一规划,并上报上级批准。编制灌区水文站网《测站任务书》,并上报上级批准。

(2)对水管人员进行技术培训,并核准上岗资质。

(3)对基本站、辅助站水文测验设备进行技术鉴定和认证。

(4)对正常监测工作进行督察和抽查。

(5)对年度灌区水文资料整编进行技术指导、审查和认定。

第10章   中小河流水文站设站年限分析

在水文站网规划与调整中,及时地撤销或停止一些已经满足生产需要的水文测站或观测项目,就可以腾出一部分人力、物力,转移到其他需要设站的地点,发展水文站网,扩大资料收集范围。反之,如果不适当地撤销水文测站,则会造成连续资料中断,影响水文站网的整体功能。因此,必须适时地定期对水文测站进行设站年限的分析检验。

确定水文测站的设站年限主要审查其对站网整体功能的影响,水文资料的经济效益和受水工程影响的程度,经对上述各方面的综合分析论证,再联系测站的测验条件,生活、交通条件等实际情况,方可对测站的撤留作出决策。

10.1   确定长期站和短期站

根据《水文站网规划技术导则》(SL 34—92),水文站按观测年限分为长期站和短期站两种。长期站应系统收集长系列样本,探索水文要素在时间上的变化规律;短期站能依靠与邻近长期站同步系列间的相关关系,或者依靠与长系列资料建立转换模型,展延自身的系列。可通过有计划地转移短期站的位置,逐步提高站网密度,适时对基本水文要素在时间上和空间上的全面控制。

内陆河大河控制站、集水面积大于 1 000 km^2 的区域代表站和有重要作用的小河站(除个别达不到设站目的,如受水利工程影响显著)全部列入长期站。在小河站中,有重要作用的小河站和集水面积在 1 000 km^2 以下的区域代表站,代表性好,又系统地收集了资料的测站,也可列入长期站。

区域代表站、小河站中起重要作用的水文站及为水利工程的调度运用与水资源合理分配的水文站都是站网中的骨干。只要不是测验条件太差,或者测站情况发生了变化,达不到设站目的者,一般都要连续地、长期地,甚至无限期地积累实测水文资料。有些测站测验条件、生活条件、交通条件都比较艰苦,但在水文站网中起重要作用,无法迁移又不能撤销,这些站作为长期站保留下来,一般不考虑其设站年限问题,因此只有不是上述各类测站的一部分中小河流代表站和小河站,其观测年限才是研究的主要对象。

本次设站年限的检验主要针对集水面积为 1 000 km^2 以下且没有报汛任务的区域代表站和小河站进行。

10.2   设站年限分析方法

以最多设站年数(从设站至 2005 年)的特征值计算 $\overline{X}$(均值)、C_v(变差系数)为标准值,采用《水文站观测年限的确定方法》中推荐的设站年限计算公式。

设一个水文站实测的样本系列为 $X_i(i=1,2,3,\cdots,m)$,要求有 $1-\alpha$ 的保证率,使样

本的均值 $\overline{X}$ 与系列总体均值 μ 的差异满足不等式 $|\overline{X} - \mu| \leqslant \varepsilon \overline{X}$。其中，$\varepsilon$ 为允许误差的相对值；α 称为显著性水平，$0 \leqslant \alpha \leqslant 1$；$m$ 是样本系列长度。

按照 t 检验原理，可导出满足对样本均值要求的设站年限计算公式

$$N = 1 + \left(\frac{C_v t_\alpha}{\varepsilon}\right)^2 \tag{10-1}$$

式（10-1）的意义：对于已知样本变差系数为 C_v 的水文系列，若进行 N 年观测，则有 $1 - \alpha$ 的保证率，使样本与总体均值之间的相对误差不超过事先指定的相对误差 ε。式中，t_α 是自由度为 $N-1$、显著性水平为 α 的 t 分布积分下限，其数值随 N 的增大而增大。该公式是一个需要通过试算才能得出 N 的超越方程。不过，当 N 较大时（$N > 10$），t_α 值已接近常数，因此给计算工作带来了方便。

对于已知样本变差系数 C_v 的水文系列，若进行 N 年观测，则有 $1 - \alpha$ 的保证率，使样本与总体均值之间的相对误差不超过事先指定的相对误差 ε。

根据以上推论，可归纳如下计算步骤：

（1）计算样本系列的变差系数 C_v、均值 $\overline{X}$、标准差 S。

（2）根据经济发展情况及变差系数 C_v 值的大小，酌选 ε、α 值。

（3）用式（10-1）计算设站年限 N。

内陆河集水面积小于等于 1 000 km² 的水文站设站年限具体检验结果见表 10-1。

10.3　达到设站年限的站网调整原则

（1）区域代表站。对于集水面积小于 1 000 km² 的区域代表站，如达到设站年限且无报汛任务、无其他测验功能、无较大空白区，可暂时保留，待今后水文站点达到国家站网密度的平均水平后给予调整。对于受水利工程影响的区域代表站，将根据影响程度予以撤销、迁移、建辅助站。

（2）小河站。对于集水面积小于等于 500 km² 的小河站，如达到设站年限、无报汛任务、无其他测验功能，现在暂时不予撤销。为了更好地保持经济社会的可持续发展，在条件允许时应在经济发展较快地区增加小河站。

通过检验分析，内陆河有关省（区）集水面积小于 1 000 km² 的区域代表站和小河站部分已达到设站年限，但内陆河普遍站网密度较稀，且相关测站在流域防汛、水资源管理及工程建设中发挥着重要作用，建议全部保留已达设站年限的中小测站。

表 10-1 内陆河集水面积≤1 000 km² 的水文站设站年限具体检验结果

序号	流域	单位名称	站名	测站集水面积（km²）	设站年份	抽样误差分析法设站年限（年）	产汇流参数分析法设站年限（年）	设计洪水设站年限（年）	设计枯水设站年限（年）	综合计算年限（年）	实际设站年限（年）	已测多少年一遇洪水	调整方案
1	内陆河湖	新疆维吾尔自治区	跃进水库进库（五）	461	1956	35					50	48	保留
2	内陆河湖	新疆维吾尔自治区	匹里青（二）	794	1956	40					50	50	保留
3	内陆河湖	新疆维吾尔自治区	东大龙口（三）	163	1992	10					14	48	保留
4	内陆河湖	新疆维吾尔自治区	头道沟	371	1956	40					50	50	保留
5	内陆河湖	新疆维吾尔自治区	卡琅古尔（二）	349	1958	30					48	50	保留
6	内陆河湖	新疆维吾尔自治区	哈拉依敏（六）	252	1959	20					47	45	保留
7	内陆河	甘肃省	丰乐河	568	1966	18					40		建议保留
8	内陆河	甘肃省	峡门台	273	1985	39					21		建议保留
9	内陆河	甘肃省	南营水库	841	1980	60					26		建议保留
10	内陆河	内蒙古自治区	商都（四）	543	1956					46	49	30	保留
11	内陆河	内蒙古自治区	集宁（四）	701	1950					55	55	30	保留
12	内陆河	内蒙古自治区	活福滩（二）	93	1986					30	19	20	保留
13	内陆河	西藏自治区	翁果	286	1975	20		15	20	20	30	20	保留
14	内陆河	河北省水文水资源勘测局	张北	350	1956	20	30	30		30	50	50	继续保留

第 11 章　结论与建议

11.1　站网密度方面

内陆河流域站网密度差别较大。按各省(区)分述如下。

11.1.1　新疆

新疆自治区水文站网布局一直是伴随着全区社会经济发展对水文工作的要求,在不断发展、调整和完善,为新疆经济建设和社会发展提供防洪减灾、水资源评价、水文气象长期变化规律监测等信息服务发挥了重要作用,水文站网平均现实密度为 9 422 km²/站(不含沙漠面积),总体布局基本合理,单站项目较全,功能较强。现有站网布局及站网整体功能在适应和满足新疆社会经济建设的需求方面还存在一些问题:

(1)水文站网密度不足。从水文分区上看,尤其是巴尔鲁克山、北塔山半干旱区,昆仑山半干旱区,喀喇昆仑山半湿润、半干旱区等水文站网空白区,对区域径流等值线的局部绘制缺乏资料依据,绘制等值线任意性较大,影响区域水资源评价成果质量,导致区域水资源量掌握不清楚。

(2)在干旱区内陆河流域,平原绿洲灌区是水资源利用和水资源合理配置的核心区域,新疆水文站点大部分布置在出山口附近,目前新疆绿洲灌区水文站网布设尚处在探索阶段,需加快灌区水文水资源监测站网建设,拓宽水文的服务领域,保持水文的可持续发展。

新疆是一个多湖泊的地区,湖泊面积大于 1 km² 的有 138 个,面积为 6 902.13 km²,占全国湖泊面积 75 610 km² 的 9.1%。随着旅游业的开发与发展,湖泊生态环境监测保护与研究治理已纳入经济建设中,目前除博斯腾湖设有 1 处水位站外,湖泊水文站网基本还是空白区。因此,需加强湖泊水文、水环境监测站网建设,完善水文站网布局和提高站网整体功能。

11.1.2　西藏

西藏自治区内陆河现有水文站 1 站。布设在藏南内陆河水系羊卓雍错流域卡鲁雄曲上。其他地区至今仍属于水文空白地区。内陆河流域平均站网密度为 611 543 km²/站,若包括多年已裁撤的水文站(资料仍可使用),则平均站网密度为 152 886 km²/站。

现有水文站网密度没有一条河流达到容许最稀的站网密度。现有的水文站网,目前无法满足探索西藏内陆河水文变化规律的需要。随着西藏内陆河国民经济建设和社会的发展,目前的水文站网已不能完全满足流域内社会经济发展的需要,无法有效控制流域内水量和水质的变化情况,不能满足城市防洪、水资源保护与管理、水环境评价对水文工作的需求。

11.1.3 青海

青海省内陆河流域面积为 37.41×10^4 km²,平均站网密度为 28 777 km²/站(按测验项目统计),若包括多年已裁撤的水文站,资料仍可使用,则水文站网密度为 9 845 km²/站。世界气象组织推荐的容许最稀站网密度为:干旱和极干旱地区(不含大沙漠)5 000 ~ 20 000 km²/站,与此标准比较,相差较远。

青海省内陆河流域雨量站密度为 16 265 km²/站,蒸发站密度为 31 175 km²/站(水文站观测蒸发 7 处,基本雨量站的蒸发观测共有 4 处,全省无一处独立蒸发站),泥沙站密度为 62 350 km²/站,水质站密度为 24 940 km²/站,较《水文站网规划技术导则》(SL 34—92)规定的站网密度偏稀,应适度增加各类监测站。

11.1.4 甘肃

甘肃省内陆河流域站网密度约为 9 090 km²/站,低于世界气象组织提出的容许最稀站网要求的密度,需合理地增加站数;内陆河流域现有泥沙站 15 处,泥沙站数目占流量站数目的 48.4%,符合《水文站网规划技术导则》(SL 34—92)的规定,布局上基本合理;雨量站的站网密度为 3 103 km²/站,仍然达不到《水文站网规划技术导则》(SL 34—92)规定的站网密度,低于世界气象组织容许的最稀密度,需适当增加雨量站的站数;蒸发站 25 处,站网密度 7 677 km²/站,接近世界气象组织容许的最稀密度;水质站 15 处,达到水质站在干旱地区容许最稀水文站网密度,但是站网类型不全,现有站网都为地表水水质站,反映地下水水质状况及变化规律的地下水水质站及降水水质站则为空白;内陆河流域地下水监测井 147 眼,主要分布在河西走廊灌区,但分布不均,主要分布在疏勒河、黑河中下游地区,而且靠近河道附近多,其他地方少,测井年久失修、测验设备及手段落后、工作条件差等,不能完全满足地下水监测的要求。

11.1.5 内蒙古

内蒙古自治区内陆河现有水文站 10 处(12 个流量断面),据世界气象组织有关干旱区水文站容许最稀站网密度 5 000 ~ 20 000 km²/站,有关山区水文站容许最稀站网密度 300 ~ 1 000 km²/站。在现有布设水文站的 8 个水系中,黑河、腾格里诺尔、察汗淖、呼和诺尔、查干诺尔、黄歧海、岱海 7 个水系站网密度小于容许最稀站网密度,基本满足要求。

干旱区泥沙站 9 处,据世界气象组织有关干旱区泥沙站容许最稀站网密度,约是水文站容许最稀站网密度的 30%,即 15 000 ~ 60 000 km²/站,现有布设泥沙站的黑河、腾格里诺尔、察汗淖、呼和诺尔、黄歧海 5 个水系,泥沙站密度大于容许最稀站网密度,基本满足要求。

内蒙古自治区内陆河流域干旱区雨量站 79 处,据世界气象组织有关干旱区雨量站容许最稀站网密度 1 500 ~ 10 000 km²/站,现有布设雨量站的 16 个水系中,13 个水系站网密度在容许最稀站网密度范围内,基本满足要求。

内蒙古自治区内陆河流域干旱区蒸发站 4 处,据世界气象组织有关干旱区蒸发站容许最稀站网密度30 000 km²/站,现有布设蒸发站的腾格里诺尔、呼和诺尔、查干诺尔3个水系,蒸发站网密度小于容许最稀站网密度,基本满足要求。山区蒸发站1处,站网密度达2 312 km²/站。据世界气象组织有关山区蒸发站容许最稀站网密度50 000 km²/站,山区蒸发站网密度远小于容许最稀站网密度,满足要求。

11.2 流域水量控制方面

内陆河流域水量控制能力不尽相同,按各省(区)分述如下:

(1)新疆。新疆自治区地域辽阔,河流众多,其中流域面积大于20 000 km²的河流10条,全部设有水文站,占河流总数的100%;流域面积介于10 000~20 000 km²的河流12条,全部设有水文站,占河流总数的100%;流域面积介于5 000~10 000 km²的河流13条,有9条河流设有水文站,占河流总数的69.2%;流域面积介于1 000~5 000 km²的河流100条,有42条河流设有水文站,占河流总数的42.0%;流域面积介于500~1 000 km²的河流94条,有16条河流设有水文站,占河流总数的17.0%。

从水量控制的角度看,在河流出山口附近设有水文站,能够完整控制该河流的水量。调查统计,全疆500 km²以上的河流总数为229条,未设水文站控制的河流141条,占河流总数的61.6%;由水文部门设置水文站的河流总数为88条,分别设置在39条干流、29条一级支流、20条二级支流上,三级以下支流未设水文站,占河流总数的38.4%;能够完全满足流域水量计算要求的河流总数为23条,占河流总数的10.0%。水量控制目标满足率以及其他方面的水文控制情况都是非常低的,其原因是新疆地处偏远地区,发展较慢,水文基建经费严重不足,许多河流有设置水文站需求,却没有能力满足。少数测站建成后,因水毁停测,无力恢复;新疆绝大多数河流需要设置水文站的位置非常偏僻,人迹罕至,条件异常艰苦。在完全水文空白的141条河流中,为收集水文资料、防汛抗旱、水资源管理等方面的需要,有设站需求的河流68条,占总数的48.2%。

(2)西藏。西藏自治区为满足流域水量计算要求,近期需在扎加藏布、波仓藏布、措勤藏布、多玛曲等河流设立出流口控制站,使满足流域水量计算要求的河流数达到4条,占统计河流数的7.3%。

根据西藏内陆河的实际情况,增设测站主要从水文分区进行考虑。西藏内陆河共有4个水文分区。计划增设水文站4处、雨量站8处,以基本控制西藏内陆河各水文区主要河流,基本满足流域水量计算要求。

(3)青海。青海省内陆河河流众多,湖泊水库星罗棋布。在内陆河流域有柴达木、青海湖、哈拉湖、茶卡-沙珠玉、祁连山地、可可西里等6大水系,其中集水面积大于500 km²的105条,完全水文空白河流76条,占总河流数的72.4%;有29条曾设有水文站,占总河流数的27.6%。

如要达到目标需求60%,必须在面积大于等于500 km²的63条河流设水文站,则需增设水文站54处。如要达到目标需求80%,则需增设水文站75处。但并非每条河流都可设立水文站,这要看是否符合设站要求和需要而定。

根据国民经济建设的需要,对大于等于500 km²未设水文站的河流,将分别设立水文站、水位站和辅助监测站。

（4）甘肃。甘肃省内陆河集水面积大于 500 km² 的河流有 25 条，其中由水文部门设有水文站的河流有 20 条，占到统计河流数的 80%；设有水位站或流量站的河流有 1 条，占到统计河流数的 4%；完全空白的河流有 4 条，占到统计河流数的 16%。从水量控制的角度看，在河流出流口附近有水文站，能够完全控制该河流的水量，统计表明，甘肃省内陆河流域集水面积大于 500 km² 的 25 条河流中，设有出流口水文站的河流数有 1 条，占到统计河流数的 4%，可控制的河流数明显不足。

（5）内蒙古。内蒙古自治区内陆河面积在 500 km² 以上的河流共有 116 条，其中有 91 条河流为完全水文空白区，所占比例达到了 78.4%；由水文部门已设置了水文站的河流有 11 条，所占比例为 9.5%；在全部河流中没有水文站的河流有 105 条，所占比例为 90.5%；能够完全满足流域水量计算要求的河流（出流口附近有水文站）有 4 条，所占比例为 3.4%。因此，该区内陆河流域需要增设水文站，以提高能够满足流域水量计算、划清水账的比例，缩小完全水文空白区的比例。

11.3 行政区界水资源控制方面

行政区界水资源控制方面的站网布局是否科学合理，关系到水文站为各省级行政区域划分水资源利益提供公正资料的能力。按各省（区）分述如下：

（1）新疆。新疆维吾尔自治区共有 9 条跨地、州行政区界河流，跨地、州界水量控制满足率为 55.6%，为加强行政区界水资源控制，需在奎屯河、玛纳斯河、喀什噶尔河、叶尔羌河、白杨河（乌鲁木齐至吐鲁番）在流经地、州区界附近设立水量控制站。

新疆共有出入国境河流 29 条，其中 19 条河流年径流量较大，在其干、支流上已经设置有 22 个国际河流水文站，其出入国境水量已经基本得以控制，其余 10 条河流尚未得到控制，现状满足率为 65.5%。

（2）西藏。西藏自治区内陆河无跨省界、国界河流。

（3）青海。青海省内陆河跨省界的水量较大的河流有 1 条，即祁连山地水系的疏勒河。其中，省界以上河流面积 $F \geqslant 5\,000$ km² 有 1 条，即在疏勒河的花儿地，控制面积为 6 415 km²。该条河流水资源丰富，具有开发价值，其中花儿地水文站已具有 11 年完整的水文观测资料，现已停测。根据经济社会的发展，应恢复花儿地水文站，观测水位、流量、泥沙、降水、蒸发、水质等项目，予以控制河流水、沙量等。该条河流曾设起控制作用的花儿地水文站 1 处，至 2005 年年底，这条河流上再未设水文站及水质站。

（4）甘肃。甘肃省内陆河涉及的区界河流有 1 条，即黑河。总体上说，黑河已经达到控制需求，但由于黑河开发利用较大，修建的水电站对已有水文站产生不同程度的影响，所以建议在有控制需求的区界河流上增设相应的水文站，并增设一定数量的水质站，以便更好地为各行政区域划分水资源利益提供合理公正的资料，为生产建设服务。

（5）内蒙古。内蒙古自治区内陆河在 1 条有控制需求的省级区界河流上设有水文站，现状满足率只达到 50%，因此在今后的站网规划布局中，需增加站点。

11.4　防汛测报方面

内陆河流域防汛测报情况有所差别,按各省(区)分述如下:

(1)新疆。新疆维吾尔自治区有报汛站 68 处(包括中央报汛站 41 处),地州报汛站 33 处,向中央、自治区报送水库站 15 处,共计河道报汛站 101 处,水库站 15 处。虽全疆基本水文站共计有 132 处站,但新疆国土面积为 165×10^4 km²,10×10^4 km² 才仅有 6 处站,站网稀疏,且主要分布在各个地区 82 条较大河流上,许多河流没有设水文站,现有水文站又主要为控制河流水量而设,多数位于出山口,缺乏山区的水雨情信息,而许多洪水发生在出山口以上中低山,捕捉不到突发性暴雨洪水的信息或信息时效性短。致使一些地区缺乏防汛基本信息,这样将导致防汛指挥部门在抗御洪水时缺乏科学依据,不能采取有效的防洪措施,造成下游生命财产损失。

新疆现有水文站网在防汛测报方面的站网布局离水文情报预报及防洪抗旱要求还有相当大的差距,主要是水文站网稀疏,且水文站网点的布设大多在较大河流上。对常年流水的溪河没有建立必要的水文站和水位站及人工巡测站;河流上游的中高山区,委托雨量站站网稀疏,面雨量控制点不足,对山区易出现暴雨洪水的中小河流水文预报带来了很大困难;对易发暴雨山洪、泥石流的地区几乎无监测站网。缺少出山口以下地区土壤含水量观测的墒情站,不能有效地监测农业干旱的情况。

从水文报汛站网满足需求程度调查表中可看出,新疆现有水文报汛站网满足防洪需求程度平均为 64%,有些地区的河流报汛满足需求程度很低。214 条河流中需要补充站网的就有 90 处,再次说明水文站网稀疏。

由于新疆发生洪水灾害的河流多、覆盖面广,区内现有水文站稀少,远远不能满足防汛抗旱及洪水灾害预测预报对水雨情信息的需求。为了满足防汛抗旱及水文预报的需要,更好地发挥现有测站的功能,除充分利用这次调查评价后补充完善的报汛站外,还应在人烟稀少、交通不便的中高山区,增加遥测水位、降雨、水文站,动态地监测山区降雨、水位的涨落,以预测山区洪水的变化。如玛纳斯河上游、黑孜河黑孜站以上、库车河兰干站以上阿艾站附近、托满以上塞图拉附近增加遥测雨量站等。

(2)西藏。西藏自治区内陆河流域尚未开展防汛测报工作,近期亦无报汛设站要求。

(3)青海。青海省现有省级报汛站 6 处,其中水文站 6 处,雨量站 0 处。以现有报汛站 6 处和需增设报汛站 7 处(共 13 处)为目标需求的 52%,衡量各河现有报汛站满足需求程度。水文报汛站网满足防洪需求程度平均为 24%。为使水文情报满足社会经济发展的需求,提高洪水实时预报精度的预见期,在全面发展水文站网建设的同时适当增加水文情报站,全面实现控制全省水情、雨情、旱情及冰情变化情况的目标。

(4)甘肃。甘肃省内陆河有 26 处水情报汛站,均属甘肃省水文水资源勘测局管理,根据评价表和普查表,甘肃省内陆河流域 25 条河流中有报汛需求的有 21 条,其中满足率集中在 50%~70% 的有 17 条,占有报汛需求河流数的 81%;70% 以上的河流和 50% 以下的河流各有 2 条,各占有报汛需求河流数的 9.5%。哈尔腾河等河流上还是水文空白,没有任何水文测站,党河、昌马河控制站网不足。为了满足报汛的需求,在这些河流上设立相应的站势在必行,应在哈尔腾河设立水文站 1 处,在疏勒河上游区设立水文站 2 处。

(5)内蒙古。内蒙古自治区雨量报汛站网仍延续老的流域防洪思路,其突出表现为,以流域为单元,以控制暴雨分布满足流域洪水预报来布设雨量站点,没有考虑以行政区划为代表的时空分布特征的分析需要。在城市区域内,除城市水文站外,无单独设置为反映城市暴雨时空分布的观测站,对于适应全面防汛工作有一定难度。

从河流角度来分析,水文报汛站网也不足,通过分析,在当前有防汛要求的 20 条河流中满足率在 70%以上的有 3 条,占 15%;有 16 条河流的满足率在 50%以下,占 80%。

其增加站网主要包括两部分:一部分是干流控制站,另一部分是支流监测站。

为了满足专项服务的需要,应按照其已有规划原则和方案,积极开展实施,如为满足城市水资源服务综合需要的防汛站网建设。

目前,内蒙古还没有 1 处水文站开展水文预报及作业预报。为了使水文报汛站网满足需求程度综合评估达到 70%,还需要增加 10 处雨量站、8 处水文站、8 套自动测报系统。提高雨量站网的密度,能够更好地控制时段雨量等值线的转折变化,更好地掌握不同成因的暴雨时空分布及变化。

11.5　水质监测方面

江河水质是河流水文特征之一,分析江河水质特征及其时空变化是评价水质及其变化的主要内容。江河天然水质的地区分布主要受气候、自然地理条件和环境的制约。按各省(区)分述如下:

(1)新疆。新疆维吾尔自治区水质监测工作从 20 世纪 70 年代末起在全疆各地州陆续开展,特别是从 1985 年全国水质站网规划实施以后,在全疆主要水系、河流上形成了一个基本的常规监测网络体系,取得了显著的成效,积累了系统、完整的水质资料,为水资源开发、利用与保护及水资源的综合管理发挥了重要的作用。

现有水质站网是在 1994 年对原有站网进行全面分析、调查的基础上进行的优化调整,1998 年根据各河流的具体情况又增设了少数下游站及城区站,到 2005 年有水质站 156 处,基本上能满足区域水资源质量评价需求。

随着全区社会经济的快速发展,水环境问题日益突出,水环境监测工作的任务、范围和要求也在不断增加和提高。但是,现行的水质站网和监测能力已不能满足新形势的要求,主要表现在:现行的站网不完全合理,功能单一,不能适应当今社会经济发展的需要;实验室环境条件和监测手段落后,不能满足当前监测工作的需要;水质信息的处理、传输方式比较落后。

需要建设一批水质站点合理、功能齐全、技术先进的水质站网体系,使其为水资源管理和水环境保护提供全方位的优质服务。

(2)西藏。西藏自治区内陆区保护区水质站点满足率为 8%,保留区满足率仅为 4.8%,水质监测站网严重不足,需要大幅度提高水质站网覆盖率。

水质监测站网覆盖率偏低,特别是缓冲区、饮用水源区、其他开发利用区水质站还是空白区。现有站网还不足以控制各主要江、河、湖、库的水质状况,需要增加水质监测站网。

（3）青海。青海省现有水质监测站 15 处,其中青海省基本站 10 处,辅助站 5 处,全省平均站网密度为 24 940 km²/站。2005 年现有水质站网分布为:内陆河 12 处,青海湖 3 处。

青海省内陆河流域现有水质站网还不能完全掌握水资源质量的时空变化和动态变化,不能完全满足水资源保护与管理部门实时掌握水质信息的要求。现有水质站网布局还未形成国家级、省级、地市级三级监测网络体系;地下水、大气降水自动监测站,动态监测站尚未布设;河道水质的动态监测能力较差,尚未形成机动性较强的水质监测队伍。

因此,需调整优化水质站网,增配先进的水质监测设备,建立与完善国家级和省级地表水监测站网,初步建成地市级地表水监测站网,使三级监测站网有机地结合,设置供水水源地和入河排污口水质站,并使其投入正常运行,以满足新时期对水资源保护、开发、利用的需求。

（4）甘肃。甘肃省内陆河现行的水质站网和监测能力已不能满足新形势的要求,现有的水质站数远没有达到规划水质站数,满足率仅为 30%,单从数量上看不能满足要求;现行的站网不完全合理,功能单一,不适应社会经济发展的需要。原来站网调整时主要考虑尽量与水文站相结合,以便采用水文断面及水量资料,但随着水功能区划的实施,相当多的水功能区水质已受到污染的河段未设水质站,因此现有水质站点不能完全反映水资源质量,必须对现有站网进行调整补充,按照目前及今后各地区社会经济发展对水资源的需求和水资源保护及管理的要求设置站网,使之形成多功能、多元化的站网体系。另外,还应考虑改善试验环境条件、提高监测手段等方面,尽快建设一个水质站点合理、功能齐全、技术先进的水质站网体系,使其为水资源管理和水环境保护提供全方位的优质服务。

（5）内蒙古。内蒙古自治区早期的水质站点多依附在水文站和地下水观测井的布设上,没有考虑到城市的排污控制问题,随着城市规模的不断扩大,社会产业结构的调整,城市的改扩建(相应的城市排污口位置的迁移等)及农村的乡镇企业、养殖业的快速发展,造成现在的水质站网已不能完全满足全区的水资源管理需求。现有水质监测站网稀少,不能全面反映地表水、地下水水质情况。大气降水水质监测工作尚未开展,难以提供全面适时的大气降水水质情况。重点水域和大中城市供水水源地基本没有进行正常监测,对水源地水质难以实时监控。入河排污口没有纳入常规监测计划。水质现场监测能力、移动监测能力没有,无法应对突发性水污染事件。尚没有实施水质自动监测,对水质情况难以实施准确预报,不能为供水水源地提供实时的水质信息。

根据以上情况,建立以地市级水环境监测分中心为基础的水环境监测体系,实现站网的优化布局。规划重点是在巩固现有水质监测站网的基础上,进行必要的调整和提高。增设部分大河控制站;在大型水库和重要供水水源地建立供水水源地站;在有关重要河流设立省、市界河站;在流经城市的主要河流设立入河排污口监测站;建立主要水利工程站,设立地下水水质站,另外,根据大气污染及降雨情况,在主要城市布设降水水质站;在主要河流上建立水生态监测站。

重点加强水质监测的能力建设,针对监测机动能力和应急能力差的弱点,建立机动灵活的移动实验室监测系统,添置水质监测采(送)样专用车。

加强水质水量监测,随着社会各界对水质要求的提高,对水质监测方式提出了新的要求。水质监测应按监测目的进行,分水资源质量监测、区界水体水质监测、水污染监测等,使水质监测资料更能满足要求,更具代表性。对一条河流,排放同样量的污染物,水量不同,污染浓度不同;相同的水量,入河污染物的数量决定了水质状况的不同。水资源质量监测,应按照对水资源量、质统一评价的目的进行监测。在重点水文站,一是要控制流量过程,二是要制定水资源质量标准和相应的分析方法,以保证水质资料的系列一致性,如果不一致,应进行还原。监测频率应根据水量变化制定,保证不同时期的水质资料代表性。探索不同流量级对水质状况的影响,进行水量水质统一监测,进而进行统一评价。

加强水功能区水质监测,按照要求,结合水功能区管理工作实际情况,对水功能区水质进行监测。水功能区水质监测工作中,缓冲区、主要城市集中供水饮用水源区每月监测1次,保护区及其他饮用水源区按丰、枯、平水期监测,每期监测2次。其他水功能区每年按枯水期、丰水期分别监测,共监测2次。

加强饮用水水源水量、水质的监测,定期发布重点饮用水水源、保护区水质、水量状况,是水质监测的重要工作之一。

入河排污口监测,监督监测与自动监测相结合,建立入河排污口监控系统,除每年定期进行入河排污口普查与监测外,对重要水域(集中供水水源区)的主要入河排污口进行自动监测。

加强水生态监测,在黑河、艾不盖河、锡林河等河流上建立水生态监测站网,提高水生态监测能力。

11.6 水资源管理监测方面

水文水资源监测主要包括为防汛抗旱、水资源管理、水资源保护及生态保护与修复等提供服务的水文站网基础设施、监测能力建设,按各省(区)分述如下:

(1)新疆。新疆维吾尔自治区现有水资源监测情况,水文部门监测的断面数占需监测断面数不足50%。为适应水资源可持续利用的原则,满足新疆水资源开发利用和国民经济建设的实际需要,提高水文资料的准确性、全面性、时效性,准确地评价水资源的分布和可使用量及干旱地区输水、引水、退水的水量变化,需适当增加水资源监测站点,调整部分测站监测任务,使其能较长期保持功能。

新疆地下水工作开展相对落后,目前监测手段落后,监测井质量差,严重地影响资料的质量及资料的迅速传输,导致地下水监测资料的短缺,将会严重影响地下水资料积累、简报、分析和预测等工作及为国民经济建设等方面的服务。

需尽快建立起现代化监测水平和管理水平的监测体系,实现地下水位和水质自动监测、数量和质量综合管理,形成一个完整的地下水数据库,达到现代化传输功能的地下水监测站网和现代化管理系统,才能为地下水的可持续开发利用和保护提供科学依据,才能达到地下水管理的时效性和准确性,满足地下水资源监测的需要。

(2)西藏。西藏自治区无内陆河水资源分配工程。水资源监测一直是西藏内陆河的薄弱环节,根据西部大开发的需要,在水资源水环境监测方面增设水文测站。

(3)青海。青海省现有各类水资源分配工程中无水文部门监测的断面,在建、拟建工程中由水文部门施测的断面仅 1 个(系黄委委托的班玛水文站,属于长江流域的水文站),由此可以看出,在水资源管理监测方面介入程度低,水资源监测方面的站网布局不合理。由于水资源分配工程监测断面较少,难以为全省水资源分配、管理提供及时、可靠的水资源信息支撑。

(4)甘肃。甘肃省内陆河现有 1 个水资源地区分配引水工程即黑河调水工程需要监测的断面数为 4 个,现有观测断面 4 个,其中由水文部门施测的断面 2 个,在建、拟建工程均无。

(5)内蒙古。内蒙古自治区内陆河流域的地表水资源监测工作,主要是充分利用已有水文监测站网。而现有的水文站基本上都是传统的驻测方式,即固守一个断面进行水文要素的测验,这种水文测验方式对水资源的服务是有限的。同时,缺少对城市供水(地表水源和傍河开采地下水源)、农业灌溉取水口断面,以及水库蓄水动态等与水资源开发利用、供水保障和生态保护与修复有关断面的水量监测;对主要江河径流量和地表水利工程蓄水量情况等地表水资源信息实时发布等项工作亦基本尚未开展。导致现状地表水资源监测工作缺乏针对性和时效性,难以满足地表水资源管理和调度、社会公众对水资源状况知情权等方面对水资源监测资料的要求。为科学、合理地开发利用水资源,提高供水保障程度,保护、修复生态环境,进行水资源的联合调度及优化配置,实现水资源的可持续利用,客观上要求我们必须加强水资源监测站网建设工作。

为有效管理地表水资源,使有限的水资源发挥更大效益,根据地表水资源开发利用、保证城市与农业供水以及生态保护与修复的需要,需新建地表水资源专用监测站 12 处。

11.7 水文站网受水利工程影响方面

随着我国经济建设的不断进步,水利建设事业也得到了迅速发展,各种水利设施逐年增加。水利设施的增加对所在河流的水文特性不可避免地产生了影响。为保证得到准确的河流水文资料,更好地为社会服务,必须对受影响的测站进行分析评价,以确定是否对其进行调整。按各省(区)分述如下:

(1)新疆。新疆维吾尔自治区全区水库、水电站、水利枢纽建设对水文站的影响主要有三种形式:一是水利工程设在水文站控制断面上游,改变了天然河流的水量变化,造成水文资料失真和水账算不清;二是水利工程修建在水文站控制断面下游,使水文站测流断面有回水影响,无法开展正常测验工作,所收集的资料失去代表性;三是水利工程直接建在水文测验河段上,使水文站失去设站目的,迫使水文站搬迁。

水文站网受水利工程影响日趋严重,部分水文站失去了设站目的和测站功能作用,测站需要搬迁或改建,重建经费得不到落实,应该尽快完善建立健全统一的保护水文的法律法规,使水文站搬迁或改建经费赔偿得到法律保障。目前,解决此类受工程影响的水文测站问题的办法主要采取工程带水文的方式,因为水文资料是工程前期必不可少的,后期及时准确的水文情报也将为工程安全起到重要作用。

(2)西藏。西藏自治区内陆河水文站网目前不受水利工程影响。

(3)青海。青海省内陆河水文站网目前不受水利工程影响。

（4）甘肃。甘肃省境内水库、水电站建设对水文站的影响主要有三种形式：一是工程设在水文站控制断面上游，改变了天然河流的水量变化规律，造成水文资料失真；二是工程修建在水文站控制断面下游，使水文站测流断面置于回水区内，无法正常开展测验工作，所收集到的资料失去代表性；三是违章改河造成水文测验断面废弃。总体来说，绝大多数水文站不受水利工程影响或者受轻微影响，只有古浪站受中等程度影响，建议对这些站不作大的调整，对受影响的站作辅助观测及调查。

（5）内蒙古。内蒙古自治区内陆河 10 处水文站中有 4 处大河站，不受水利工程影响；5 处区域代表站，其中 3 处不受影响，2 处受中等影响；1 处小河站，不受影响。3 处水位站，不受水利工程影响。

本次评价对受工程影响测站其影响程度基本上是轻微或中度，因此不对这类测站进行大的调整，部分测站增设辅助断面，维持原有测站不作大的变动，以保持现有水文站网的稳定性。

随着水资源的开发利用，水利水电工程的大量兴建，改变了水文站的测验条件和上下游水沙情势，影响了区域水文资料的连续性、代表性，给这类地区水文测验、流域水文预报、水资源计算造成了一定的困难，影响了水文站网的稳定。

11.8　区域代表站和小河站调整方面

区域代表站的评价主要从水文分区内有无测站控制，是否能满足控制要求角度来考虑。按各省（区）情况分述如下：

（1）新疆。新疆维吾尔自治区内陆河河流全部为独立河流，没有形成水网互联的情况。所以，无论大小河流，均能代表所处流域的水文特性。因此，在对区域代表站进行分析时，将全部测站均加以考虑。

根据各分区测站情况，可以看出，目前新疆水文分区中，半湿润区测站数目最多，达 53 处，占全疆测站总数的 40%；其次是半干旱区，有 43 处，占全疆测站总数的 33%。位于这两个水文分区中的测站数目占全部测站的比例达到了 73%，与这两个水文区中水量充沛，河流发育这一特点相符。相对较多的站点分布基本上控制了分区内的水文情势。

干旱区测站数目达到 21 处，占全疆测站总数的 16%，站点相对集中。塔里木河治理工程的功能主要是监测向塔里木河输水项目的实施。分布于极干旱区和湿润区的分别为 2% 和 9%。形成其不均匀性特点的原因是极干旱区基本上是沙漠或沙漠边缘，位于其内的河流极少，且气候条件恶劣，缺少设站的条件。而润湿区仅为 9%，主要受设站条件所限。

针对新疆河流站网密度总体上偏稀的现状，为保持水文站网的相对稳定，对目前的小河站，除清水河子站外，其余测站调整意见均为保留。清水河子站可以提出两种方案：一是将现有站上迁建站；二是移至四棵树河与奎屯河交汇处，监测两河入艾比湖水量，起到生态环境监测的作用。

（2）西藏。西藏自治区仅在藏南内陆河上有 1 处小河站，无区域代表站、大河站。在四河地带、南羌塘地带、北羌塘地带面积达 703 732 km² 未设水文站，处于水文空白区。区域代表站和小河站站网密度总体偏低，且在地域分布上不平衡，现有站的代表性差。建议在南羌塘地带、北羌塘地带水文分区中设立 2～3 处区域代表站或小河站,以满足水文特征值的插补要求。

(3)青海。青海省内陆河区域代表站采用分区分级原则布设。水文分区是应用主成分聚类法划为 7 个水文分区。每个水文分区,按集水面积 < 500 km^2、500～1 000 km^2、1 000～3 000 km^2、3 000～5 000 km^2 四级布站,现设有区域代表站 24 处。基本上不能满足各个水文分区内内插水文特征参数,解决无资料地区移用。

区域代表站的布局,本应在面上分布基本均匀,但由于地形、地貌以及水利工程影响日益加剧,使得现有站点分布在山丘区较多,丘陵平原区较少,还有些设站达不到目的和受其他因素影响严重,调整后尚未补建顶替,形成较大空白区。如内陆河流域的塔塔棱河、江河、哈尔盖河、托勒河等,必须加以增补。

目前,小河站仅有 3 处,且都处于黄河流域。长江、澜沧江、内陆河三大流域内无一处小河站,小河站的分布不均匀,且小河站数偏少。建议在经费充足的情况下,为青海省各地经济的发展,需在内陆河流域恢复曾经设过的小河站 6 处,即巴里沟、大坂山、热水、江西沟、黑马河和大喇嘛河口等站。

(4)甘肃。甘肃省嘎顺戈壁与北山戈壁水文区为水文空白区,在各个分级中都应设立代表站;祁连山水文分区的 200 km^2 和 5 000～10 000 km^2 两个分级中无代表站,应适度填补。

(5)内蒙古。内蒙古自治区设区域代表站 5 处,按《水文站网规划技术导则》(SL 34—92)的要求分析,现有站数不满足,需增加布站;小河站 1 处,站网按分区、分类、分级的原则,不满足收集小面积暴雨洪水资料,探索产汇流参数随下垫面变化规律的要求,同时不满足防汛及水资源的要求。

11.9 水文站网在城市服务方面

随着经济社会的发展和进步,城市规模也不断扩大,城市防洪、城市水资源问题日显突出,城市水文信息已引起各级政府和民众的深切关注。目前,城市水文监测站网主要侧重于城市河流的防洪信息服务。由于城市水文条件复杂,影响因素众多,空间尺度小,下垫面变化大,常规水文测报与信息服务方式已经不能适应社会对城市水文信息的需求。因此,建设城市雨洪、水资源信息自动采集监测站网和建立城市水文水资源信息服务体系,满足城市防洪、水资源开发利用、水环境保护工作是非常必要的。按各省(区)分述如下:

(1)新疆。新疆维吾尔自治区 90 个县级及其以上城市中,共有 55 个城市建成区边界 5 km 内有河流流经,占全部城市的比例为 61.1%;根据新疆维吾尔自治区水文总站 1984 年 1 月统计《新疆河流总径流量调查统计汇编》,全疆出山口河流总数 570 条,此次统计流经城市的河流数为 57 条,占新疆出山口河流总数的 10.0%。新疆自治区水文水资源勘测局在 57 条河流中的 38 条河流上设有水文站,占总数的 66.6%,但是大多数水文站距离城市 50 km 以上,不能满足现代水文水资源管理的需求。

新疆自治区水文水资源勘测局在 13 个城市建成区边界 5 km 内的 14 条河流上设有 14 处水文站,占全部城市的比例为 14.4%,满足程度为 33.3%～100%;在 6 个城市建成区边界5 km内的7条河流上设有10处水质站,占全部城市的比例为12.2%,满足程度为50%~100%。

新疆城市建成区边界5 km内已设水文站、水质站的城市比例较低,远远不能满足现代城市水资源管理的需求。主要是全疆有32个城市远离河流,新疆地处偏远地区,发展较慢,水文基建经费严重不足,许多城市周边河流有设置水文站、水质站的需求,却没有能力满足。少数测站建成后,因水毁停测,无力恢复。流经城市的河流径流量较小。受水利工程引蓄水影响,流经城市的河流已成为季节性河流。城市周边水利工程较多,为了便于控制河流天然来水量,致使水文测站距离城市较远。

(2)西藏。西藏自治区目前100%的县城无水文(位、质)站,这种布局显然不能满足社会对水文信息的全面需求和国家倡导的西部大开发的需求。内陆河水文资料服务的对象比较单一,站网布局主要追求水文特性的完整控制,因此测站主要设在远离城市的地方,为城市服务的目标不够突出。内陆河所有城市的防汛以及水资源管理都缺乏直接观测数据,城市附近的水位或水量主要靠上游测站推算得到,与城市管理需求结合不紧密。

通过城市水文监测站网体系的建设,建立和完善城市水文监测能力,全面提升对城市、城区防汛能力,提高城市供水的保证程度,促进城区河段生态保护与修复。

(3)青海。青海省有51个县级行政单位,但有雨量观测点的县级行政单位仅有20个,许多小城市成为人口密集地。目前,仍有60%的县城无雨量观测站点,有防汛任务的县城无水文(位)站,内陆河流域仅有6处报汛站,不能满足新形势下防汛工作的需要。泥沙、蒸发站网也存在着分布不均等问题,宏观上存在站网布局不均的问题。

随着国民经济的发展和对水文信息需求的不断提高,现有水文站网难以满足社会对水文信息的快节奏和高要求。应加大站网研究力度,对现有站网进行检验、评估,进行优化、调整、充实,以满足国民经济和社会发展需求。

(4)甘肃。甘肃省全区内陆河现有城市建成区水文站4处,已设水文站的城市比例为17.4%;全区内陆河流域现有城市建成区水质站2处,已设水质站的城市比例为8.7%,满足程度低,需新增水文站和水质站。现没有城市雨量站,建议增加23处。

内陆河流域的一部分水文测站为城市服务提供了很大的支持,但是,还存在一些问题。一是站点偏少,特别是水位站和水质站,不能满足经济发展需要;二是现有的测站功能单一,测验条件较差。以后应该对城市水文站进行合理的分析评价,增加一定数量的站点,特别是水位站和水质站。在经济相对落后的地区也应加大站点数量。

(5)内蒙古。内蒙古自治区内陆河现有城市段水文站4处,已设水文站的城市比例为17.4%;全区内陆河流域现有城市段水质站2处,已设水质站的城市比例为8.7%,满足程度低,需新增水文站和水质站。目前,没有建设城市雨量站,按雨洪预报要求,建议增加23处雨量站和适量的水质监测站。

根据经济建设发展和城市防汛、城区雨洪预报、保证城市供水以及城区河段生态保护与修复的需要,在充分利用已有水文监测站网基础上,增设、调整城区雨量站、水文站,增设城市供水取水口河道断面监测站,以及城区河段和取、退水水质监测站,实现水文监测站网的实时监测与信息传输,建成水情、水量、水质相互配套,具有较强功能性、时效性的城市水文监测站网体系。

下 篇 黄河流域水文站网普查与功能评价

第 12 章　自然概况和社会概况

黄河是我国的第二大河,发源于青藏高原巴颜喀拉山北麓海拔 4 500 m 的约古宗列盆地,流经青海、四川、甘肃、宁夏、内蒙古、陕西、山西、河南、山东等九省(区),在山东垦利县注入渤海。干流河道全长 5 464 km,流域面积 79.5 × 10⁴ km²。黄河流域位于东经 96° ~ 119°、北纬 32° ~ 42°,东西长 1 900 km,南北宽 1 100 km。因流域范围比较大,呈现出不同的自然环境和社会环境。

12.1　自然概况

12.1.1　自然环境

12.1.1.1　地形地貌

流域的自然环境是地球生成以来,经过多次的地质运动逐渐形成的,它对于水文要素变化的影响是长期的、缓慢的。

黄河流域西部高、东部低,跨越三个巨大的地形阶梯。

最高一级是青海高原,海拔在 4 000 m 以上,其南部的巴颜喀拉山脉构成与长江的分水岭。祁连山横亘于北缘,形成青海高原与内蒙古高原的分界。阶梯的东部边缘北起祁连山东端,向南经临夏、临潭沿洮河,经岷县直达岷山。

黄河流域的第二大阶梯,大致以太行山为东界,地面平均海拔为 1 000 ~ 2 000 m,包含河套平原、鄂尔多斯高原、黄土高原和渭汾盆地等较大的地貌单元。宁、陕、蒙交界处的白于山以北是内蒙古高原,包括河套平原和鄂尔多斯高原。河套平原西起宁夏中卫、中宁,东至内蒙古托克托。西部的贺兰山、狼山和北部的阴山是黄河流域和西北内陆河的分界,对腾格里沙漠、乌兰布和沙漠与巴丹吉林沙漠向黄河腹地入侵,起到一定的阻挡作用。北部的库布齐沙漠,西部的卓子山,东部及南部的长城把高原中心围成一块洼地,成为黄河流域唯一的内流区。黄土高原北起阴山,南至秦岭,西抵青海高原,东至太行山脉,海拔 1 000 ~ 2 000 m。著名的渭汾盆地包括陕西的关中平原,山西的太原盆地和晋南盆地,海拔 500 ~ 1 000 m。东部的太行山是黄河与海河的分水岭,横亘南部的秦岭及其向东延伸的伏牛山、嵩山是我国亚热带与暖温带、干旱区与湿润区南北分界,也是黄河与长江、淮河的分界。

黄河流域的第三大阶梯,从太行山、邙山的东麓直达海滨,构成黄河冲积大平原。海拔一般在 100 m 以下,并微向海洋倾斜。平原的地势大体以黄河大堤为不稳定的分水岭,南北分别为黄淮和黄海大平原。

12.1.1.2　天气和气候

黄河流域属大陆性季风气候,冬季受蒙古高压控制,气候干燥严寒,降水稀少。夏季西太平洋高压增强,西进北上,西南、东南气流将大量海洋暖湿空气向北输送,与北方南下的干冷空气不断交绥,形成大范围降雨。黄河流域主要位于三大气候带,即104°E以西的高原气候区,104°E以东大致以临洮、定边、固原、靖边、佳县至汾河源头一线为界,该线西北部为中温带,该线东南部为南温带。因黄河流域处于中纬度地带,因此气温较我国高纬度的东北和西部高原地区要温暖。流域内气温年内变化呈现出最低温度在1月,最高温度大多在7月的特征,气温的年较差比较大。年较差等值线分布的总趋势是:南小北大,西小东大,其值随海拔增高而减小,随纬度增高而变大。

12.1.1.3　水文地质

水文地质条件决定地下水的形成、储存及运动形式,黄河流域内可划分为两个大的地貌类型,山丘区和平原区。

山丘区指一般山丘、岩溶山丘区、黄土高塬丘陵沟壑区。山丘区构造断裂发育,地形起伏大,属山地地貌,地下水主要补给源是降水,补给通道主要是断层、裂隙或溶洞。一般山丘区是指非可溶性基岩构成的基岩或碎屑岩山区,地下水类型为基岩裂隙水或碎屑岩裂隙水,主要分布在流域内广泛出露的二叠系、三叠系、白垩系砂岩中,含水层较厚且较完整,富水程度由微弱到中等,矿化度一般小于2 g/L,水化学类型以重碳酸型水为主;岩溶山丘区是指碳酸岩构成的基岩山区。裂隙岩溶水主要分布在山西境内的奥陶系石灰岩中,灰岩呈带状分布于背斜的轴部、断层带或河流切割的地带,富水程度多为中等或强富水,矿化度小于2 g/L,水化学类型属重碳酸盐类。碎屑岩裂隙岩溶水主要分布在寒武系灰岩夹层中,富水程度强弱不等,矿化度小于2 g/L,水化学类型属重碳酸盐类,山东济南诸泉属此类型。黄土高塬丘陵沟壑区指由黄土构成的山丘区。黄土具有结构疏松,大孔隙,垂直节理发育,透水性、湿陷性较好等特点,易产生崩塌和沉陷,形成各种"岩溶"地貌,称为黄土洞穴。地下水类型为黄土孔隙裂隙水,其补给、径流、排泄条件均较差,只是在台塬阶地、河谷和地形低洼地区,地下水相对较多,富水程度一般从微弱到弱,矿化度小于2 g/L,水化学类型为重碳酸盐类和硫酸盐、氯化物类。

平原区指一般平原、沙漠区、山间盆地平原区、山间河谷平原区、黄土高塬台塬阶地区。一般平原区指比较开阔平坦,包气带和含水层组由多层不同松散岩类构成的平原区,主要分布在黄河河套地区及下游黄淮海平原;沙漠区指由单一的细砂和粗砂组成的平原区,主要分布在内流区,宁夏西北部及东南部和内蒙古黄河南侧;山间盆地平原区指发育在山间较开阔的平原区,主要分布在陕西关中盆地,山西太原、临汾、运城盆地;黄土高塬台塬阶地区指黄土高原中较平坦的地区,多发育在古老的河谷阶地上,如宁夏的银南台塬、甘肃的董志塬、陕西的洛川塬、山西的峨嵋台塬等。

12.1.1.4　河流

当代的黄河属太平洋水系。黄河的河源位于巴颜喀拉山北麓约古宗列盆地南隅的玛曲曲果,黄河分为上、中、下游。

自黄河源头至内蒙古托克托县河口镇为上游,河段长3 472 km,落差3 846 m,集水面积为38.6×10⁴ km²。主要特点是巨型弯道多,峡谷多,集水宽度小。自河口镇至郑州的桃花峪为黄河中游,河段长1 224 km,落差895 m,区间面积34.4×10⁴ km²。主要穿行于晋陕峡谷,是黄河水土流失的重点区域。自桃花峪至河口为黄河下游,河段长768 km,落差 89 m,集水面积 2.24×10^4 km^2,是举世闻名的地上悬河河段。黄河流域现有一级支流 111 条,集水面积合计 61.72×10^4 km^2,河长合计 17 358 km。集水面积大于 3×10^4 km^2 的一级支流有 4 条,$1 \times 10^4 \sim 3 \times 10^4$ km^2 的支流有 6 条,$0.1 \times 10^4 \sim 1 \times 10^4$ km^2 的支流有 84 条。黄河流域集水面积大于 1×10^4 km^2 的一级支流的基本特征见表 12-1。

表 12-1 黄河流域集水面积大于 1×10^4 km^2 的一级支流的基本特征

河流名称	集水面积 (km^2)	河源	入黄河处	干流长度 (km)	平均比降 (‰)	多年平均 径流量 ($\times 10^8$ m^3)
渭河	134 766	甘肃定西马衔山	陕西潼关县港口村	818.0	1.27	97.44
汾河	39 471	山西宁武县东寨镇	山西河津县黄村乡柏底村	693.8	1.11	22.11
湟水	32 863	青海海晏县洪呼日尼哈	甘肃永靖县上车村	373.9	4.16	49.48
无定河	30 261	陕西省横山县庙畔	陕西省清涧县解家沟镇河口村	491.2	1.79	12.82
洮河	25 227	甘肃西倾山	甘肃省临洮县红旗乡沟门村	673.1	2.80	48.25
伊洛河	18 881	陕西雒南县中南山	河南巩义巴家门	446.9	1.75	31.45
大黑河	17 673	内蒙古卓资县十八台乡	内蒙古托克托县	235.9	1.42	3.31
清水河	14 481	宁夏固原县开城乡黑刺沟脑	宁夏中宁县泉眼山	320.2	1.49	2.02
沁河	13 532	山西沁源县霍山南麓	河南武陟县南贾汇村	485.1	2.16	14.50
祖厉河	10 653	甘肃省华家岭	甘肃省靖远县方家滩	224.1	1.92	1.53

黄河流域水系的平面形态有以下几种类型:①树枝状,遍布于上中游地区;②羽毛状,湟水及洛河干支流为典型代表;③散射状,多为流路短的时令河,分布于皋兰至靖远一带与鄂尔多斯沙漠区,有的汇集于海淖,有的消失于沙漠;④扇状,以泾河、大汶河为典型代表;⑤辐射状,如黄南的夏德日山、定西的华家岭、宁夏的六盘山、陕北的白于山以及内蒙古的鄂尔多斯高原周围的支流;⑥湖串,主要分布在河源区;⑦网状,分布在盆地与平原等河网交织的地区。

12.1.1.5 湖泊

黄河流域的湖泊主要分布在黄河源地区,有湖泊 5 300 多个。较为著名的有鄂陵湖、扎陵湖、托索湖、星宿海、岗纳格玛湖、尕拉海和日格湖。鄂陵湖和扎陵湖是黄河流域最大的两个湖泊。鄂陵湖在东,扎陵湖在西,两湖相距约 20 km。黄河水自扎陵湖南端流出,几经周折,又注入鄂陵湖,这两个湖宛如一条白色飘带的两端系着两葫芦,被人们称为姊妹湖。鄂陵湖面积 610 km^2,平均水深 17.6 m,因进湖泥沙少,湖水是青蓝色的。扎陵湖的面积 526 km^2,平均水深 8.9 m,黄河水从西南入湖,将泥沙掺入,风浪泛起,湖水便成了灰白色。鄂陵、扎陵两湖水产资源丰富。

湖泊密集,大于 10 km^2 的湖泊 5 个,水面为 5~10 km^2 的湖泊 2 个,水面为 1~5 km^2 的湖泊 16 个,水面为 0.5~1.0 km^2 的小湖泊 25 个。湖水面积大于 0.5 km^2 的湖泊共有 48 个,其湖水面积共 1 270.77 km^2。湖泊分布多在干支河流附近和低洼平坦的沼泽地带。支流卡日曲汇合口附近的河源区上段有 2 747 个小湖泊,其特点是湖泊小、密度大,尤以玛涌(滩)中的星宿海最为密集。河源区下段有湖泊 2 600 多个,大湖均在河源区下段干流上或其附近。

在内蒙古巴彦淖尔市境内的乌梁素海位于河套平原东端,水面积 293 km^2,是全球范围内荒漠半荒漠地区极为少见的具有较高生态效应的大型多功能湖泊。

12.1.1.6 河口与近海

黄河河口是陆相、弱潮、多沙善徙的河口。在暴雨洪水冲蚀下,黄河上中游黄土高原的泥沙通过干支流带入下游河道,并不断输送到河口,使黄河三角洲演变剧烈,尾闾处于不断淤积—延伸—摆动改道的演变过程中。

黄河河口分为三个部分,即河口段、三角洲和滨海区。河口段是指受周期性溯源堆积和溯源冲刷影响的主要河段,主要是滨州以下至入海口长 130 km 的河段;三角洲是指以宁海为顶点,北至徒骇河口以东,南至南旺河以北约 5 400 km^2 的扇形地面。1949 年后,由于人工控制,标点下移至渔洼附近,缩小了改道范围,西起挑河,南至宋春荣沟,扇形面积为 2 200 km^2。三角洲形态大致以北偏东方向为轴线,中间高,两侧低,西南高,东北低,向海倾斜,凸出于渤海的扇面。滨海区是指毗连三角洲的弧形海域,约 5 000 km^2。大量的黄河泥沙在三角洲和滨海地带填海造陆,每年造陆地约 38 km^2,海岸线每年外延约 0.47 km。

12.1.1.7 冰川

黄河流域冰川较少,主要分布在青海省境内的阿尼玛卿山雪峰,属于大陆型冰川。黄河流域冰川总面积约 192 km^2,冰川融雪径流总量约 2.03×10^8 m^3。

12.1.1.8 沼泽、湿地

黄河发源于我国大地貌第一阶梯的青藏高原北部,其干流及支流迂回于山脉和平原之间,形成了众多大小不一的湿地。

黄河源区湿地。黄河源地区是第一阶梯上第一个湿地集中分布区,位于玛多县多石峡以上地区,西面是雅拉达择山,南面是巴颜喀拉山,北面有一相对较低的分水岭与柴达木盆地为邻,东面是阿尼玛卿山,是一个盆地。黄河源区湿地是高原多种珍稀鱼类和水禽的理想栖息场所。黄河源区湿地作用主要表现为水资源供给和维持流域生态系统的平衡。

(1)若尔盖草原区湿地。若尔盖草原地势平缓,海拔 3 500 ~ 3 600 m,属于高寒地区。草原上丘陵起伏平缓,丘顶浑圆,河流谷地宽展,水丰草茂,沼泽星罗棋布。

(2)宁夏平原区湿地。宁夏由于沿河地带地势平坦,黄河在这里形成了密集的港汊和湖泊。湿地类型以河流湿地和湖泊湿地为主,对流域的作用主要表现为河道洪水滞蓄和水资源调蓄。

(3)内蒙古河套平原区湿地。主要分布在黄河冲积平原上。目前,河套平原上的湿地、湿地类型及其分布数量还没有得到详细调查。

(4)毛乌素沙漠地区湿地。毛乌素沙地包括内蒙古自治区南部、陕西榆林地区北部和宁夏回族自治区东部,总面积约 4.2×10^4 km^2,大部分属于黄河流域内的闭流区。毛乌素沙地的浅层地下水埋藏较浅,相对比较丰富。尽管地处内陆干旱沙地区,却存在众多湿地,而且也和黄河流域其他地区的湿地有所区别。

(5)小北干流湿地。黄河小北干流河段上自禹门口,下至潼关,南北长 132 km,东西宽 3 ~ 18 km。河道面积 432 km²,滩地面积 675 km²。地质上属于汾、渭地堑谷洼地,两侧为高出地堑 50 ~ 200 m 的黄土台塬。地堑内地势平坦、河道宽浅、水流散乱,黄河左右摆动频繁,属于淤积性游荡型河道,滩地地下水位不断上升,发育了众多湿地。据统计,该区共有湿地 255 km²。湿地类型主要表现为盐碱滩地、水洼地、沼泽地、湿草地和林地湿地。湿地对流域的作用主要表现为河道洪水滞蓄和生态平衡。

(6)三门峡库区湿地。三门峡湿地面积为 275 km²,对库区周边的湿度和气候起到了极大的调节作用,保证了一方生态平衡。库水位降到 315 m,湿地面积将减少到 92 km²。库水位低于 305 m,湿地将不复存在。三门峡库区湿地包括河流湿地、滩地、水塘、湖泊湿地等,通过地表水、地下水与河流水体进行水量交换,水位的急剧变化直接影响湿地生态特征和景观格局。

(7)下游河道湿地。下游河道湿地主要指分布在小浪底以下至东平湖河段滩地上的湿地和东平湖及其周围的湿地。其形成、发展和萎缩与黄河水沙条件、河道边界条件息息相关,具有不稳定性、原生性、生态环境的脆弱性、水生植物贫乏等特性,有相当一部分为季节性湿地,其水分主要由洪水和地下水补给。下游河道湿地的主要作用表现为蓄水滞洪、净化水体和调节气候,对下游防洪安全起着重要作用。

(8)河口三角洲湿地。黄河河口的湿地主要分布在以宁海为顶点的三角洲上,黄河河口三角洲是我国温暖带最年轻、分布广阔、保存最完整、总面积最大的湿地分布区。其湿地类型主要有灌丛疏林湿地、草甸湿地、沼泽湿地、河流湿地和滨海湿地五大类。湿地面积 42.2 × 10⁴ km²,包括浅海湿地、滩涂湿地等。已划为保护的湿地面积 15.3 × 10⁴ km²。其中核心区面积为 7.9 × 10⁴ km²,缓冲区面积 1.1 × 10⁴ km²,试验区面积 6.3 × 10⁴ km²。黄河三角洲湿地是国际重要湿地之一,是我国暖温带最完整、最广阔、最年轻的湿地生态系统,是东北亚内陆和环西太平洋鸟类迁徙的中转站、越冬地和繁殖地,在我国生物多样性保护和湿地研究中占有非常重要的地位。

12.1.2 水文特征

流域的水文特征是流域水文要素在一个比较长时期内变化的集中表现,也反映与水文相关领域的变化情况。

12.1.2.1 降水量

黄河流域多年平均年降水量为 476 mm。总的分布趋势为,贵德以上由南向北降水量从 700 mm 逐渐减至 200 mm,贵德至兰州区间年降水量以黄河河谷为从 200 mm 分别向南、向北渐增至 500 mm 左右,呈马鞍状分布。兰州至黄河河口广大区域,年降水量分布总趋势为东南多、西北少,变化于 1 000 ~ 200 mm 之间,400 mm 等值线自河口镇经榆林、靖边、环县北、定西至兰州,将流域分为 400 mm 线以南为湿润半湿润地区,以北为干旱半干旱地区。上游的太子山区、中游的秦岭山地及下游的泰沂山地,均为降水高值区,年降水量达 1 000 mm 左右。黄河降水量的年际变化悬殊,年降水量最大值与最小值的比值为 1.7 ~ 7.5,变差系数 C_v 为 0.15 ~ 0.4。降水多集中在夏季,冬季降水量最少,春秋季介于冬夏之间,一般秋雨大于春雨,连续最大四个月降水量占全年降水量的 68.3%,多集中在 6 ~ 9 月。夏季多暴雨,黄河中游有三大暴雨区,即河口镇至龙门,泾、洛、渭、汾四条河,伊、洛、沁三条河。最大暴雨为 1977 年 8 月内蒙古乌审旗的木多才当,10 h 降雨量达 1 400 mm,其次是 1982 年 8 月河南宜阳石堨镇 24 h 降雨量达 734 mm。

12.1.2.2 蒸发量

黄河流域水面蒸发的地区分布趋势是,青海高原和流域内石山林区,气温低,多年平均水面蒸发量为 800 mm。兰州至河口镇区间,气候干燥,降雨量少,平均年水面蒸发量为 1 470 mm。河口镇至龙门区间变化不大,大部分地区为 1 000 ~ 1 400 mm。龙门至三门峡区间,面积大,气候条件变化较大,为 900 ~ 1 200 mm。三门峡至花园口及花园口至河口区间,分别为 1 060 mm、1 200 mm。位于祁连山与贺兰山、贺兰山与狼山之间两条沙漠通路处,是西北干燥气流入侵黄河流域的主要风口,平均年水面蒸发量由西北的 1 800 mm 向东南减至 1 600 mm,为流域内最高值。水面蒸发量最小出现在 1 月或 12 月,最大出现在 5 月、6 月;最大值与最小值比值为 1.4 ~ 2.3,大部分在 1.7 左右。

黄河流域内各河段多年平均陆地蒸发量和陆地蒸发量与降水量的比值分别为:兰州以上 337 mm,0.68;兰州至河口镇 268 mm,0.97;河口镇至龙门 408.7 mm,0.88;龙门至三门峡 493.1 mm,0.87;三门峡至花园口 518.7 mm,0.77;花园口至河口 544.9 mm,0.81;全流域平均 388.3 mm,0.82;内流区 276.8 mm,0.97。

12.1.2.3 径流量

黄河流域天然年径流量分布不均匀,兰州以上是全流域径流量最多的地区,兰州站天然年径流量为 326×10^8 m³,占全河总量的 56%。兰州至河口镇区间来水很少,加上河道渗漏、蒸发损失,河口镇天然年径流量有所减少。河口镇至龙门天然年径流量约 71×10^8 m³,龙门至三门峡天然年径流量约 114×10^8 m³,分别占全河总量的 12% 和 20%。三门峡至花园口天然年径流量 60×10^8 m³,占全河总量的 10%;花园口天然年径流量 563×10^8 m³。天然年径流量在时程上的分配多集中在汛期,占全年的 60%。

12.1.2.4 洪水与干旱

黄河洪水主要是暴雨洪水。暴雨洪水主要来源于四个区域:兰州以上,河口镇至龙门区间,泾、渭、北洛河,三门峡至花园口区间。洪水常发生在 6 ~ 9 月,兰州以上大洪水多在 7 月和 9 月,河口镇至花园口多发生在 7 月、8 月。黄河上游兰州以上地区由于降雨历时长、面积大,雨强小,加之流域的调蓄作用,形成涨落平缓、历时长、矮而胖的洪水过程,兰州站一次洪水历时平均 30 ~ 40 d,兰州站最大洪峰流量 7 090 m³/s(1981 年 9 月 15 日,是考虑刘家峡水库、龙羊峡围堰影响还原后数据)。兰州至河口镇区间是干旱半干旱地区,加入水量很小,河道流经宁夏、内蒙古灌区,灌溉耗水与水量损失大,加之河道宽阔,使洪水过程至河口镇后更趋低平。

黄河中游河口镇至龙门区间由于暴雨强度大,历时短,黄土丘陵区土壤侵蚀严重,常形成涨落迅猛、峰高量小的高含沙洪水过程。一般洪水历时为 1 d,龙门站最大洪峰流量为 21 000 m³/s(1967 年 8 月 11 日)。龙门至潼关河段河道宽阔,对龙门以上发生的尖瘦洪水过程有较大的调蓄作用,一般可削峰 20% ~ 30%。三门峡至花园口区间暴雨强度大,汇流条件好,当伊洛河、沁河及黄河干流区间洪水相遇时,常形成花园口站大洪水,花园口站最大洪峰流量达 22 300 m³/s(1958 年 7 月 17 日)。黄河下游河道宽阔,比降平缓,有较大的滞洪削峰作用。

黄河流域水面蒸发量、降水量的地区分布和它们之间的比值(称为干旱指数),可用来描述流域的干旱程度。干旱指数呈现自东南向西北递增趋势。流域内秦岭山区干旱指数最小,在 1.0 以下。西北与内陆片交界的局部地区最大,高达 10.0 以上。

12.1.2.5 河流泥沙

黄河是多泥沙河流,是世界上大江大河中输沙量最大、含沙量最高的河流。黄河泥沙的主要特点是:输沙量大,水流含沙量高。黄河三门峡站多年平均输沙量约 16×10^8 t,多年平均含沙量 35 kg/m³,最大含沙量 911 kg/m³。黄河中游支流窟野河温家川站最大含沙量达 1 700 kg/m³(1958 年 7 月);地区分布不均,水沙异源。泥沙主要来自中游的河口镇至三门峡地区,来沙量占全河的 91%,而来水量仅占全河的 32%。河口镇以上来沙量占全河的 9%,而来水量占到 54%;年内分配集中,年际变化大。汛期 7～10 月来沙量占全年的 90%,其中 7 月、8 月两个月来沙更为集中,占全年的 71%。黄河沙量的年际变幅也很大,泥沙往往集中在几个大沙年份。

黄河泥沙颗粒较细,但河口镇至龙门区间来沙颗粒较粗,渭河来沙较细,夏秋季泥沙主要来自塬面,冬春季泥沙来自河床冲刷。黄河泥沙的输移,中游大部分地区河流输移比接近于 1,上、中游干流河道一般是峡谷河段冲刷,平原宽阔河段淤积,下游河道是逐年淤积的。

12.1.2.6 水质

黄河流域在经济快速发展的同时,工业排污、城市生活污水的排放、化肥农药的残余物流失,进入河道污染水质。2005 年黄河干支流选取 69 个河段进行评价的结果,其中干流评价的河段中优于Ⅲ类水质的河长 1 975 km,占评价总河长的 54.7%;劣于Ⅲ类水质的河长 1 638 km,占评价总河长的 45.3%,主要污染物为氨氮、总铅、总汞等。支流评价河段中优于Ⅲ类水质的河长 889 km,占评价总河长的 24.5%;劣于Ⅲ类水质的河长 2 745 km,占评价总河长的 75.5%。汾河、清水河、渭河等河流参评河段的水质全年几乎都为劣Ⅴ类,超标项目主要为氨氮、挥发酚、高锰酸盐指数、生化需氧量、溶解氧、亚硝酸盐氮等。

目前,黄河干支流河流水质状况(评价项目包括 pH 值、溶解氧、氨氮、高锰酸盐指数、五日生化需氧量、化学需氧量、氰化物、砷、挥发酚、六价铬、铜、锌、镉、铅、汞、氟化物等,选取长度 13 228.4 km)是:满足Ⅲ类水质的河长 5 296.9 km,占评价总河长的 40.0%;Ⅳ类水质河长 3 167.4 km,占评价总河长的 23.9%;Ⅴ类水质的河长 644.2 km,占评价总河长的 4.9%;劣Ⅴ类水质的河长 4 119.9 km,占评价总河长的 31.2%。其中,黄河干流(选取长度为 3 613.0 km)Ⅱ、Ⅲ类水质的河长 1 656.0 km,Ⅳ、Ⅴ类水质的河长分别为 1 746 km、99.5 km,劣Ⅴ类水质的河长 111.5 km。黄河干流污染比较严重的河段主要分布于石嘴山、潼关河段。主要污染项目为化学需氧量、氨氮、高锰酸盐指数等。支流(选取长度为 9 615.4 km)Ⅰ～Ⅲ类水质的河长 3 640.9 km;Ⅳ类水质的河长 1 421.4 km;Ⅴ类水质的河长 544.7 km;劣Ⅴ类水质的河长 4 008.4 km。支流污染以清水河、苦水河、银新沟、大黑河、清涧河、三川河、延河、汾河、涑水河、渭河、宏农涧河、双桥河、青龙涧河、新蟒河、金堤河、大汶河尤为突出,这些河流的中下游水质全年为劣Ⅴ类,超标项目主要为氨氮、化学需氧量、高锰酸盐指数、五日生化需氧量、挥发酚等。省界水体水资源质量状况是(选取省界水质断面 30 个)全年水质满足Ⅲ类标准的断面占 33.3%,符合Ⅳ、Ⅴ类标准的断面占30.0%,劣于Ⅴ类标准的断面占36.7%。劣Ⅴ类水质断面主要分布在黄河中下游省(区)交界处。

黄河流域废污水排放量为 43.53×10^8 t(20世纪70年代后期年排放废污水 18.5×10^8 t,80年代初为 21.7×10^8 t,90年代初达 32.6×10^8 t),其中城镇居民生活废污水排放量 8.67×10^8 t,第二产业废污水排放量 31.99×10^8 t,第三产业废污水排放量 2.87×10^8 t,分别占废污水排放量的19.9%、73.5%和6.6%。黄河流域的废污水主要来自流经大中城市的湟水、大黑河、汾河、渭河、洛河、大汶河等支流和干流刘家峡至花园口河段,更集中在西宁、兰州、银川、包头、呼和浩特、太原、宝鸡、咸阳、西安、洛阳等大中城市河段。

12.1.2.7　水资源量

黄河流域水资源总量由地表水资源量、山丘区降水入渗补给量、山丘区降水入渗补给量所形成的河川基流量、平原区降水入渗补给量、平原区降水入渗补给量所形成的河道排泄量组成,地表水资源量 594.4×10^8 m³,降水入渗净补给量 112.2×10^8 m³,水资源总量 706.6×10^8 m³。

12.1.2.8　特殊黄河水文现象

黄河由于其高含沙水流和下游宽浅河道,就出现了不同于其他河流的一些特殊的水文现象。

黄土地区汇流速度特快,洪水暴涨暴落。

洪水在传播过程中峰形变化大,水沙不平衡。洪峰传播中出现增值。

浑水容重特大。浑水容重可达 $1.25 \sim 2.06$ t/m³,可减少水下物体的有效重量,增加对水下物体的作用力。

浆河。当河流含沙量超过某一限值时,在洪峰突然降落、流速迅速减小而含沙量仍然很高的情况下,整个河段不能保持流动状态而就地停滞不前。

揭河底。河床淤至一定高度,又遭遇高含沙量的大洪水时,在洪峰期很短时间内几千米河段的河床被大幅度地刷深,大块河床淤积物被水流掀起,露出水面高达数米,像在河中竖起一道墙,几分钟即扑入水中,或成片的河床淤积物像地毯一样被卷起,漂浮在水面向下流动。

沙坝。支流发生高含沙洪水,在干支流交汇处的干流上形成类似于坝体的一种现象。高含沙输水渠道不淤积。

假潮。黄河下游河段常于枯水季节在上游无增水的情况下,出现突发性水峰,水位涨落快,水流来势迅猛,形似海潮。

河道异重流。高含沙量的支流洪水汇入低含沙量的干流河道时,在干流河道底层水流含沙量大于上层水流含沙量。

入海口造陆快。大量的黄河泥沙在三角洲和滨海地带填海造陆,每年造陆地约38 km²,海岸线每年外延约0.47 km。

12.2　社会概况

流域的社会环境形成和发展基于人类文明,技术进步和对自然环境开发、利用、控制的能力,社会环境对水文要素的影响是随着社会经济发展和人类活动增加而变化的。

12.2.1　人口与资源

据 2000 年资料统计,黄河流域人口 11 008×10⁴ 人,占全国总人口的 8.7%。耕地面积 1.79 亿亩,占全国总面积的 12.5%。城市化率 26.4%,低于全国平均水平。流域内经济发展水平较低。

黄河流域很早就是中国农业经济开发地区,上游的宁蒙河套平原、中游汾渭盆地以及下游引黄灌区都是主要的农业生产基地。历史上黄河流域工业基础薄弱,新中国成立以来有了很大的发展,建立了一批能源工业、基础工业基地和新兴城市,为进一步发展流域经济奠定了基础。能源工业包括煤炭、电力、石油和天然气等。目前,原煤产量占全国产量的一半以上,石油产量约占全国的 1/4,已成为区内最大的工业部门。铅、锌、铝、铜、铂、钨、金等有色金属冶炼工业,以及稀土工业有较大优势。全国 8 个规模巨大的炼铝厂中,黄河流域就占 4 个。

12.2.2　堤防建设

在我国江河堤防中,黄河下游堤防的历史最长、规模最大、体系最完善。黄河下游堤防远在春秋中期已形成,战国、秦、汉纪元逐渐完备,至五代、北宋已有双重堤防,在元、明代时堤防按位置及用途分成遥堤、缕堤、月堤、子堤、戗堤、刺水堤、截河堤等。黄河下游现有堤防包括直接防御洪水的临黄堤、河口堤、东平湖堤防、北金堤、展宽堤和支流沁河堤、大清河堤等各类堤防,长 2 290 km。其中,临黄堤长 1 371 km。

黄河流域宁蒙河段自宁夏回族自治区的南长滩至内蒙古自治区的蒲滩拐,平原型河道长 869.5 km。现有堤防 1 368 km,且干流大部分堤段高度不足,缺口多,难以防御冰凌和洪水灾害。

12.2.3　水库水电

黄河径流较为丰富,水流落差大,蕴藏着丰富的水能资源。已建成的水利枢纽工程有龙羊峡、李家峡、刘家峡、盐锅峡、八盘峡、大峡、青铜峡、三盛公、万家寨、天桥、三门峡、小浪底等,总库容达 564×10⁸ m³,总装机容量达 900×10⁴ kW,总发电量达 337×10⁸ kWh。

12.2.4　农业灌溉

黄河流域灌溉历史源远流长,从夏、商时期就已开始农田灌溉。目前,黄河流域有效灌溉面积和下游沿黄平原地区引黄补水灌溉面积达 598.6×10⁴ hm²,其中河川径流灌溉面积 494.1×10⁴ hm²,井灌面积 104.5×10⁴ hm²。黄河上游的宁蒙平原引黄灌区、中游的汾渭河谷盆地灌区及下游平原引黄灌区是黄河灌溉最为集中的地区,有效灌溉面积 445×10⁴ hm²,占全河有效灌溉面积的 74%。

12.2.5　城市供水

黄河流域供水主要是生活用水和工业用水两个方面,生活用水主要包括城镇生活用水和乡村人畜饮水,城镇生活用水中包括居民日常生活用水和公共设施用水两部分,城镇生活用水标准与城市规模、水源条件、生活水平、自来水普及程度及管理水平等有关,目前黄河流域生活用水总量已超过 35×10^8 m^3。生活排污水总量超过 10×10^8 m^3。

黄河流域大型工矿企业主要分布在城市,其工业总产值占流域的 60.4%。用水量较多的企业有化工、电力、冶金、机械、纺织等行业,现黄河流域工业用水总量已超过 51×10^8 m^3。工业排污水总量超过 32×10^8 m^3。

12.2.6　流域调水

黄河流域在其水资源紧缺的情况下,仍实施跨流域调水。1995 年 1 月,跨流域调水自流灌溉工程——引大(青海的大通河)入秦(甘肃的秦王川)工程建成通水,这项被誉为"当代都江堰"的灌溉工程,引水流量达 40 m^3/s,由 71 座、110 km 长的隧洞,29 座大型渡槽,3 座倒虹吸及 860 km 长的干、支渠组成。引大入秦灌溉工程具有巨大的社会、经济效益,可灌溉面积 103×10^4 亩,年生产粮食 1.4×10^8 kg,新增农业产值 3×10^8 元以上,并可彻底解决灌区近 40×10^4 农民群众的温饱问题。

引黄(黄河水)济青(青岛)是跨流域、远距离的大型调水工程。工程全长 290 km,由山东省滨州市境内打渔张引黄闸引水到青岛市白沙水厂。引黄济青让青岛人喝上了黄河水,从此摆脱了长期困扰青岛人的吃水问题,让青岛的发展再也不受到水问题的束缚,使青岛市的经济发展长足增长。引黄济青受到了青岛社会的广泛赞誉,被誉为"黄金之渠"。

白洋淀是华北地区最大淡水湖泊和重要的天然湿地生态系统,有"华北明珠"之誉。由于华北北部干旱少雨,白洋淀水位低于 6.50 m 的干淀水位。国家决定实施首次引黄济淀应急生态调水。引黄济淀调水自位山引黄涵闸引水,经位山三干渠至临清立交穿卫运河刘口闸进入河北,引黄河水 4.79×10^8 m^3。通过调水,白洋淀较补水前水位抬高了 0.93 m,水面面积从 61 km^2 增加到 130 km^2,生态环境和群众生产生活条件得到了很大改善,白洋淀重新焕发了生机,社会、生态、经济效益巨大。

为缓解天津市缺水紧急状况,从 1972 年开始,已先后 9 次从黄河向天津调水,即引黄济津。总引黄河水量达 56×10^8 m^3。引水线路用过三条:人民胜利渠线(全长 860 km),潘庄渠线(全长 471 km),位临渠线(全长 580 km)。通过实施引黄济津调水,保证了天津市城市用水需求,促进了天津市经济持续增长,产生了巨大的效益。

12.2.7　城市化及影响

黄河流域在我国属经济不太发达地区,自从 20 世纪 80 年代以来,由于经济的迅速发展,城镇化水平提高很快,陆续建立了一批工业基地和新兴城市,城市数量增加,城市人口增加。城市用水量更是迅速增加,城市缺水问题更加突出,使本来缺水的黄河流域水资源矛盾更为突出。一些河流水量减少,一些河流干涸。水库、水坝水量减少,大量开采地下水,出现大漏斗,在汾、渭盆地有地面下沉现象。

12.2.8　水土保持

黄河流域是我国土壤侵蚀最严重的地区。黄土高原严重的水土流失及黄河中游干支流沟道或河道特有的泥沙输移特性,使黄河成为驰名世界的多泥沙河流。水土流失是一种十分复杂的自然地理现象,由于不同地区的自然环境和人类活动情况的差异,其水土流失类型和程度是不同的。水力侵蚀、重力侵蚀和风力侵蚀是黄河流域的主要水土流失类型,水土流失最强烈的地区是面积占全流域面积不足 30% 的黄土丘陵沟壑区和黄土高塬沟壑区,即主要为河口镇至龙门区间的支流河流以及泾河上游的支流河流。水力侵蚀严重区域的沟壑密度一般都在 3 km/km^2 以上,植被覆盖度在 30% 以下。风力侵蚀严重的区域植被覆盖度一般不足 10%,主要分布于无定河赵石窑以上流域及库布齐沙漠地区。

黄河流域水土保持的真正开展是在新中国成立以后,黄委在 20 世纪 50 年代就明确提出水土保持是治理黄河的一项重要任务,并积极推动开展水土保持工作,为黄河水土保持工作的开展奠定了基本格局。经过多年坚持不懈进行黄土高原地区生态经济型防护林体系建设、抗旱造林体系建设、坡耕地改造蓄水保土建设、沟道坝系建设、小流域综合治理等水土保持措施,水土流失初步综合治理面积超过 18 × 10^4 km^2,其中建成治沟骨干工程 1 390 座,淤地坝 11.2 × 10^4 座,塘坝、涝池、水窖等小型蓄水保土工程 400 多万处,兴修基本农田 9 700 万亩,营造水土保持林草 11.5 × 10^4 km^2,取得了显著的经济效益、社会效益和生态效益。

第 13 章 水文站网普查情况

13.1 水文站网普查的重要性

水文是水利工作的重要基础和技术支撑,是国民经济和社会发展不可缺少的基础性公益事业。水文工作通过对水位、流量、降水量、泥沙、蒸发最、地下水位及水质、墒情等水文要素的监测和分析,对水资源的量、质及其时空变化规律的研究,以及对洪水和旱情的监测与预报,为国民经济建设,防汛抗旱,水资源的配置、利用和保护提供基本信息和科学数据。

水文事业是国民经济建设和社会发展的基础性公益事业。水文资料是防汛抗旱,水资源开发利用管理与保护以及水工程规划、设计、施工、运行、管理、调度的依据。水文测站是采集水文资料的基础单元,水文站网是在一定地区按一定原则用适当数量的各类水文测站构成的水文资料收集系统,科学地布设水文站网,依靠不同观测项目站网间的协调配合,发挥全部水文测站的整体功能,就能以有限站点的有限观测,满足区域内任何地点对水文资料的需求。因此,通常把水文站网看做是整个水文工作的基础。

水文站网的实施是一个渐进的过程。一个国家或地区对水文资料的需求,会随着经济的发展而增加,因此将水文站网视做一个动态系统。定期对水文站网的效果进行检查是非常重要的。只有针对资料需求的变化及时调整资料收集的目的,才能使水文工作切实满足经济社会发展的需求。

黄河流域水文站网目前虽已具备了一定的规模,但总体密度仍然偏低,约为平均 4.6 站/万 km^2(按基本水文站计算),仅达到容许最稀密度的下限。随着经济的发展,水文站网应在容许最稀站网基础上不断发展。黄河流域现有的这样一个站网主体,即 70% 的测站都是在 20 世纪 50~70 年代建设的。当时的设站目的主要有两个方面:收集基本水文资料,为流域规划和水工程设计提供依据;进行径流预报,为防汛减灾决策提供依据。今天来看,这样一个站网规模基本可以满足收集中、大尺度空间水资源信息时空分布规律的需要,但在紧密结合社会实时性服务需求方面以及解决突出水问题方面尚显不足。随着人类社会步入 21 世纪,人口的膨胀,土地利用的加剧,资源的过度占用,使得人与自然之间的关系处于越来越矛盾和不和谐状态,全球变暖、土地沙化、河流断流、水质劣变、地面沉降等,就是自然对这种不和谐关系做出的系统响应。这些警示信息促使社会反思,提出可持续发展的战略方针。可持续发展的重要基础之一是水资源的可持续利用,水文信息是反映水资源系统体征的指标,水文站网是水文信息的采集体,从社会可持续发展和风险控制角度,以建立一个具备饮水安全、用水安全和有效管理洪旱灾害的和谐环境为目标,重新审视、评定站网设置目的与服务目标之间关系,调整和充实现有水文站网,成为水文部门需要迫切研究的问题。

为此,2003年8月,水利部办公厅印发了《关于开展全国水文站网普查与功能评价工作的通知》(办水文[2003]113号),水利部水文局同时也下发了《全国水文站网普查与功能评价》工作大纲,决定对全国水文站网进行一次全面普查与客观评估,为水文站网今后的调整与发展提供依据。

13.2 水文站网普查组织实施

黄河流域水文站网普查与功能评价组织单位为黄委水文局,负责流域水文普查评价总体设计、组织与协调工作,并对最终成果进行汇总与审查。黄河流域水文站网普查与功能评价工作组由黄委水文局及流域内各省(区)水文部门指定专人组成。

黄委水文局负责协调流域片内水文站网的普查与功能评价工作,并对成果进行汇总。各省(自治区、直辖市)水文部门负责本辖区水文站网的普查与功能评价工作。

为保证工作认真有序地进行,流域片各省(自治区、直辖市)水文单位均指定专人,成立了本辖区工作组。

总体工作分为站网普查和站网评价两个阶段。2004~2006年为站网普查和汇总阶段,2006~2007年各省(自治区、直辖市)和流域片开展评价和报告编写,2007~2008年黄河流域水文站网普查汇总、评价和报告编写。过程简述如下:

2004年3月,水利部水文局在黑龙江省召开了全国水文站网普查与功能评价第一次工作会议,针对各单位初步调查情况,就工作思路、方法、普查内容、填表说明等进行讨论与交流。

随后,2004年6月黄委水文局在郑州召开了黄河流域片水文站网普查成果审查会议(初步成果)。参加单位为流域内各省(区)和新疆水文部门。会议对各省(区)的普查成果进行了审查,并听取、汇总了各省(区)在普查过程中发现的问题和难题,对下阶段普查工作进行了安排、部署。

之后至2006年期间,黄河流域各省(自治区、直辖市)紧锣密鼓地开展普查工作,共完成普查表17张。

黄河流域水文站网普查收集了大量数据,检查数据的准确性至关重要。鉴于数据量浩大,除层层把好基础调查和数据录入质量关外,为减少人工查错的疏漏,还设计了表格之间、数据之间的逻辑核查关系,通过程序查错,最大可能地减少数据错误。数据汇总、查错、核对、矫正、再汇总、再查错、再校核,持续了半年时间。

在普查取得初步成果后,2005年1月水利部水文局在江西省召开了全国水文站网普查第二次工作会议,就站网功能评价进行了培训,编制了评价报告提纲和评价方法,要求在普查数据基础上,分析计算形成24张评价表。这些统一的表为客观评价站网功能提供依据。

2006年11月,水利部水文局在昆明召开全国水文站网普查评价第三次工作会议,通报普查数据的核查情况,交流了各地评价表格填写和报告编写情况,对关键技术问题提出处理意见。

2007年8月,黄委水文局在郑州再次召开流域片水文站网普查评价工作会议,会议审查了各单位站网普查评价报告,并对审查中发现的细节问题提出了修改意见。

2007 年 9 月,水利部水文局在北京召开了全国水文站网普查与功能评价报告汇总工作会议,各流域机构和部分省(区)代表参会,就总报告和专项报告数据汇总和报告编写进行了讨论。

2009 年 4 月,经多次修改,黄河流域水文站网普查评价报告最终稿上报水利部水文局。

13.3　水文站网普查成果说明

黄河流域水文站网普查不仅对水文测站的各项属性进行摸底,同时从评价目标出发,对相关系统与站网之间的影响和互馈情况进行了调查。普查表格 17 张,普查内容(字段数)677 项(见普查一览表 13-1)。由于篇幅所限仅附普查表 1。黄河流域国家基本水文站和水文部门辅助站、实验站、专用水文站调查表见附表 2。

表 13-1　水文站网普查一览表

表号	表格名称	字段数
表 1	国家基本水文站和水文部门辅助站、实验站、专用水文站调查表	144
表 2	水文部门水位站(水文站的水位观测项目不包括在内)调查表	90
表 3	水文部门雨量站(水文站、水位站的雨量观测项目不包括在内)调查表	44
表 4	水文部门蒸发站(水文站、水位站、雨量站的蒸发观测项目不包括在内)调查表	26
表 5	其他非水文部门水文站、水位站调查表	105
表 6	××省(区)基本地下水监测站调查表	44
表 7	水文、水保(水文站、水位站的水质观测项目不包括在内)和环保部门水质站调查表	30
表 8	墒情站信息调查表	13
表 9	勘测队(巡测基地)管理信息调查表	53
表 10	水文站裁撤沿革调查表	44
表 11	水文报汛站网满足需求程度调查表	11
表 12	××省(区)际间水文(水质)控制需求和测站情况调查表	17
表 13	水资源服务需求调查表	13
表 14	××省(区)流域面积 500 km^2 以上河流情况调查表	18
表 15	××省(区)水文区划及河流情况统计表	9
表 16	××省(区)水文分区分级及测站统计表	10
表 17	国家重要水文站调整意向调查表	6
合计		677

黄河流域水文站网普查历时两年,花费了大量的人力物力,调查了涵盖各类测站,巡测基地,河流、水文分区的现况基本属性资料和用于评价的特征数据。属新中国成立以来黄河流域水文站网的第一次全面普查和体检,具有重大的现实意义。一是为流域及各省(区)水文站网首次提供了系统全面的基础资料,将大大促进水文管理的科学化和精细化;二是为首次定量评价水文站网,回答业内业外人士关于水文站网为社会提供服务的真实程度的关切,提供了第一手信息;三是为今后开展水文站网规划提供了直接和重要的参考依据。

　　普查成果主要包括以下几部分:

　　水文测站(水文站、水位站、雨量站、蒸发站、水质站、地下水站、墒情站等)基本属性,水文特征值,水文站受水利工程影响程度,水文站设站功能,500 km^2 以上河流水文站设置情况,省界河流及其水文站设置情况,水文站报汛满足程度调查,水文分区及区域代表站设置等。

第14章 水文站网发展历程

水文学是研究水的特性及其变化规律的科学。水文工作是防汛抗旱、水资源保护、水资源评价、水资源统一管理、水工程规划设计的依据,是国民经济建设的前期性工作和基础工作,它与水资源的开发和利用、管理和保护更是息息相关,起着耳目和参谋的作用。水文测站是河流或流域内为收集水文要素而设置的经常性工作站点,水文站网是由这些站点组成的有机集合体。水文站网的具体构成为流量站、水位站、泥沙站、雨量站、蒸发站、水质站、地下水观测井、实验站、专用站等,绝大多数的水文工作都要以水文测站收集到的资料作为分析研究的基础,而资料需要通过一定年限的积累才能应用。为此,水文测站需要超前若干年设立才能满足要求。科学地布设站网,以最小的经济代价,利用有限数量测站,依靠水文站网的整体功能,提供所有地点具有一定精度的水文资料,是水文工作的战略目标,水文站网是水文战略布局的工作基础。黄河流域水文站网从新中国成立前寥寥的少数站点,发展到现在按一定规则部署的具有相当规模的流域水文站网,为流域防汛抗灾、水资源合理开发利用、水污染防治,进而为流域及地方国民经济和社会发展,发挥着极其重要的作用,作出了重大贡献。

14.1 清代和民国时期的水文站网建设

在漫长的封建历史时期,黄河流域对于一般水文现象的认识,只是定性观察和简要描述。据北京故宫保存清代黄河河督部分奏折档案资料所整理的《黄河……沁河木栾店和洛河巩县清代历史洪水水情》资料,表明在清代就建立了水志情况表,见表14-1。

表 14-1 清代水志表

河名	站名	地点	观测起迄年份	资料年数
沁河	木栾店	武陟小南门 及龙王庙	乾隆元年至宣统二年 (1736~1910 年)	16
黄河	万金滩	陕县水文站基本断面 上游 800 m 处	乾隆三十年至宣统三年 (1765~1911 年)	132
洛河	巩县	巩县	乾隆三十一年至咸丰五年 (1766~1855 年)	37

另外,自清代乾隆元年(1736 年)以后,先后在河南境内黄河的杨桥、黑岗口、开封、祥符十九堡、铜瓦厢,兰阳等险工或防洪重要地点设立水位观测点。

18 世纪 60 年代的欧美产业革命推动了西方水文行业的发展。鸦片战争以后,随着帝国主义势力的入侵,领先于世界的西方水文科学和技术也随着输入中国,但黄河流域水文事业发展比较缓慢,水文站点稀少。

民国时期黄河流域中上游已有分布不多的雨量站、水文站、水位站,相对而言黄河中下游设站较中上游多。最早设立的雨量站是在山西省太原市正太路,于民国 5 年(1916年)设立。最早的水文站(今陕县)是顺直水利委员会始在黄河上的陕州水文站(今河南省陕县),于民国 8 年(1919 年)4 月设立,测验项目有雨量、水位、流量、含沙量,定时观测水位,遇涨水时,则每小时或半小时观测一次。民国 17 年(1928 年)华北水利委员会在黄河干流设立柳园口水文站,至民国 18 年(1929 年)底停测。黄河潼关水文站设立于民国18 年(1929 年),观测至今。民国 22 年(1933 年)7 月,陕西省政府通过了省水利厅及李仪祉提出的《陕西省测水站规划及其设置组织大纲》,按大纲要求全省布设水文站 27 处、水标站 12 处,这是全国最早提出布设水文站的规划。黄河干流龙门水文站于民国 23 年(1934 年)设立,一直观测至今,是黄河上观测期最长的水文站。民国 24 年(1935 年),在山东省东平县彭集镇陈流泽村设立戴村坝水文站,观测水位、流量等基础资料。民国 34年(1945 年)6 月在青铜峡灌区设立了唐徕渠大坝水文站、汉延渠陈俊堡水文站、大清渠陈俊堡水文站、惠农渠叶盛堡水文站,这些站在灌溉期进行观测。黄河内蒙古河段仅在民国 36 年(1947 年)设立西山嘴水文站,除此外,黄河流域内蒙古境内水文站网建设基本空白。民国 36 年(1947 年)在河南境内黄河流域设有杨庄、洛阳等水文站,在新中国成立前大部分停测,维持观测的仅有陕县、花园口、柳园口 3 个水文站。民国时期黄河流域水文站,雨量站分布稀少。到 1945 年黄河流域共设有水文站 49 处、水位站 6 处、雨量站 34处、蒸发站 2 处(水文、水位站兼测)、地下水站 1 处。由于历史的变迁,流域水文站网发展缓慢,水文行业所设站网远不能满足各行业的发展要求。

14.2　新中国成立早期的水文站网建设

1949 年 10 月,中华人民共和国成立后,国家十分重视水利工作,恢复了各级水利机构。黄河流域各省(区)水文事业走上了发展的轨道,在人民政府大兴水利和经济建设蓬勃开展的推动下,迫切需要水文资料,从而使黄河流域水文站网亦得到迅速发展。

1956 年中央提出《1956～1967 年全国农业发展纲要》(草案),将水文和气象站、台网列入国家规划。1956 年 2 月,水利部召开全国水文工作会议,制定出《水文基本站网规划原则》,即采用线和面的原则,第一次进行基本水文站网规划。根据基本水文站网规划原则,流域各省(区)确定本省(区)站网规划任务。基本流量站网的任务是满足内插任何地点各种径流特征(包括年径流量及其多年变化、径流年内分配、洪峰流量及洪水总量、最小流量等)的需要。按照河流的流域面积,对于大于 3 000 km² 的河流设大河控制站,300 km² 以下河流设小河站,300～3 000 km² 的河流设区域代表站。大河控制站采用直线原则,即满足内插沿河长任何地点各种径流特征值的需要,同时考虑上下游两站的区间水量不应少于上游的 10%～15%;重要防汛河段上根据洪水预报的需要设置流量站,在进入河口前水量最大的地方设立流量站。区域代表站采用面的原则,即要求在某一水文区内能够依据所布设测站的资料,对无测站的河流,内插出具有一定精度的各种水文特征值。

新中国成立到 1956 年第一次水文站网规划时期,黄河流域九省(区)(青海、甘肃、四川、宁夏、内蒙古、陕西、山西、河南、山东)根据水利部工作会议精神,流域各省(区)开展站网规划。1958 ~ 1959 年间国民经济"大跃进",也是水文站网建设速度最快的两年。

黄河流域水文站由 1950 年的 60 处,经过规划、调整、充实,至 1955 年,发展到水文站156 处、水位站 19 处、雨量站 206 处、蒸发(项目)站 36 处(水文、水位站兼测)、水质站 1处、地下水站 188 处。但由于建站是从配合工程需要而设立的,缺乏长远发展规划,因而资料收集落后于规划设计要求,流域各省超额完成了基本水文站网规划建设任务。

14.3   20 世纪 60 ~ 70 年代的水文站网建设

1960 ~ 1962 年间,由于全国连遭大面积自然灾害,国民经济建设遇到暂时困难,出现了精简机构的局面,水文管理权力下放,水文测站被大批裁撤,再加上"大跃进"和人民公社化运动中"左"倾错误的发展,致使流域各省(区)水文站网数量相对减少。

1962 年为加强站网管理,水文管理体制上受到省(区)直接管理,要求对原定站网规划进行分析验证并作适当调整。1963 年 3 月水利电力部水文局在北京召开了部分省(区)参加的站网调整研究工作汇报座谈会,1964 年 4 月 6 日到 5 月 15 日,在北京举办了水文基本站网分析研习班,讨论用实测资料的分析综合对基本站进行验证的方法,交流各单位进行此项工作的经验。研习班重点研究基本流量站网和基本雨量站网,流量站网中以区域代表站为重点,各项方法以洪水特征值的内插为重点,同年,水利电力部签发《关于调整充实水文站网的意见》,从此,正式开展第二次全国水文站网规划。1961 ~ 1965年,为适应国民经济"调整、巩固、充实、提高"的方针,流域各省(区)水文部门逐步撤销了部分布设不合理、交通不便、生活条件非常艰苦的测站,同时也设立了少量的条件较好的测站,并进行流域洪水、枯水、泥石流、水土流失、可垦地及草原分布等多项调查,用最快的速度全面掌握全流域水文情况,这是水文工作最早的点面结合构想。

1966 ~ 1976 年"文化大革命"期间,水文站网建设未能继续发展,原有测站亦受到影响,废除了一些应有的规章制度,任意撤站停测,使流域各省(区)的水文站网数量不同程度减少。1970 年随着乡镇企业的发展,要求水文部门提供小范围的水文资料。当时的水文站大多数集水面积都比较大,一般在 500 km^2 以上,为了弥补小面积资料的不足,要求水文站在山丘区选择面积小于 300 km^2 设一批小面积站,委托当地农民进行观测。由于经费不够落实,观测人员技术水平低,以及近几年未发生较大洪水,收集资料较少,仅少数几个站取得较完整资料。20 世纪 70 年代,随着国民经济建设的发展,城镇工业及人口的增加,大量未经处理的工业废水及生活污水排入河流造成水质污染。为了保护水源,从1976 年开始对渭河水系水质污染进行调查。1977 年在渭河干支流上布设水质监测断面19 处,"文化大革命"开始后,部分水化学分析站陆续停测。在陕西、山西、河南等地布设地下水站,但由于多种原因未能连续观测,少量的观测资料零散地在水文年鉴上刊印。从1977 年开始,又逐年新建和恢复了一部分水文测站,到 1975 年黄河流域水文站网发展到水文站 297 处、水位站 35 处、雨量站 1 065 处、蒸发(项目)站 22 处(水文、水位站兼测)、水质站 18 处、地下水站 500 处。

14.4　20世纪80年代(改革开放时期)水文站网建设

党的十一届三中全会后,全国经济建设出现了改革开放的大好局面,水文体制改革也出现了以"站队结合"组织的新局面,国家的改革开放全面展开。随着我国经济、社会的快速发展,水文工作被提到重要的议事日程。水利部水文局即建议各流域机构和省(区)、市水文部门对现有水文站网进行整顿提高。

1984年10~11月,水利部水文司先后在乌鲁木齐和南昌召开北方片和南方片站网会议,交流站网整顿经验。根据做得好、做得快的单位经验,整顿分三个阶段进行,即站网调查、站网分析验证、站网整顿实施。1985年2月,水利部水文局再次函发"关于站网整顿和规划几点意见",明确站网经整顿后要基本达到设站目的明确,有充分代表性,水利化影响得到处理,水账基本算清,流量站和雨量站、蒸发站配套,河段控制良好等。

1988年,水利部召开全国水文工作座谈会,钱正英部长在会上提出了"国家站网精干、设备先进、经费保证、人员稳定"的水文工作发展模式。1989年,水利部在"对当前水文工作的几点意见"中又提出水文工作发展模式的初步框架为"站网优化、分级管理、精兵高效、站队结合、全面服务"。

经过全面整顿,水文站网建设走向稳步发展的轨道,水文站的数量稳步增长。1990年黄河流域有水文站347处、水位站51处、雨量站1 925处、蒸发站31处(独立蒸发站1处,其余为水文、水位站兼测)、水质站119处、地下水站2 191处。黄河流域现有大多数水质站、地下水站就是在这时期建成的。在水利部的统一领导下,经过站网整顿,黄河流域水文站网发展趋于稳定,观测的资料质量明显好转。

14.5　1990~2005年水文站网建设

黄河流域水文站网发展变化与社会政治、经济的变化和管理机构的变迁以及水文站生活工作条件变化密切相关。黄河流域水文站网经历了充实发展、调整优化等发展过程,到2005年为止,已初步建成了覆盖流域各省(区)大部分河流与地区、布局较为合理、观测项目较为齐全、整体功能较强的水文站网体系。

1990年以后,流域水文站网经过规划发展和优化调整,在测验项目上由单一到综合配套,并逐步形成相对稳定的国家基本水文站网,在历年的防洪抗旱、水利工程设计、水利工程运行、水资源管理保护中发挥了显著的作用。

这期间,在黄河上游经过资料分析论证,撤销了青海境内的自然条件艰苦、交通不便、生活困难及受水利工程影响的水文站,包括巴滩(二)、拉曲、周屯、隆务河口等。

1990~2005年,水文站网稳步发展,流域站网的调整只是个别省(区)有变化,站网建设主要是在增加测验项目、改善测验条件、改进测验设施、提高测验精度上下工夫。就流域水文站网的发展历程来讲,从1935年到新中国成立前,黄河流域的水文站网发展缓慢,新中国成立后到1960年水文站网发展迅速,到1990年水文站网发展平稳,到目前为止,水文站网发展稳定。

到 2005 年年底,全流域水文部门共有基本水文站 348 处、水位站 55 处、独立雨量站 1 959 处、独立蒸发站 1 处、水质站 224 处、地下水站 2 128 处,承担着黄河流域的降水、蒸发、径流、泥沙、水质、地下水等各种水文水资源资料的监测与收集任务,已初步建成覆盖黄河流域大部分河流与地区、布局较为合理、项目较为齐全、整体功能较强的水文站网体系,为流域经济建设和发展发挥了重要作用。

14.6 国家基本水文站网发展综合评价

综上所述,黄河流域水文站网建设最早自清代乾隆元年(1736 年)以后,先后在河南境内黄河的杨桥、黑岗口、开封、祥符十九堡、铜瓦厢、兰阳等险工或防洪重要地点设立水位观测点。18 世纪 60 年代的欧美产业革命,推动了西方水文行业的发展。鸦片战争以后,随着帝国主义势力的入侵,领先于世界的西方水文科学和技术也随着输入中国,但黄河流域水文事业发展比较缓慢,水文站点稀少。

在民国 5 年(1916 年)开始有正式的雨量观测记录,民国 20 年(1931 年)有水位、水文观测记录。到 1935 年共有水文站 25 处、水位站 6 处、雨量站 26 处、蒸发站 5 处(为水文、水位站兼测)、地下水站 1 处。这些站是中华人民共和国成立前较早的测站,资料观测时断时续,资料系列不连续。

中华人民共和国成立后,由于当时经济发展的需要和"大跃进"高潮,水文测站得到了迅速恢复和发展,至 1965 年,黄河流域有水文站 287 处。经过历次站网规划和调整充实,测站数量又再次回升,到 1980 年水文和雨量站网建设又达到了 20 世纪 60 年代以来再一次高潮,水文站 336 处,水位站 46 处,雨量站 1 776 处,蒸发(项目)站 25 处(为水文、水位站兼测),水质站 49 处,地下水站 1 205 处。测站布局上也得到合理发展,从测站类别上,水质站、地下水观测井也都陆续得到发展,到 2005 年黄河流域水文站网已具相当规模,共有水文站 348 处、水位站 55 处、雨量站 1 959 处、独立蒸发站 1 处、水质站 224 处、地下水站 2 128 处。已建成了门类比较齐全、布局大致合理的水文站网。

总之,黄河流域水文站网经过规划发展和优化调整,经历了数量上由少到多、由点到面,在测验项目上由单一到综合配套,并逐步形成了相对稳定的国家基本水文站网,在历年的防汛抗旱、水利工程设计、水利工程运行调度、水资源管理和保护中发挥了显著作用。几十年来黄河流域各类水文站网的发展历程,详见表 14-2 和图 14-1。

表 14-2 黄河流域历年水文测站数量统计表 　　　　　　　　(单位:处)

年份	水文站	水位站	雨量站	地下水站
1900	0	0	0	0
1905	0	0	0	0
1910	0	0	0	0
1915	0	0	0	0
1920	2	0	1	0

年份	水文站	水位站	雨量站	地下水站
1925	2	1	2	0
1930	3	3	2	0
1935	25	6	26	1
1940	33	6	33	1
1945	49	6	34	1
1950	60	10	35	2
1955	156	19	206	188
1960	288	26	420	201
1965	287	32	660	216
1970	280	35	870	226
1975	297	35	1 065	500
1980	336	46	1 776	1 205
1985	350	48	1 891	2 248
1990	347	51	1 925	2 191
1995	341	51	1 940	2 123
2000	346	55	1 952	1 929
2005	348	55	1 959	2 128

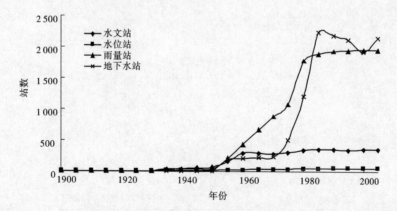

图 14-1 黄河流域历年水文测站数量统计图

随着国民经济的发展和对水文规律认识的不断提高,水文站网还要适时地进行分析、论证、调整和充实,使之更加完善,在不久的将来建成一个布局合理、密度适当、配套齐全、能比较全面控制黄河流域河流、水库水文特性,地表水、地下水、水质监测相结合,大、中、小河流站点相结合,水量、水质相配套,基本站和专用站有机组合的完整高效的黄河流域水文站网体系。

14.7　非水文部门水文站网建设

　　经初步统计分析,非水文部门水文站网(水文站、水位站、雨量站、水质站、地下水站、墒情站、蒸发站)是对国家基本水文站网的有益补充。水文站部门设立的基本水文站网是承担社会水文公共任务的主体。

　　从统计分析得知,黄河流域非水文部门水文站网大多由水利部门为农田灌溉监测设立,工程管理部门为工业引水量监测和水库传递雨水情信息设立,地方水资源办公室为地区间分析出入境水量、分析泉水的动态变化和分析水文变化规律而设立。

　　黄河流域目前有非水文部门水文站 42 处、水位站 21 处、雨量站 9 处、水质站 40 处、地下水站 1 061 处,墒情站未予统计,报汛站 39 处。非水文部门水文站网与国家基本水文站网没有重复设置现象,是对国家基本水文站网的有益补充。

第 15 章　水文站网体系

黄河流域水文机构是流域水文工作的主管部门,负责黄河流域水文站网的规划、建设和运行。其他部门如气象部门和国土资源部门等,也建设了一定数量的水文测站。限于条件,对其他部门水文测站所做调查仅为不完全统计调查,在第 14 章中作了简要评价。本章及以后各章站网评价主要针对黄河流域水文机构管理的水文站网。

15.1　水文站网结构

水文测站是在河流上或流域内设立的按一定技术标准经常收集和提供水文要素的各种水文观测现场的总称。按目的和作用分为基本站、实验站、专用站和辅助站。基本站是为综合需要的公用目的,经统一规划而设立的水文测站。基本站应保持相对稳定,在规定的时期内连续进行观测,收集的资料应刊入水文年鉴或存入数据库。实验站是为深入研究某些专门问题而设立的一个或一组水文测站,实验站也可兼作基本站。专用站是为特定目的而设立的水文测站,不具备或不完全具备基本站的特点。辅助站是为帮助某些基本站正确控制水文情势变化而设立的一个或一组站点。辅助站是基本站的补充,弥补基本站观测资料的不足。计算站网密度时,辅助站不参加统计。

水文测站按观测项目可分为流量站(通常称做水文站)、水位站、泥沙站、雨量站、水面蒸发站、水质站、地下水观测井。流量站(水文站)均应观测水位,有的还兼测泥沙、降水量、水面蒸发量与水质等,水位站也可兼测降水量、水面蒸发量。这些兼测的项目,在站网规划和计算布站密度时,可按独立的水文测站参加统计。在站网管理和刊布年鉴时,则按观测项目对待。

水文站网是在一定地区,按一定原则,用适当数量的各类水文测站构成的水文资料收集系统。由基本站组成的水文站网是基本水文站网。把收集某一项水文资料的水文测站组合在一起,则构成该项目的站网,如流量站网、水位站网、泥沙站网、雨量站网、水面蒸发站网、水质站网、地下观测井网等。

一个水文测站往往观测多个水文要素,因此在地理空间上按一个站设计的包含多个观测项目的水文测站,又可分解为同一地理位置上多个按观测项目统计的水文测站。基于此,水文上习惯按独立站和观测项目站两种口径统计,前者反映实有测站的建设规模,后者反映站网对水文要素把握的能力。按观测项目统计的测站数大于等于按独立站统计的站数。

全流域现有各类测站见表 15-1、表 15-2。

表 15-1 黄河流域按独立站统计的站网构成 （单位:处）

序号	水系名称	水系码	领导机关	水文站	水位站	雨量站	水质站	地下水站	墒情站
1	黄河干流	401	黄委、内蒙古	38	51	0	22	10	0
2	黄河上游区上段	402	黄委、青海、甘肃、四川	22	0	75	3	34	0
3	洮河	403	甘肃	13	0	23	0	0	0
4	湟水	404	黄委、青海	22	0	68	14	13	1
5	黄河上游区下段	405	宁夏、内蒙古	84	2	249	8	620	12
6	黄河中游区上段	406	黄委、内蒙古、陕西、山西	34	1	282	18	1	2
7	窟野河	407	黄委、内蒙古、陕西	7	0	45	0	8	0
8	无定河	408	黄委、内蒙古、陕西	11	0	81	1	33	0
9	黄河中游区下段	409	黄委、陕西、山西、河南	6	1	93	16	135	5
10	汾河	410	黄委、山西	37	0	204	31	462	2
11	渭河	411	黄委、甘肃、陕西	37	10	233	12	287	0
12	泾河	412	黄委、甘肃、陕西	31	0	191	8	63	0
13	北洛河	413	陕西	8	1	71	0	62	0
14	黄河下游区	414	黄委、山西、河南、山东	11	4	112	12	161	13
15	大汶河	415	山东	30	6	47	42	83	0
16	伊洛河	416	黄委、陕西、河南	16	0	125	29	60	11
17	沁河	417	黄委、山西、河南	9	0	60	8	96	1
	合计			416	76	1 959	224	2 128	47

表 15-2　按观测项目统计的全流域水文站网构成 　　　　　(单位:处)

序号	水系名称	水系码	流量站	水位站	雨量站	蒸发站	水质站	泥沙站	地下水站
1	黄河干流	401	34	79	34	12	42	32	10
2	黄河上游区上段	402	28	24	95	17	10	10	36
3	洮河	403	14	14	34	11	3	2	0
4	湟水	404	26	22	87	19	30	17	21
5	黄河上游区下段	405	100	86	291	27	42	39	621
6	黄河中游区上段	406	33	34	316	10	27	12	1
7	窟野河	407	7	7	52	4	0	2	8
8	无定河	408	12	12	92	4	2	5	33
9	黄河中游区下段	409	12	15	100	2	19	7	136
10	汾河	410	40	43	229	8	48	25	462
11	渭河	411	39	43	272	20	19	30	287
12	泾河	412	34	34	220	12	19	25	63
13	北洛河	413	10	10	78	5	3	8	62
14	黄河下游区	414	13	15	124	2	18	7	162
15	大汶河	415	40	40	58	5	53	4	87
16	伊洛河	416	27	27	141	8	40	14	60
17	沁河	417	11	11	67	1	14	7	96
合计			480	516	2 290	167	389	246	2 145

15.2　流量(水文)站网

　　流量(水文)站根据目的和作用、控制面积大小及重要性等进行分类。

15.2.1　基本站、辅助站、专用站和实验站

　　以目的和作用为标准,水文站可分为基本站、实验站、辅助站和专用站。站类构成见表 15-3。

表 15-3　流量站分类情况

分类标准	类别划分			
目的和作用	基本站	辅助站	专用站	实验站
控制面积大小和作用	大河站	区域代表站	小河站	平原水网站
重要性	国家级重要站	省级重要站		一般站

需要指出的是,根据《水文站网规划技术导则》(SL 34—92),辅助站是为帮助某些基本站正确控制水文情势变化而设立的一个或一组站点,计算站网密度时辅助站一般不参加统计。本次评价根据黄河流域水文测站的实际情况,进一步把辅助站划分为枢纽式辅助站和一般辅助站。枢纽式辅助站主要指,由于水利工程导致主河道流量分散,需要通过一组辅助断面,协助合成流量,即一站多断面情况,其本身并不具有独立的水文资料收集功能;一般辅助站主要指,为了弥补基本站在空间分布的不足而设立的一些短期观测站,目的是为了建立与基本站的关系,推求水文情势的时空分布,或推求水网地区水量平衡。在我国一般辅助站多属后者。

基本站是为综合需要和公用目的服务,其数量应在动态发展中保持相对稳定,在规定的时期内连续进行观测,收集的资料应刊入水文年鉴。辅助站是为帮助某些基本站正确控制水文情势变化而设立的一个或一组站点/断面,其水文资料的主要作用是对基本站资料的补充。专用站是为特定目的而设立的水文测站,不具备或不完全具备基本站的特点。实验站是为深入研究专门问题而设立的一个或一组水文测站,实验站也可兼做基本站。

本次评价以 5 年为一个单元,统计新中国成立以来各年度的基本站数、枢纽辅助站(断面)数、一般辅助站(断面)数、专用站数和实验站数。统计得出:截至 2005 年,黄河流域共有基本水文站 348 处、枢纽辅助站 82 处、一般辅助站 74 处、专用站 4 处、实验站 3 处,各时间段各站类分布情况见表 15-4。在同一图内绘制各类测站(断面)随时间变化的曲线,见图 15-1。

表 15-4　黄河流域各年度水文测站统计　　　　　　　　　　　　(单位:处)

年份	基本站	枢纽辅助站	一般辅助站	专用站	实验站
1950	60	1	20	4	0
1955	156	5	34	9	2
1960	288	14	41	14	6
1965	287	30	37	10	3
1970	280	35	52	11	4
1975	297	47	61	7	4
1980	336	55	81	8	4
1985	350	55	78	6	4
1990	347	58	69	5	3
1995	341	64	73	4	3
2000	345	82	71	4	3
2005	348	82	74	4	3

15. 2. 1. 1　基本站

基本站是现行站网中的主体。从经济的角度看,由于运行经费的限制,在基本站相对稳定的情况下,可以通过设立相对短期的一般辅助站,与长期站建立关系,来达到扩大资

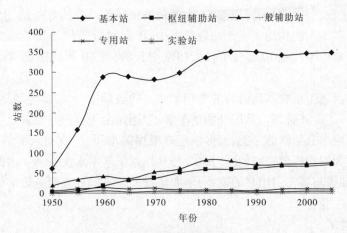

图 15-1　黄河流域水文测站变化趋势图

料收集面的目的。目前,黄河流域共有基本水文站 348 处,在流域水文站网中占有绝对主导地位。

新中国成立前,全流域的水文站仅 60 处。新中国成立后,国家高度重视防洪抗旱工作及水利事业的发展,逐步设立了大量的基本水文站。至 1960 年,全面展开了各项水文要素的监测工作,基本水文站数量从 60 处猛增到 288 处,是黄河流域水文站网建设的第一个高峰期。20 世纪 60、70 年代,由于受"文化大革命"的影响,基本水文站发展较慢,甚至有部分基本水文站降级乃至停测。"文化大革命"结束以后,随着我国改革开放事业与经济发展的需要,水文站网发展迎来了第二个高峰期,基本水文站数量大量增加,且测验条件也得到很大改善,至 1985 年,基本水文站数量达到历史最高的 350 处。1985 年后,受人类活动影响日益严重,部分测站已失去功能,又无经费进行迁建,为此进行了必要的调整(降级或撤销),同时对部分已按设站目的完成资料收集分析任务的小河站实施了撤销、降级。因此,1985 年后的 15 年内,基本水文站数量持续小幅下降。进入 21 世纪,这种局面有所改变,一些新的基本水文站逐步建立,以满足黄河流域经济社会发展的新需要。

15.2.1.2　辅助站

至 2005 年,黄河流域共有辅助水文站 156 处,占基本站的 44.8%,其中,枢纽辅助站 82 处、一般辅助站 74 处。从全流域来看,随着我国水利工程的大规模建设,相应的枢纽辅助站大量建立,以至于枢纽辅助站的数量远远超过一般辅助站,实际上是一种用于减小水利工程影响被迫采取的方式,而真正具有分析水文要素时空分布价值的一般辅助站则显不足。由于后者投资少、设置灵活、观测期短,是弥补基本水文站不足的一种有效方式,应引起水文工作者的关注,注意加强建设并分析与基本站的关系。

枢纽辅助站的发展基本与水利工程建设速度同步,而一般辅助站的发展则相对平缓,只是在 2000 年以后才有了较大的增幅,主要分布在黄河干流和重要支流。

15.2.1.3　专用站

至 2005 年,黄河流域由水文部门负责管理的专用水文站 4 处,占全部 348 处水文站的约 1.1%。由于专用站的特性,其增减、调整和对观测项目及质量的要求时有变动。一些为水利工程建设、防洪测报、河道整治、水库观测试验等设立的专用站,由于需要长期观测,实际上起着基本站的作用。专用站数量虽少,但其发展历程与基本水文站相似,在经历了20世纪五六十年代和70年代的较大幅度增长后,在70年代达到顶峰,其后逐步小幅减少。

目前,黄河流域由水文部门管理的专用水文站的数量很少,很多专用站由其他部门根据自身需要自行建设并管理。从国外的情况看,专用站由于直接与服务对象挂钩,需求明显,是水文站网内十分活跃的一类,大多由用户根据需求设立,交由水文部门进行专业管理,水文部门在为用户提供资料的同时也为公共积累了基本水文资料。因此,黄河流域水文部门应注重加强与各部门用户的联系,争取增设适应不同社会服务需求的专用站,同时能完善基本水文站网。

15.2.1.4 实验站

自20世纪50年代开始,黄河流域逐步设立水文实验站,主要有径流、蒸发、地下水、水资源和泥沙实验站等。到60年代,实验站达到历史最高的6处,随后由于经费的原因,实验站数量逐渐减少。至2005年,我国仅存实验站3处(其中2处与基本站重复),占基本站的0.9%。在近20多年里,由于人类活动、城市化以及气候变化等因素,很多区域的产汇流和三水转换规律已发生巨大变化,迫切需要通过实验站建设开展新的试验研究。

从现有的各类测站数量来看,除基本站稍能满足主要功能,需局部增设外,其余无论是辅助站对基本站资料的补充、水量平衡算水账、专用的特定对象水文资料服务和社会需求,以及实验站的专项研究需要,数量都明显偏少。随着水资源管理、水环境保护和社会各有关部门对水文资料需求的不断扩大,应在稳定发展基本站的基础上,扩大辅助站,特别是专用站和实验站,以满足水利工程建设、水资源管理和社会对水文资料的需求。

15.2.2 大河站、区域代表站、小河站

水文站按所控制面积大小可分为大河站、区域代表站、小河站。另外,位于平原水网区的水文站称为平原区水文站,黄河流域无平原水网区水文站。

控制面积为3 000~5 000 km^2 以上大河干流上的流量站为大河站。大河站采用直线原则布站,以满足沿河长任何地点各种径流特征值的内插。干旱区在300~500 km^2 以下、湿润区在100~200 km^2 以下的小河流上设立的流量站,称为小河站。集水面积处于大河站和小河站之间的,称为区域代表站。

根据统计,黄河流域现设有大河控制站103处、区域代表站154处、小河站124处,分别占总测站数的27.0%、40.5%、32.5%。

15.2.2.1 大河站

黄河流域现有的103处大河站,一般设立年份较长,经历次调整,测站布设基本合理。各站控制情况,符合《水文站网规划技术导则》(SL 34—92)中"任何两站之间,正常年径流或相当于防汛标准的洪峰流量递变率,以不小于10%~15%来估计布站数目的上限"的规定。

15.2.2.2 区域代表站

区域代表站是为收集区域水文资料而设立的,应用这些站的资料,进行区域水文规律

分析,解决无资料地区水文特征值内插需要,区域代表站的分析就是验证水文分区的合理性、测站的代表性、各级测站布设数量是否合理,能否满足分析区域水文规律内插无资料地区各项水文特征值的需要。

黄河流域区域代表站的数目按《水文站网规划技术导则》(SL 34—92)要求,分区、分类、分级确定。现共有区域代表站154处,各分区现有站数基本满足《水文站网规划技术导则》(SL 34—92)的指标要求。但山区水文站网密度低于容许最稀站网密度,不满足要求,需增加布站和进行调整。

15.2.2.3 小河站

小河站的布设主要进行产汇流分析,推求各种地理类型的水文规律。黄河流域山区特点复杂,划分标准不同,总体上按照分区、分类、分级的原则进行布站。

黄河流域现有小河站124处,占站网的32.5%。按我国35%的比例要求,流域内现有站网还不能满足收集小面积暴雨洪水资料,探索产汇流参数在地区上和随下垫面变化的规律的要求。根据流域防汛及水资源管理的要求,依据现状,急需在以后的水文站网规划中逐步补充站网,增加一些小河站数量,以探求流域产汇流特性,更好地为水资源利用服务。

黄河流域水文站统计见表15-5。

表 15-5　黄河流域水文站统计　　　　　　　　　　　　(单位:处)

序号	单位名称	2005 年按河道性质划分				2005 年按重要性划分		
		大河站	区域代表站	小河站	平原水文站	国家级重要水文站	省级重要水文站	一般水文站
1	青海	15	14	6	0	16	10	9
2	四川	1	1	0	0	2	0	0
3	甘肃	24	30	11	0	23	10	31
4	宁夏	5	9	32	0	7	22	2
5	内蒙古	5	24	18	0	5	17	25
6	陕西	23	37	13	0	19	32	22
7	山西	11	23	18	0	10	11	28
8	河南	11	12	5	0	13	12	2
9	山东	8	4	21	0	10	5	5
	合计	103	154	124	0	105	119	124

15.2.3　国家级重要水文站、省级重要水文站和一般水文站

15.2.3.1　各种类型水文站划分标准

1)国家级重要水文站的标准

(1)向国家防汛抗旱总指挥部传递水文情报的大河站。

（2）流域面积大于 1 000 km² 的出入境河流的把口站。

（3）集水面积大于 10 000 km²，且正常年径流量大于 3×10^8 m³；集水面积大于 5 000 km²，且正常年径流量大于 5×10^8 m³；集水面积大于 3 000 km²，且正常年径流量大于 10×10^8 m³；正常年径流量大于 25×10^8 m³。

（4）库容大于 5×10^8 m³ 的水库水文站；库容大于 1.0×10^8 m³，且下游有重要城市、铁路干线等，对防汛有重要作用的水库水文站。

（5）对防汛、水资源勘测评价、水质监测等有重大影响和位于重点产沙区的特殊基本水文站。

2）省级重要水文站标准

（1）大河控制站。

（2）向国家防汛抗旱总指挥部、流域、省（自治区、直辖市）报汛部门报汛的区域代表站。

（3）对防汛、水资源勘测评价、水质监测等有较大影响的基本水文站。

一般水文站是指未选入国家级和省级重要水文站的其他基本水文站。

15.2.3.2　基本情况

按以上划分要求，经统计，黄河流域现有国家级重要水文站 105 处，占基本水文站网的 30%；省级重要水文站 119 处，占基本站网的 34.2%；一般水文站 124 处，占基本站网的 35.6%。

15.2.3.3　站网存在问题

黄河流域水文站网经过历次调整，布局基本合理，但由于水利工程不断兴建，整个社会对水文工作要求越来越高，流域内大部分区域的国家级重点站和省级重点站布设数量偏少，或需要进行级别调整，站网中国家级重要水文站和省级重要水文站需进一步发展，才能使水文站网的布设较为科学合理，满足生态环境保护及水资源开发利用等经济和社会发展对水文的需求。

（1）站网严重不足，还有部分地区为水文空白区，无法收集到应有的暴雨洪水、水文水资源信息，不能满足防洪和水资源管理的需要，也满足不了国民经济发展对水文工作的要求。

（2）部分重要防洪区水文站不足，报汛站点稀少，不能满足防洪要求。

（3）大部分水文站控制流域受人类活动影响严重，各水文站实测径流量占天然径流量的比重日渐减少，而"还原"水量又缺乏足够的精度保证。

（4）平原地区特别是引黄灌溉区，一是水利工程影响更为严重；二是河渠串通，主客水混杂，水系紊乱，流域界限不清，改变了天然径流规律。特别是枯季，径流量很小（一般为年径流量的 15% ~20%），而客水量很大，用现行的委托观测等方法收集的资料精度不能满足计算天然径流量的需要。

因此，流域内站网需要根据当前水利化的影响改变站网布设原则和水文服务方向。

15.3　泥沙站网

泥沙测验项目根据泥沙的运动特性可以分为悬移质、沙质推移质、卵石推移质和床沙等4类,每一类别根据其测验和分析内容又可分为输沙率测验和颗分测验。一般来说,悬移质泥沙是全国主要的泥沙测验项目,颗分项目一般依附于输沙率项目(见表15-6)。

表15-6　泥沙站分类情况

分类标准	类别划分			
泥沙运动特性	悬移质	沙质推移质	卵石推移质	床沙
测验和分析内容	输沙率		泥沙颗分	

全流域现有泥沙站246处,其中进行泥沙颗分的119处。泥沙站占基本水文站流量断面的比例较高,达到51.3%(全国平均为32.7%),这是由黄河流域河流泥沙问题比较突出的现状决定的。泥沙站中,有48.4%的测站进行泥沙颗粒分析(见表15-7)。

表15-7　泥沙站统计

序号	水系名称	水系码	输沙率站	颗分站	颗分站占输沙率站的比例(%)	基本站流量断面	泥沙站占流量断面的比例(%)
1	黄河干流	401	32	27	84.4	34	94.1
2	黄河上游区上段	402	10	1	10.0	28	35.7
3	洮河	403	2	0	0	14	14.3
4	湟水	404	17	3	17.6	26	65.4
5	黄河上游区下段	405	39	5	12.8	100	39.0
6	黄河中游区上段	406	12	12	100	33	36.4
7	窟野河	407	2	4	200	7	28.6
8	无定河	408	5	7	140	12	41.7
9	黄河中游区下段	409	7	1	14.3	12	58.3
10	汾河	410	25	14	56.0	40	62.5
11	渭河	411	30	17	56.7	39	76.9
12	泾河	412	25	12	48.0	34	73.5
13	北洛河	413	8	5	62.5	10	80.0
14	黄河下游区	414	7	0	0	13	53.8
15	大汶河	415	4	0	0	40	10.0
16	伊洛河	416	14	5	35.7	27	51.9
17	沁河	417	7	6	85.7	11	63.6
	合计		246	119	48.4	480	51.3

注:泥沙站按输沙率站统计。

各水系中,黄河干流、泾河、渭河、汾河等泥沙问题比较严重的水系泥沙站的比重较大,而大汶河等泥沙较少的水系河流则比重较小。

15.4　水位站网

水位站根据其独立性可分为水文站的水位观测项目和独立水位站两类。黄河流域现有水位站516处,其中水文站的水位观测项目共有461处,独立水位站55处(见表15-8)。

表 15-8　黄河流域水位站统计　　　　　　　　　　　　　　　(单位:处)

序号	水系名称	水系码	水文站水位观测项目	独立水位站	合计
1	黄河干流	401	34	45	79
2	黄河上游区上段	402	24	0	24
3	洮河	403	14	0	14
4	湟水	404	22	0	22
5	黄河上游区下段	405	84	2	86
6	黄河中游区上段	406	33	1	34
7	窟野河	407	7	0	7
8	无定河	408	12	0	12
9	黄河中游区下段	409	14	1	15
10	汾河	410	43	0	43
11	渭河	411	39	4	43
12	泾河	412	34	0	34
13	北洛河	413	10	0	10
14	黄河下游区	414	13	2	15
15	大汶河	415	40	0	40
16	伊洛河	416	27	0	27
17	沁河	417	11	0	11
合计			461	55	516

从全流域来看,水文站的水位观测项目与独立水位站的比例大致为8:1,黄河干流水位站比重较大(数量超过干流水文站),多数水系没有独立水位站。

15.5　雨量站网

黄河流域现有雨量站2 290处,其中独立雨量站有1 959处,与水文站、水位站结合的雨量站有331处(见表15-9)。

从雨量站与水文站比率来看,黄河流域为6.8,即平均1处水文站对应6.8处雨量站,高于全国平均水平(全国平均为5.6),比例关系基本合适。世界气象组织认为,平均

1 处水文站应至少对应 2 处雨量站。美国水文站与雨量站的比例关系为 7.1,黄河流域的 6.8 与美国较接近。但黄河上下游、东西部分布不均的问题依然突出,站网规模还需要进一步发展。

相对于全国平均值和流域平均值来说,黄河中游区下段、北洛河、黄河下游区是流域主要暴雨区,水文站与雨量站比率均超过 10。区内山地较多,降雨量大,汇流速度快,从水文预报角度看,雨量站配比程度高是合适的。另外,黄河流域部分区域内降雨量较少,大部属半干旱半湿润或干旱半干旱气候带内,雨量站网需要进一步优化。

表 15-9　黄河流域雨量站构成

序号	水系名称	水系码	水文站雨量观测项目	水位站雨量观测项目	独立雨量站	雨量站合计	雨量站与水文站比率
1	黄河干流	401	32	2	0	34	0
2	黄河上游区上段	402	20	0	75	95	3.8
3	洮河	403	11	0	23	34	2.1
4	湟水	404	19	0	68	87	3.6
5	黄河上游区下段	405	41	1	249	291	6.1
6	黄河中游区上段	406	33	1	282	316	8.5
7	窟野河	407	7	0	45	52	6.4
8	无定河	408	11	0	81	92	7.4
9	黄河中游区下段	409	6	1	93	100	15.5
10	汾河	410	25	0	204	229	8.2
11	渭河	411	36	3	233	272	6.5
12	泾河	412	29	0	191	220	6.6
13	北洛河	413	7	0	71	78	10.1
14	黄河下游区	414	11	1	112	124	10.2
15	大汶河	415	11	0	47	58	4.3
16	伊洛河	416	16	0	125	141	7.8
17	沁河	417	7	0	60	67	8.6
	合计		322	9	1 959	2 290	6.8

15.6　蒸发站网

黄河流域现有蒸发站 167 处,其中与水文站结合的蒸发站 151 处,与水位站结合的蒸发站 0 处,与雨量站结合的蒸发站 15 处,独立蒸发站仅 1 处(巴彦高勒蒸发实验站)(见表 15-10)。

表 15-10　黄河流域蒸发站统计　　　　　　　　　　　(单位:处)

序号	水系名称	水系码	水文站蒸发项目	水位站蒸发项目	雨量站蒸发项目	独立蒸发站	合计
1	黄河干流	401	12	0	0	0	12
2	黄河上游区上段	402	17	0	0	0	17
3	洮河	403	10	0	1	0	11
4	湟水	404	16	0	3	0	19
5	黄河上游区下段	405	17	0	9	1	27
6	黄河中游区上段	406	10	0	0	0	10
7	窟野河	407	4	0	0	0	4
8	无定河	408	3	0	1	0	4
9	黄河中游区下段	409	2	0	0	0	2
10	汾河	410	8	0	0	0	8
11	渭河	411	19	0	1	0	20
12	泾河	412	12	0	0	0	12
13	北洛河	413	5	0	0	0	5
14	黄河下游区	414	2	0	0	0	2
15	大汶河	415	5	0	0	0	5
16	伊洛河	416	8	0	0	0	8
17	沁河	417	1	0	0	0	1
合计			151	0	15	1	167

15.7　水质站网

黄河流域共有水质站 389 处,其中与水文站、水位站结合的水质站有 165 处,独立水质站水文部门有 184 处、环保部门有 40 处。

与水文站结合的有 165 处水质站,结合率(43%)并不很高,水位站没有水质监测项目,应进一步在水文站、水位站上增设水质监测项目,将结合率提高。同时,根据水功能区保护目标和水污染分布,灵活设置独立的水质站。

水质站分布总的来说,流域内经济发达地区、污染较重地区水质站较密,见表 15-11。

表 15-11　水质站构成　（单位:处）

序号	水系名称	水系码	水文站水质项目	水位站水质项目	环保部门独立水质站	水文部门独立水质站	水质站合计
1	黄河干流	401	20	0	0	22	42
2	黄河上游区上段	402	7	0	0	3	10
3	洮河	403	3	0	0	0	3
4	湟水	404	16	0	0	14	30
5	黄河上游区下段	405	34	0	0	8	42
6	黄河中游区上段	406	9	0	0	18	27
7	窟野河	407	0	0	0	0	0
8	无定河	408	1	0	0	1	2
9	黄河中游区下段	409	3	0	11	5	19
10	汾河	410	17	0	0	31	48
11	渭河	411	7	0	0	12	19
12	泾河	412	11	0	0	8	19
13	北洛河	413	3	0	0	0	3
14	黄河下游区	414	6	0	1	11	18
15	大汶河	415	11	0	8	34	53
16	伊洛河	416	11	0	20	9	40
17	沁河	417	6	0	0	8	14
	合计		165	0	40	184	389

15.8　地下水站网

黄河流域有地下水站 2 145 处,其中与水文站结合的地下水站有 17 处,独立地下水站有 2 128 处,详见表 15-12。

从单站控制面积看,人口密集的汾河、大汶河站网密度相对较高,渭河、黄河下游区等人口面积、农业发达地区站网密度也较高;黄河上游区上段、黄河中游区上段等人口稀少、农业落后区站网密度较低,单站控制面积超过 5 000 km²;洮河水系没有地下水站。

表 15-12　地下水站构成　　　　　　　　　　　　　　　　（单位:处）

序号	水系名称	水系码	水文站 地下水项目	水位站 地下水项目	独立 地下水站	合计
1	黄河干流	401	0	0	10	10
2	黄河上游区上段	402	2	0	34	36
3	洮河	403	0	0	0	0
4	湟水	404	8	0	13	21
5	黄河上游区下段	405	1	0	620	621
6	黄河中游区上段	406	0	0	1	1
7	窟野河	407	0	0	8	8
8	无定河	408	0	0	33	33
9	黄河中游区下段	409	1	0	135	136
10	汾河	410	0	0	462	462
11	渭河	411	0	0	287	287
12	泾河	412	0	0	63	63
13	北洛河	413	0	0	62	62
14	黄河下游区	414	1	0	161	162
15	大汶河	415	4	0	83	87
16	伊洛河	416	0	0	60	60
17	沁河	417	0	0	96	96
	合计		17	0	2 128	2 145

15.9　水文站网裁撤、搬迁情况

　　新中国成立以来至 2005 年,黄河流域先后共裁撤水文站 287 处,其中完成建站任务的有 119 处,占裁撤站总数的 41.5%;受水利工程影响搬迁裁撤的有 42 处,占裁撤站总数的 14.6%;由于环境变化不符合施测条件的有 20 处,占裁撤站总数的 7%;受经费限制而裁撤的有 41 处,占裁撤站总数的 14.3%;情况不明的有 63 处,占裁撤站总数的 22%。以上裁撤站总数中水文资料仍可使用的有 169 处,占裁撤站总数的 58.9%。

　　总的看来,有 41.5% 的裁撤站完成它的使命,是应该撤销的,除 7% 站情况不明外,在所裁撤的测站中有 58.9% 的测站资料是连续的,可以满足不同要求的水资源评价、水利水电工程规划设计等国民经济和社会发展的需要。还有部分站迁去迁来最后还是原来的站,并不影响资料应用。说明这些测站虽然被裁撤,但资料仍具有宝贵的应用价值。

　　因此,黄河流域被裁撤的水文站大多数是属于主动、正常必要的调整。详情见表 15-13。

表 15-13　黄河流域水文站网裁撤调整情况统计　　　　　（单位:处）

序号	单位名称	已达设站目的/站网调整	水利工程影响失去代表性	环境变化不符合施测条件或失去代表性	经费困难	移交其他部门	情况不明	小计	其中水文资料仍可使用的站数
1	青海	4	0	1	7	1	1	14	14
2	四川	0	0	0	0	0	0	0	0
3	甘肃	13	1	2	0	1	3	20	12
4	宁夏	36	15	9	6	0	6	72	28
5	内蒙古	12	3	1	0	0	3	19	14
6	陕西	12	15	0	0	0	7	34	20
7	山西	31	3	3	1	0	43	81	43
8	河南	0	2	2	0	0	0	4	4
9	山东	11	3	2	27	0	0	43	34
	合计	119	42	20	41	2	63	287	169

15.10　具有一定资料系列长度的水文站数的变化趋势

15.10.1　基本情况

建站历史悠久、拥有长期系列资料的水文测站,是水文站网的一笔宝贵财富。在黄河流域站网密度仍然比较稀疏的现阶段,以一定数量的长期站为依托,辅以一定数量和适时更新的中期站,并有能够持续增加的短期站做补充(向中长期站过渡),是水文站网中不同资料长度水文站数的理想构成模式。

因此,在站网评价中,需要分析水文站网中不同资料长度水文站数的构成及其变化趋势,黄河流域各年度不同资料系列长度水文测站变化情况统计见表 15-14。

15.10.2　分析方法

分析黄河流域辖区内实际的站网构成情况。具体做法如下:

(1)以过去各时段内在本辖区进行过测验和观测的水文站,即包括裁撤站在内的所有水文站为分析对象。

(2)横坐标为时间(年份),起始年为 1910 年,截止年为 2005 年,每个时间间隔为 5年;纵坐标为各资料长度系列的水文站数,资料长度以 20 年为一个区间,按资料长度统计60 年以上、41～60 年、21～40 年、20 年以下资料长度系列站数,分为长期、中长期、中期、中短期四段。

表 15-14　黄河流域各年度不同资料系列长度水文测站变化情况统计

设站年份	各年度累计水文站数				合计
	>60 年	41~60 年	21~40 年	≤20 年	
1910	0	0	0	0	0
1915	0	0	0	0	0
1920	0	0	0	2	2
1925	0	0	0	2	2
1930	0	0	0	3	3
1935	0	0	0	25	25
1940	0	0	2	31	33
1945	0	0	2	47	49
1950	0	0	3	57	60
1955	0	0	17	139	156
1960	0	1	29	258	288
1965	0	1	37	249	287
1970	0	2	43	235	280
1975	0	13	91	193	297
1980	1	26	177	132	336
1985	1	34	192	123	350
1990	2	40	196	109	347
1995	13	85	162	81	341
2000	25	163	109	48	345
2005	34	179	103	32	348

（3）根据每个水文站的设站日期，统计截止到每个时间坐标点时，满足建站 60 年以上、41~60 年、21~40 年、20 年以下的站数，绘制各类站数 1950~2005 年具有一定长度系列资料水文站随时间变化的曲线，分析水文站网中不同资料长度水文站数的构成及其变化趋势，见图 15-2。

图 15-2 显示了拥有 20 年以下、21~40 年、41~60 年资料系列的水文站数目随时间变化情况。可以看到，黄河流域在 20 世纪 50~60 年代时，资料系列在 20 年以下的水文站数增长率很大，表明在这 10 年里大量新的水文站的启动。但在随后的 10 年中增长又变缓慢，从 70 年代后急降，此时资料系列在 21~40 年的水文站在 70~90 年代开始快速增长，这表示从 70 年代开始，新水文站的建设越来越少，而原先在 50~60 年代建成的水文站开始逐渐成为中长期站。在站网基本骨架建成后，这种变化是正常的。但是过快的跌速则引人堪忧，暴露出站网受正常调整发展之外的因素的干扰，如经费层面的问题等。从

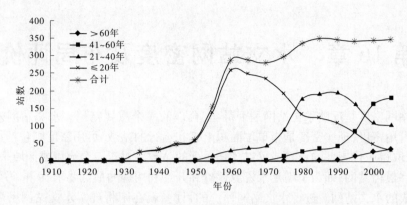

图 15-2　1910～2005 年具有一定长度系列资料水文站变化情况

20 世纪 90 年代开始,21～40 年资料长度的水文站也开始转跌,并且跌幅很大,进一步显示在站网中新水文站所占比例的严重下降。而同时,41～60 年资料长度的水文站一直在增加,这表明黄河流域现行水文站网主要依靠老水文站在维持着。

15.10.3　情况分析

黄河流域水文站网的发展与我国水文站网发展的趋势基本一致,从 20 世纪 80 年代至今,总数在缓慢下降中逐渐趋于稳定,基本水文站现维持在 470 处左右,水位站维持在 54 处左右,降水站维持在 2 000 处左右,这说明了投资基数的基本稳定,但也显示了这个基数仅能维持现有站网,不能提供进一步发展的动力。

15.10.4　调整建议

长期水文站的持续运行将对水文评价提供有价值的历史资料,但是受限于它们当时的设站目的,在满足今天新增的水文资料的需求方面,这种站网布局显然会存在一定的缺陷。此外,新设水文站越来越少,站网发展迟滞不前,导致流域水文信息的采集面难以扩大,而近十几年以及未来几年经济的快速发展,人类活动的加剧,以及土地利用系数的提高,都需要更密空间尺度上的水文信息的提供,这种供需缺口所产生的影响将是十分深远的,老水文站明显已经满足不了当今社会对水文资料的需求。所以,应该对老水文站进行检验,再根据检验的结果,对老水文站的裁撤与否进行判定。

第16章 水文站网密度及布局评价

水文站网密度是反映水文站网是否科学、合理的一个重要指标。水文站网密度分现实密度和可用密度,现实密度是指单位面积上正在运行的站数,可用密度则包括虽已停止运行,但已取得有代表性的资料或可以延长系列的站数。对于一个流域或区域来说,首先应建成容许最稀站网,即为了满足水资源评价和开发利用等的最低要求,由起码数量的水文测站组成的水文站网。进行水文站网评价的目的,就在于将现实水文站网密度与容许最稀站网密度进行分析比较,评价现实水文站网密度的满足程度。

16.1 水文站网密度评价标准

黄河流域本次站网评价,根据世界气象组织(WMO)有关容许最稀站网密度的推荐意见,以及《水文站网规划技术导则》(SL 34—92)有关规定,依据地形、气候条件及经济发展水平,按项目进行站网评价。

16.1.1 水文站、雨量站、蒸发站

世界气象组织(WMO)关于水文(流量)站、雨量站、蒸发站容许最稀站网密度见表16-1。

表16-1 WMO 关于水文(流量)站、雨量站、蒸发站容许最稀站网密度

地区类型	最稀站网密度(每站控制面积,km^2)		
	雨量站	水文站	蒸发站
温带、内陆和热带的平原区	600~900	1 000~2 500	50 000
温带、内陆和热带的山区	100~250	300~1 000	
干旱和极干旱地区(不含大沙漠)	1 500~10 000	5 000~20 000	30 000(干旱地区)和100 000(寒区)

从理论上讲,天然情况下山区地形起伏大,降雨量、河流流量的时空变化较平原区剧烈,因此站网密度应较平原区要求更高,如表16-1所示的那样。但实际中的情况往往是由于平原区经济发达、人口密集、水资源开发程度高,站网密度往往较高;而在山区,经济欠发达、人口稀少、交通闭塞、开发需求和设站条件都限制了站网密度的提高。因此,实际中平原区站网密度通常参照了表16-1中的一般情况密度,而山区站网密度往往对应于困难条件下的密度。

《水文站网规划技术导则》(SL 34—92)中,水文(流量)站最稀站网密度与WMO推荐标准一致。

雨量站进一步划分为面雨量站和配套雨量站。面雨量站应能控制月年降水量和暴雨特征值在大范围内的分布规律,要求长期稳定,对应于表16-1中的雨量站,《水文站网规

划技术导则》(SL 34—92)要求密度为 300 km^2 一站(荒僻地区可放宽)。配套雨量站一般与小河站及区域代表站进行同步观测,控制暴雨时空变化,求得足够精度的面平均雨量值。与面雨量站相比,要求有更高的站网密度,并配备自记仪器,详细记载降雨过程。

《水文站网规划技术导则》(SL 34—92)提出蒸发站一般按每 2 500 ~ 5 000 km^2 设一站,平原水网区可提高到每 1 500 km^2 一站。

16.1.2 泥沙站

WMO 关于泥沙站容许最稀站网密度如表 16-2 所示。

表 16-2　WMO 关于泥沙站容许最稀站网密度

地区类型	泥沙站在容许最稀水文(流量)站网中所占比例
干旱地区	30%
内陆地区	30%
温和湿润地区	15%

《水文站网规划技术导则》(SL 34—92)针对中国河流泥沙问题居全球之首的特点,在表 16-2 的基础上,调整提出了我国泥沙站在容许最稀水文(流量)站网的比例,见表 16-3。

表 16-3　《水文站网规划技术导则》(SL 34—92)关于泥沙站容许最稀站网密度

地区类型	泥沙站在容许最稀水文(流量)站网中所占比例
强侵蚀地区	60% ~ 90%
一般地区	30% ~ 60%
轻微侵蚀地区	15% ~ 30%

黄河流域泥沙站基本参照强侵蚀地区站网密度标准。

16.1.3 水质站

水质站网在容许最稀水文站网中所占比例:干旱地区 25%,湿润地区 5%,高度工业化地区所占比例应大大高于以上标准。

完整的水质站网应包括地表水水质站网和地下水水质站网两部分。黄河流域地下水水质监测起步较晚,据不完全统计,仅有约 20% 的地下水站观测水质项目,尚不构成网络,难以评价。所以,本次评价将仅对地表水水质站。

对地表水水质站而言,最稀站网是指观测天然河流的水化学性质的基本站网,与今天河流受人为污染而改变化学性质的概念完全不同。

WMO 推荐的水化学站网在容许最稀水文(流量)站网中所占比例为:干旱地区占 25%,湿润地区占 5%。

由于污染是人为造成的,污染源的出现和分布带有很大的不确定性,难以预测。此外,水质站是以断面水样采集点的形式出现的,成本低,设置简单灵活,根据需要,短时间可增加较多站点。因此,针对水体污染进行观测的水质站的密度很难提出。WMO 深知这一困难,在提出上述水化学站网密度标准的同时,也指出:在高度工业化地区,这些比例可能太低。

《水文站网规划技术导则》(SL 34—92)未提出关于水质站的密度标准。

为了弥补这一不足,本次评价根据全国已经完成的水功能区划规划提出:假设每个水功能区设一站,则为最稀水质站网。最稀站网密度平均标准即为:按一个水功能区划起码布设一站要求,平均一站控制的河长。

作为全流域进一步细化的水功能区数,实际上反映了一种相对充分的需求。作为最稀站网密度,应以最基本的国家级水功能区划为基础。

16.1.4 地下水站

WMO推荐的地下水井网密度分以下几种情况:

在未开发地区:在非常广阔的区域内,国家基本井网的观测井间的最大距离应不超过40 km,换言之,平均1 600 km² 设一处站,即每1 000 km² 布设0.6处站。在地下水埋深较小的潜水区,一般为5~20 km² 布设一处站,即每1 000 km² 布设200~50处站。

在对含水层进行大量开采或超量开采的地区:在有密集的灌溉和排水系统的区域内,应大大高于以上密度,必要时,每平方千米布设一处站。

黄河流域地下水开采在近年来大大加剧,尤其是中游地区,超采严重,但是井网建设并不配套,打井往往用于开采地下水,而具备基本观测井条件的并不多,很多情况下,不得不用生产井代替基本井。在水利部1996年颁布的《地下水监测规范》(SL/T 183—96)中,部分指标尚与WMO标准接近。限于实际情况,2005年修订的《地下水监测规范》(SL 183—2005),已经大幅度降低了有关密度指标,见表16-4。

表16-4 地下水位基本监测站布设密度　　　　　　(单位:眼/10³ km²)

基本类型区名称		监测站布设形式	开采强度分区			
			超采区	强开采区	中等开采区	弱开采区
平原区	冲洪积平原区	全面布设	8~14	6~12	4~10	2~6
	内陆盆地平原区		10~16	8~14	6~12	4~8
	山间平原区		12~16	10~14	8~12	6~10
山丘区	黄土台塬区	选择典型代表区布设	宜参照冲洪积平原区内弱开采区水位基本监测站布设密度布设			
	荒漠区					
	一般基岩山丘区					
	岩溶山区					
	黄土丘陵区					

表16-4给出了不同地质单元情况下,针对不同开采强度的分区基本井点布设密度,与WMO标准中未开发地区最稀站网密度比较,表16-4中的密度高于WMO标准"非常广阔区域"每1 000 km² 布设0.6处站的要求,但冲洪积平原区的密度远低于WMO标准中潜水区每1 000 km² 布设200~50处站的要求,更不能与WMO标准中需要加密井网地区的密度要求相比了。

本次地下水监测站网将主要根据表16-4进行评价。

16.2 水文站网密度及布局评价

黄河流域幅员辽阔,地理经纬度跨距大,地势西高东低,大尺度地形地貌独特、复杂。由于自然地理、气候环境的多样性、复杂性,社会经济、人文环境在区域上的较大差异,使得水文站网的宏观布局在区域空间上受地理、气候、经济发展水平与人类活动影响,形成了流域东部、中部地区水文站网比西部地区水文站网较密的客观格局。

16.2.1 水文站网

黄河流域面积 75.266 万 km^2(不含毛乌素沙漠),现有水文站 381 处(含非水文部门基本站),站网平均密度 1 975 km^2/站,黄河流域 2005 年水文站网密度情况统计见表 16-5,目前水文站网密度基本达到世界气象组织(WMO)推荐的容许最稀站网密度。但各区域因自然环境、地理位置和区域经济发展的不同,测站数量及密度均不同。

表 16-5 黄河流域 2005 年水文站网密度情况统计

序号	水系名称	水系码	单位名称	面积（km^2）	水文站	
					站数	平均密度（km^2/站）
1	黄河干流	401	黄委		34	0
2	黄河上游区上段	402	黄委、甘肃、青海、四川	192 714	22	8 760
3	洮河	403	甘肃	25 527	13	1 964
4	湟水	404	黄委、甘肃、青海	32 863	22	1 494
5	黄河上游区下段	405	黄委、宁夏、内蒙古	135 187	72	1 878
6	黄河中游区上段	406	黄委、内蒙古、陕西、山西	72 624	33	2 201
7	窟野河	407	黄委、内蒙古、陕西	8 706	7	1 244
8	无定河	408	黄委、内蒙古、陕西	30 261	11	2 751
9	黄河中游区下段	409	黄委、陕西、山西、河南	16 627	6	2 771
10	汾河	410	黄委、山西	39 471	25	1 579
11	渭河	411	黄委、甘肃、宁夏、陕西	62 440	37	1 688
12	泾河	412	黄委、甘肃、宁夏、陕西	45 421	31	1 465
13	北洛河	413	甘肃、陕西	26 905	8	3 363
14	黄河下游区	414	黄委、山西、河南、山东	22 868	11	2 079
15	大汶河	415	黄委、山东	8 633	26	332
16	伊洛河	416	黄委、陕西、河南	18 881	16	1 180
17	沁河	417	黄委、河南、山西	13 532	7	1 933
合计				752 660	381	1 975

从流域平均来看,黄河流域水文站网平均密度基本上满足世界气象组织(WMO)和《水文站网规划技术导则》(SL 34—92)规定的最稀站网密度要求,大部分地区站网密度高于标准要求,而个别地区,尤其是西部及边远地区(青海、甘肃、内蒙古等)站网密度则较低。从地域分布来看,站点分布不合理,部分水系测站集中,局部地区站点偏稀,少部分地区还存在空白区,由此计算的平均密度不具有参考价值,整体而言,山区站网密度偏低,需要加大山区水文站网的建设,提高山区水文站网密度。水文空白区需要设站。

16.2.2　泥沙站网

河流的含沙量和输沙量是反映一个地区水土流失的重要指标,泥沙对地表水资源的开发利用、航运、湖泊、水库等的寿命,都有很大的影响。黄河流域泥沙站网的布设原则如下:

(1)在干流沿线的任何地点,以内插年输沙量的误差不超过 ±(10% ~15%);

(2)在集水面积大于 5 000 km² 的一级支流布设泥沙站;

(3)根据侵蚀模数变化,对水土流失严重地区的主要河流及站点稀少地区布设泥沙站;

(4)基本流量站一般都兼作基本泥沙站。

黄河流域现有泥沙站 246 处,其中基本泥沙站 226 处,泥沙站网平均密度为 3 060 km²/站,黄河流域 2005 年泥沙站网密度情况统计见表 16-6。按照干旱地区、内陆地区泥沙站容许最稀水文站网中所占比例的 30% 计算,黄河流域泥沙站网平均占水文站达65%,满足标准要求。泥沙站网目前的布站数目符合《水文站网规划技术导则》(SL 34—92)的规定。

表 16-6　黄河流域 2005 年泥沙站网密度情况统计

序号	水系名称	水系码	单位名称	面积 (km²)	泥沙站 站数	泥沙站 平均密度 (km²/站)
1	黄河干流	401	黄委		32	0
2	黄河上游区上段	402	黄委、甘肃、青海、四川	192 714	10	19 271
3	洮河	403	甘肃	25 527	2	12 764
4	湟水	404	黄委、甘肃、青海	32 863	17	1 933
5	黄河上游区下段	405	黄委、宁夏、内蒙古	135 187	39	3 466
6	黄河中游区上段	406	黄委、内蒙古、陕西、山西	72 624	12	6 052
7	窟野河	407	黄委、内蒙古、陕西	8 706	2	4 353
8	无定河	408	黄委、内蒙古、陕西	30 261	5	6 052
9	黄河中游区下段	409	黄委、陕西、山西、河南	16 627	7	2 375
10	汾河	410	黄委、山西	39 471	25	1 579

序号	水系名称	水系码	单位名称	面积（km²）	泥沙站 站数	泥沙站 平均密度（km²/站）
11	渭河	411	黄委、甘肃、宁夏、陕西	62 440	30	2 081
12	泾河	412	黄委、甘肃、宁夏、陕西	45 421	25	1 817
13	北洛河	413	甘肃、陕西	26 905	8	3 363
14	黄河下游区	414	黄委、山西、河南、山东	22 868	7	3 267
15	大汶河	415	黄委、山东	8 633	4	2 158
16	伊洛河	416	黄委、陕西、河南	18 881	14	1 349
17	沁河	417	黄委、河南、山西	13 532	7	1 933
合计				752 660	246	3 060

从地域分配来看,除干流外,其余大部分水系还不能完全控制各河道的沙量变化,尤其在强侵蚀地区(山西、陕西及宁夏等地)。按60%~90%的流量站作为泥沙站的标准要求,现有泥沙站数量偏少,不能满足沙量计算和绘制悬移质泥沙侵蚀模数等值线图的需要,因此在地区分布上必须加以调整,应根据侵蚀模数的变化,对水土流失严重地区的主要河流及站点稀少地区的水文站网进行补充、调整,并增加泥沙观测项目。

16.2.3　雨量站网

黄河流域现有雨量观测站2 290处,流域内平均雨量站网密度为329 km²/站,黄河流域2005年雨量站网密度情况统计见表16-7,现有雨量站网平均密度基本达到世界气象组织推荐的容许最稀站网密度水平。

但从地域分布来看,站网分布很不均匀,局部地区站点较稀,个别水系站点集中(如青海省黄河流域共94处雨量站,其中81处设在占总面积10.6%的湟水水系,占总量的86.2%),另有部分地区存在大量空白区,还不能很好地控制降水的时空变化,不能完全满足降水量观测和控制面雨量的要求。

从流域整体分布来看,西部的青海、甘肃、内蒙古三个省(区)目前的站网密度低于流域平均密度,站点偏稀,尤其是内蒙古自治区整体低于标准要求。东部各省(区)则基本符合要求,但也存在着站点分布不合理的情况,例如:局部地区站点较稀,不能很好地控制降水的时空变化;高山区的雨量站点密度较低,不能完全控制雨量沿高程垂直变化等特性。

16.2.4　蒸发站网

黄河流域蒸发站布站以能掌握年、月蒸发量在面上的变化规律,尽量与水文站、水位站、雨量站结合为原则。按相对高程变化较大地区适当加密,平原地区可稍稀的原则进行布设,以满足面上流域蒸发计算的需要和研究水面蒸发的地区规律。

表 16-7 黄河流域 2005 年雨量站网密度情况统计

序号	水系名称	水系码	单位名称	面积（km²）	雨量站	
					站数	平均密度（km²/站）
1	黄河干流	401	黄委		34	0
2	黄河上游区上段	402	黄委、甘肃、青海、四川	192 714	95	2 029
3	洮河	403	甘肃	25 527	34	751
4	湟水	404	黄委、甘肃、青海	32 863	87	378
5	黄河上游区下段	405	黄委、宁夏、内蒙古	135 187	291	465
6	黄河中游区上段	406	黄委、内蒙古、陕西、山西	72 624	316	230
7	窟野河	407	黄委、内蒙古、陕西	8 706	52	167
8	无定河	408	黄委、内蒙古、陕西	30 261	92	329
9	黄河中游区下段	409	黄委、陕西、山西、河南	16 627	100	166
10	汾河	410	黄委、山西	39 471	229	172
11	渭河	411	黄委、甘肃、宁夏、陕西	62 440	272	230
12	泾河	412	黄委、甘肃、宁夏、陕西	45 421	220	206
13	北洛河	413	甘肃、陕西	26 905	78	345
14	黄河下游区	414	黄委、山西、河南、山东	22 868	124	184
15	大汶河	415	黄委、山东	8 633	58	149
16	伊洛河	416	黄委、陕西、河南	18 881	141	134
17	沁河	417	黄委、河南、山西	13 532	67	202
合计				752 660	2 290	329

截至 2005 年,黄河流域共有蒸发站 167 处,蒸发站网平均密度为 4 507 km²/站,根据世界气象组织(WMO)规定的最稀站网密度和《水文站网规划技术导则》(SL 34—92)的规定,基本达到最稀设站密度要求。但是与我国《水文站网规划技术导则》(SL 34—92)规定的水面蒸发站网密度"一般 2 500 ~ 5 000 km² 设一站"相比,站点分布不均,个别区域还达不到标准要求,例如,蒸发强度较大的青海、内蒙古、山西三省(区),站点严重偏稀,均低于标准和流域平均,详情见表 16-8。

从水系划分来看,许多水系均未达到蒸发站网密度要求,而且存在大量空白区。如宁夏全区只有引黄灌区达到设站密度要求,两个蒸发高值区六盘山和贺兰山各只有一个蒸发站,有些地区无蒸发站;如红柳沟、位于山西省的大清河和沁河两个水系等均为空白区。内蒙古的山区只有一个蒸发站等。因此,蒸发站网应进行适当调整,特别是增补空白区的蒸发站,以满足面上流域蒸发计算的需要和研究水面蒸发的地区规律,满足面上和局域水面蒸发量计算和水量平衡的要求。

表 16-8 黄河流域 2005 年蒸发站网密度情况统计

序号	水系名称	水系码	单位名称	面积（km²）	蒸发站	
					站数	平均密度（km²/站）
1	黄河干流	401	黄委		12	0
2	黄河上游区上段	402	黄委、甘肃、青海、四川	192 714	17	11 336
3	洮河	403	甘肃	25 527	11	2 321
4	湟水	404	黄委、甘肃、青海	32 863	19	1 730
5	黄河上游区下段	405	黄委、宁夏、内蒙古	135 187	27	5 007
6	黄河中游区上段	406	黄委、内蒙古、陕西、山西	72 624	10	7 262
7	窟野河	407	黄委、内蒙古、陕西	8 706	4	2 177
8	无定河	408	黄委、内蒙古、陕西	30 261	4	7 565
9	黄河中游区下段	409	黄委、陕西、山西、河南	16 627	2	8 314
10	汾河	410	黄委、山西	39 471	8	4 934
11	渭河	411	黄委、甘肃、宁夏、陕西	62 440	20	3 122
12	泾河	412	黄委、甘肃、宁夏、陕西	45 421	12	3 785
13	北洛河	413	甘肃、陕西	26 905	5	5 381
14	黄河下游区	414	黄委、山西、河南、山东	22 868	2	11 434
15	大汶河	415	黄委、山东	8 633	5	1 727
16	伊洛河	416	黄委、陕西、河南	18 881	8	2 360
17	沁河	417	黄委、河南、山西	13 532	1	13 532
合计				752 660	167	4 507

16.2.5 水质站网

分析江河水质特征及其时空变化是评价水质优劣及其变化的主要内容。江河天然水质的地区分布主要受气候、自然地理条件和环境的制约。

黄河流域有水质站 389 处（含测站水质监测项目及非水文部门测站，水文部门水质站合计 349 处），站网平均密度 1 935 km²/站，黄河流域 2005 年水质站网密度情况统计见表 16-9。按照《水环境监测规范》（SL 219—98）要求，站网类型不全，现有站网多为地表水水质站，反映地下水水质状况及其变化规律的地下水水质站及降水水质站几乎为空白。城市附近易受污染河段、重要水源地、主要取退水口、水利工程站及省地（市）界站设置偏少，不能完全满足水资源保护与管理的需要。

表 16-9　黄河流域 2005 年水质站网密度情况统计

序号	水系名称	水系码	单位名称	面积（km²）	水质站	
					站数	平均密度（km²/站）
1	黄河干流	401	黄委		42	0
2	黄河上游区上段	402	黄委、甘肃、青海、四川	192 714	10	19 271
3	洮河	403	甘肃	25 527	3	8 509
4	湟水	404	黄委、甘肃、青海	32 863	30	1 095
5	黄河上游区下段	405	黄委、宁夏、内蒙古	135 187	42	3 219
6	黄河中游区上段	406	黄委、内蒙古、陕西、山西	72 624	27	2 690
7	窟野河	407	黄委、内蒙古、陕西	8 706	0	
8	无定河	408	黄委、内蒙古、陕西	30 261	2	15 131
9	黄河中游区下段	409	黄委、陕西、山西、河南	16 627	19	875
10	汾河	410	黄委、山西	39 471	48	822
11	渭河	411	黄委、甘肃、宁夏、陕西	62 440	19	3 286
12	泾河	412	黄委、甘肃、宁夏、陕西	45 421	19	2 391
13	北洛河	413	甘肃、陕西	26 905	3	8 968
14	黄河下游区	414	黄委、山西、河南、山东	22 868	18	1 270
15	大汶河	415	黄委、山东	8 633	53	163
16	伊洛河	416	黄委、陕西、河南	18 881	40	472
17	沁河	417	黄委、河南、山西	13 532	14	967
合计				752 660	389	1 935

目前,现有水质站网还不能完全掌握水资源质量的时空变化和动态变化,还不能完全满足水资源保护与管理部门实时掌握水质信息的要求。

16.2.6　地下水站网

地下水是一项重要的水资源,随着经济和社会的发展,地下水已成为工业、城市生活中的主要水源。截至 2005 年,黄河流域共有地下水动态基本监测站(井)2 169 处(眼),主要分布在平原区、山区、城市漏斗区,平均站网密度为 347 km²/站,黄河流域 2005 年地下水站网密度情况统计见表 16-10。监测项目包括地下水位(埋深)、水质等基本要素。

黄河流域地下水监测始于 20 世纪 50 年代,主要进行浅层地下水监测,测井一般为生产井或民用井,也有水文站兼测的专门井。现有地下水站点主要布设在平原区,且为浅层地下水监测井,只有少部分深层地下水监测井。在具有供水意义的大型水源地、大中城市、深层地下水开采区以及部分地下水超采区缺少地下水监测站网。现有监测井绝大多数为民用生产井。目前的监测方式有自记监测仪、委托人工观测。由于监测方法落后,监测站点集中,无法完整地掌握流域地下水运动规律,不能适应目前经济社会发展的需求。为了满足水资源开发利用等国民经济的需要,必须进行全流域地下水监测站网设计,设立地下水监测站点,开始地下水观测,研究地下水的运动和变化规律。

表 16-10　黄河流域 2005 年地下水站网密度情况统计

序号	水系名称	水系码	单位名称	面积（km²）	地下水站	
					站数	平均密度（km²/站）
1	黄河干流	401	黄委		10	0
2	黄河上游区上段	402	黄委、甘肃、青海、四川	192 714	36	5 353
3	洮河	403	甘肃	25 527	0	
4	湟水	404	黄委、甘肃、青海	32 863	21	1 565
5	黄河上游区下段	405	黄委、宁夏、内蒙古	135 187	621	218
6	黄河中游区上段	406	黄委、内蒙古、陕西、山西	72 624	1	72 624
7	窟野河	407	黄委、内蒙古、陕西	8 706	8	1 088
8	无定河	408	黄委、内蒙古、陕西	30 261	33	917
9	黄河中游区下段	409	黄委、陕西、山西、河南	16 627	136	122
10	汾河	410	黄委、山西	39 471	462	85
11	渭河	411	黄委、甘肃、宁夏、陕西	62 440	287	218
12	泾河	412	黄委、甘肃、宁夏、陕西	45 421	63	721
13	北洛河	413	甘肃、陕西	26 905	62	434
14	黄河下游区	414	黄委、山西、河南、山东	22 868	162	141
15	大汶河	415	黄委、山东	8 633	87	99
16	伊洛河	416	黄委、陕西、河南	18 881	60	315
17	沁河	417	黄委、河南、山西	13 532	96	141
	合计			752 660	2 169	347

第 17 章　水文站网功能评价

水文站网功能是指通过在某一区域内布设一定数量的各类水文测站,按规范要求收集水文资料,向社会提供具有足够使用精度的各类水文信息,为国民经济建设提供技术支撑。

单个水文测站的设站目的一般为:报汛,灌溉,调水,水电工程服务,水量平衡计算,为拟建和在建水利工程开展前期工作服务,试验研究等。测站功能一般体现在以下八个方面:一是分析水文特性规律,如研究水沙变化,分析区域水文特性和水文长期变化;二是防汛测报,包括水文情报和水文预报,为国民经济相关部门提供水文信息服务和为防汛决策部门提供技术依据;三是水资源管理,如进行区域水资源评价,省级行政区界、地市界和国界水量监测,城市供水、灌区供水、调水或输水工程以及干流重要引退水口水量监测等,为水行政管理部门提供水量变化监测过程,更好地进行水资源优化配置;四是水资源保护,如进行水功能区、源头背景、供水水源地和其他水质监测,为水资源保护提供依据;五是生态保护,如开展生态环境监测和水土保持监测;六是规划设计,如前期工程规划设计和工程管理等;七是完成某些法定义务,如执行专项协议、依法监测行政区界水事纠纷以及执行国际双边或多边协议等;八是开展水文试验研究等。

通过一定原则布设的这些单个水文测站组成的水文站网将具有区域或流域性的整体功能,譬如通过某一区域内的雨量站网可以掌握整个面上的降水分布情况,或内插出局部无站点地区的降水量,通过上下游水位测站可以内插出站点间任一河段的水位(水面比降一致)。鉴于水平衡原理,水文循环具有特定的规律,各类水文信息之间有着密切联系,各类水文测站之间可以互为补充、互为加强,水文站网是一个有机的整体,通过科学布设的水文站网具有强大的整体功能,从而可以依托有限的水文测站,以最小投入,获得能够满足社会需求的水文站网整体功能。

水文站设站功能评价的目的是通过对各个水文站设站功能进行调查,经统计汇总,形成现行水文站网的功能比重,用以分析站网的主要服务对象,以及在功能方面需要强化或需要调整的方面,为今后水文站网建设、调整提供依据,使水文站网最大限度地满足社会发展需要。

17.1　水文测站功能发展与变化

黄河流域九省(区)(青海、四川、甘肃、宁夏、内蒙古、山西、陕西、河南、山东)水文站网功能发展与变化可分为以下五个阶段。

17.1.1　清代和民国时期的水文站网功能

清代到民国初期黄河流域水文事业发展比较缓慢,水文站点稀少,许多地方还是水文空白区,主要是为了满足防汛抗旱、防洪除涝、河道治理的需要。新中国成立前的站点功能单一、简单,没有站网的概念。

这个时期黄河中上游地区,已设有为数不多的水文站,由国民政府黄河水利委员会和地方政府管辖,水文测站的主要功能是收集黄河中上游段的基本水文资料。甘肃省水文站点一般是 20 世纪三四十年代设的站,观测时间都比较短,一般都很难发挥重要的作用。其作用主要是为了航运,也为防汛抗旱和农业灌溉服务,收集一些简单的水文资料。到1940 年由宁夏建设厅水利工程设计组设立一些渠道站,对唐徕渠、惠农渠、汉延渠、大清渠进行了夏、秋灌水期的水量和泥沙施测,绘制了四个渠的水位—流量关系曲线。1942 ~ 1945 年,黄委又相继设立了黄河新墩、石嘴山水文站和枣园堡、横城及支流清水河中宁水位站,在青铜峡灌区设立了唐徕渠大坝水文站、汉延渠陈俊堡水文站、大清渠陈俊堡水文站、惠农渠叶盛水文站,在灌水期进行观测。1949 年 9 月前,仅有黄河青铜峡、石嘴山站,由于战事影响,当年资料均有不同程度的停测中断,内蒙古河段处于空白区。

在发展生产中与水旱灾害作斗争的过程中,黄河中下游地区积累了一定的经验。早在公元前 2297 年,《尚书·尧典》记载:"汤汤洪水方割,荡荡怀山襄陵,浩浩滔天。"以后在历代都有与水旱斗争的史料,其中也不乏记载水文测报的情况。记录中,主要以传递汛情制度为主,水文站主要是为灌溉引水、防洪除涝、河道治理的需要而设立的,功能单一、简单。几条主要河道上建立水文测站,观测雨量、水位、流量和含沙量,功能以收集水文情报、传递汛情为主。但由于当时受战乱影响,主管水文的机构变动频繁,人员不固定,经费不能保证,因此水文测站时撤时建,收集的资料残缺不全,水文资料利用价值不大。

17.1.2 新中国早期的水文站网功能

新中国早期是黄河流域水文由分散管理到统一创业的发展时期。基本明确了水文测站的目的、任务及要求,建立了基本站网、实验站,加强了测报管理。

20 世纪 50 年代以来,测验项目逐步扩展。1919 年,河南陕县站开展悬移质含沙量观测。1950 年,开展输沙率观测,是流域内较早观测泥沙的测站,仅为水文特性分析、灌区供水和工程管理服务,水质站只开展常规分析。1956 年,国家制定了农业发展纲要,其中对水文站提出了站网发展目标。这次的站网功能已开始走出水文站网只为满足水利及防汛需要的范围,已初步具有为其他经济建设服务的目的。

此阶段,黄河中上游布站方面是比较被动的,哪里兴修水利工程才在哪里建立测站,不断增设水文站和雨量站,填补了一些地方的空白。为服务于工农业经济发展,于 1956 年进行了第一次水文站网规划,站网初步形成,测站功能主要是收集水文资料,掌握雨情,做好洪水预报和水文分析等,但没有整体规划,站网的概念还不明显,且设站的功能总体上比较单一,收集的资料质量较差。

在黄河中下游地区设立了实验站,陆续开展地下水位、土壤含水量、土壤入渗率、土壤蒸发和堰槽测流等项测验。1955 年建立了薄山水库水面蒸发实验站,1958 年设立蟒河实验站,目的是揭示径流、蒸发形成的物理机制,探明水文要素依存转化关系,为水利规划设计、建设提供服务,已初步具有为其他经济建设服务的目的。

17.1.3　20 世纪 60～70 年代水文站网功能

在"大跃进"年代,为适应大规模群众性水利建设高潮,开始进行区域性水文研究工作,流域各省开展水文调查,编制水文手册和图籍,普及水文技术,开展了群众性的技术革新和技术革命。根据 1958 年批准的水文站网规划,流域各省积极组织勘察建站。但由于"左"倾思潮的影响,建站发展过快,脱离了当时历史条件的实际要求,取得的成果不能巩固,只有数量上的多,测验质量不高,加上水文行政管理体制的下放,水文工作遭受到很大挫折。自 1962 年贯彻中共中央、国务院批转水电部党组"关于当前水文工作存在的问题和解决意见的报告"后,巩固整顿了站网,调整了体制,加强了管理,从而使水文工作得到恢复和提高。

"文化大革命"期间,水文工作遭受到极大影响,水文站网规划得不到实施,站网建设处于停滞状态,站网功能极度衰弱。"文化大革命"结束后,全国科技工作迎来了第二个春天,黄河流域开展了第三次水文站网规划,水文站网得以巩固和发展,站网功能得以恢复,从而为国家建设发挥了积极作用。

黄河上中游地区,1964 年 9 月至 1965 年年底完成了第二次水文站网规划,这次站网规划是根据水利电力部水文局水文基本站网分析研究研习班总结文件的精神与要求开展工作的,由于资料条件和时间的关系,仅作了基本流量站网规划。这次规划工作随着水利建设的发展,水文站网建设也取得了很大的成绩。许多地方用委托、巡测等方法建设小河站,水文调查广泛开展。这些测站在水利建设、防汛抗旱和其他国民经济建设等方面,发挥了"耳目"、"尖兵"作用,作出了很大的贡献。

这段时期站网功能变化不大,还是以收集径流、泥沙、降水、蒸发等水文资料为主。1960 年以后,流域机构所属水文总站为了防汛抗旱、兴修水利工程的迫切需要和国民经济的建设,除传统的雨水情预报外,测站功能有所扩展,为满足水利工程需要增加调水、工程管理等功能,为满足水环境监测的需要,开始布设水质站网。

1963～1965 年在水利部提出"巩固整顿站网、提高测报质量"的原则指导下,黄河流域开展站网分析规划,对水文站基本设备特别是测洪设施按正规设计标准进行全面整顿和质量验收,流域各地又恢复了一些水文站。

1966～1976 年受"文化大革命"运动影响,站网布置缺乏长远规划,观测时限短暂,有些站设立后观测 1～2 年后即撤销。"文化大革命"十年站网建设未能继续发展,原有测站亦受到影响,废除了一些应有的规章制度,任意撤站停测,使本来就很单一的功能又遭到破坏。从 20 世纪 70 年代开始,黄河流域已经注意地下水的开发利用,增加了地下水动态观测任务,并进行了河口、水库淤积测量和淤积规律分析研究工作。但此时的站网功能仍然保持前一阶段的功能,比较单一和简单。尽管受政治运动的影响,但为地方经济建设、防汛抗旱、灌溉发挥了主导作用。

17.1.4　20 世纪 80 年代(改革开放时期)水文站网功能

1978 年中共十一届三中全会以后,由于国民经济的发展和水利建设新形势下对水文工作的要求,黄河流域的水文站网进入了一个新的发展时期。全流域水文系统逐步恢复,建立健全了规章制度,加强了测站建设,推行目标管理。根据水利部"关于调整充实水文站网规划的报告"要求,充实培训了水文技术人员。开始对现有水文站网进行调查和审定,落实每个测站是否能达到设站目的,发挥其应有作用。这一时期水文站网的功能也不断地得到扩展和延伸,与国民经济的发展相联动。该时期的站网功能主要为水资源评价和水资源开发利用以及系统收集水文资料、水文情报、水文预报、研究水文规律、防汛抗旱、流域规划设计、水质监测、区域水文、长期变化、试验研究和工程管理服务。黄河流域水文站网建设发展达到了一个高峰,各类功能站也应运而生,水质站、地下水观测井也开始发展起来。除雨水情监测外,还兼有水沙变化、水质、水资源评价等功能,水文站的设备得到一定的改善,收集的数据可靠性大大增强,水文站网开始为社会经济的发展提供有力的支持。

17.1.5 1990~2005 年水文站网功能

经过数十年的努力,目前黄河流域已建有一套功能比较齐全的水文站网,基本上能满足防洪、水资源开发利用、水环境监测、水工程规划设计和水土保持等国民经济建设和社会发展的需要。站网的整体功能主要体现在有限的观测点上收集到样本容量有限的系列资料后,能向各方面提供任何地点、任何时间的具有足够适用精度的资料和信息,即所收集到的资料能够移用到无资料地区并符合精度要求。

截至 1999 年,黄河流域水质监测站,除常规的水化学分析外,还进行污染监测,对点、面污染源和污废水进行调查测算,对监测结果及时作出评价和动态分析,向有关管理部门提供资料,为保护水资源及贯彻取水许可制度等提供服务。但与国民经济和社会科学发展的要求尚有一定差距。

20 世纪 90 年代至今,水文站网在数量上已基本稳定,各测站任务明确。截止到 2005 年,全流域共有水文站 348 处、水位站 55 处、独立雨量站 1 959 处、独立蒸发站 1 处、水质站 224 处、地下水站 2 128 处。

随着水文事业的发展,水文在新技术上的应用有了很大进步,水文测验设施由过去手工作业逐步向半自动化水文缆车、缆道发展,水位、雨量观测由人工观读逐步过渡到自记,部分水位、雨量采集实现了数字化,信息采集与水文资料整编对接使资料整编逐步由人工录入数据向自动转储水文数据发展。信息采集的自动化为水情实时报汛及水资源评价提供了更便捷的条件。

近年来,随着国民经济建设和社会发展对水文资料的需求以及人们对站网认识的提高,黄河流域水文站网经过多次规划、分析检验,不断得到调整充实,测站功能也逐步增强,为国家建设作出了积极贡献。

17.1.6 黄河泥沙治理与站网功能

黄河流域是中华民族的发祥地,黄河塑造了华北平原、宁夏平原和河套平原,黄河泥沙塑造了下游平原和河口三角洲陆地,黄河下游是举世闻名的"地上悬河",河床不断升高,河水仅靠人工筑堤防患,一遇暴雨河水猛涨,随时有决口的危险,成为世界上最难治理的河流。黄河治理的关键是泥沙,黄河水的年均含沙量约 35 kg/m³,最多时可达 750

kg/m³左右,每年黄河输入下游的泥沙达 16 亿 t。黄河泥沙的来源主要是中游黄土高原,黄土高原土层深厚,土质疏松,加之高原本身脆弱的生态环境和人为的植被破坏,一遇暴雨,大量泥沙与雨水一起汇入黄河,使黄河成为全世界含沙量最多的河流,所以加强中游黄土高原地区的水土保持是治沙的根本。黄土高原人民在长期实践中总结出了许多治理水土流失的经验,其中小流域的综合治理就是其中的有效方法之一,具体措施是"保塬、护坡、固沟",甘肃西峰南小河沟是个成功的典范。经过几十年的建设,现在已经是塬面平整,沟坡林密,沟底坝库相连,农林牧业得到全面发展。

黄河中游为黄土高原地区,区域内地形起伏,水系发育,植被条件差,水资源量分布高度不均,暴雨集中易成灾害,水土流失严重,水少沙多,输入黄河的沙量约占全河的 90%,是黄河洪水和泥沙的主要来源区。中游地区水资源匮乏,防洪、水环境问题突出。该地区是我国重要的能源化工生产基地,高耗水、排污量大,河流污染严重。区域内部分地区区域代表站数量偏少,水沙计算和平衡控制困难,水质监测站网稀少,取退水断面监测能力明显不足,需要加强以上站网的布局和监测能力,以满足水资源分配矛盾日益突出情况下的水资源优化配置与生态环境保护的需求。

黄河中游 1.88 万 km² 是黄河粗泥沙集中来源区,是维持黄河健康生命、实现黄河长治久安的根本所在。经过多年的查勘研究,黄河粗泥沙集中来源区治理的思路就是持续、快速减少黄河泥沙,特别是粗泥沙,促进粗泥沙集中来源区生态环境整体改善和区域经济社会的发展,按照"先粗后细"的治理顺序,加大淤地坝工程建设力度,合理布设拦泥库,配合以生态修复为主的小流域综合治理措施,建立拦截粗泥沙的第一道防线,以改善水沙环境和水土资源的科学利用,维系良好的生态环境。具体措施如下:

(1)在建设基本单元上,以支流为单元,遵循其水土流失规律,根据当地自然、经济等综合因素,进行水土保持生态建设规划。以拦减泥沙,淤地造田,合理利用水资源为目的,水土保持工程与水利工程相结合,拦泥防洪与水资源利用相结合,淤地坝建设与大型拦泥库相结合,人工治理与自然恢复相结合,建设以淤地坝为主体,坡面工程、植被工程、农业耕作工程相结合的综合防护体系,实现减少入黄泥沙、改善生态环境和发展区域经济的目标。

(2)在生态建设整体战略上,实施"以沟促坡,以坡保沟"的基本方略,即针对粗沙集中来源区重力侵蚀严重和沟道产沙为主的基本特点,根据黄河减沙的实际需要,把沟道拦沙工程体系建设作为粗沙集中来源区生态建设长远发展的第一步,淤积沟床,抬高侵蚀基准面,稳定沟坡,有效遏制沟岸扩张、沟底下切和沟头前进,减轻沟道侵蚀,把泥沙拦截在千沟万壑之中,实现高效、快速减少黄河泥沙,特别是粗泥沙的目标。同时,通过沟道拦沙工程体系淤地造田和调蓄水资源的功能,营造高产稳产的基本农田,为农业生产和生态环境提供必需水资源,解决农民基本生计问题,为坡面治理创造条件。在此基础上,调整农村产业结构,扩大植被建设,加强坡面治理,减少坡面产沙对沟道拦沙工程的压力,延长沟道拦沙工程体系的使用寿命,增加沟道拦沙工程体系的防护效益。二者的合理配置形成了沟坡结合的综合防护体系,促进治理区坝库工程、生态农业和植被建造三者协调发展,实现生态环境的整体改善。

(3)在工程体系布局上,实施"小流域淤地坝体系 + 大型拦泥库的工程布局",以重点支流为单元,科学规划,在支、毛沟内合理布设治沟骨干工程、淤地坝和塘坝(小水库)等不同用途的沟道坝库工程,组成有整体防护功能的小流域沟道工程体系,滞洪拦泥、发展生产、防洪保收,实现千沟万壑就地拦沙,促进水土资源的合理利用。在干流上因地制宜地配置拦泥库,拦泥库单坝控制面积大、拦泥效益高、数量少,主要布设在不宜布设骨干工程、淤地坝和塘坝等小型工程的较大支沟和干沟上,控制淤地坝无法控制的更多产沙面积,同时保护其涉及范围内的小流域沟道工程体系,保证工程体系安全,实现大区域的持续减沙。

作为河流泥沙的观测站——水文站,为流域治理和工程建设提供了详尽的水文数据。根据水利部提出 1958 年前建成基本水文站网的规划,黄河流域初定的规划标准中流量站集水面积大于 5 000 km² 的按直线原则布站,上下游两站间面积不小于总集水面积的 10% ~ 15%;集水面积在 200 ~ 5 000 km² 设区域代表站,一般一个水文区内设 1 ~ 3 个站;集水面积在 200 km² 以下的设小面积代表站。对泥沙站要求年平均含沙量在 0.05 ~ 0.1 kg/cm³ 的河流设站,按照设站原则,黄河流域在大河站、区域代表站、小河站建设中,按要求观测泥沙,即泥沙观测站约占流域水文站的 60%,基本控制了黄河流域河流泥沙的变化,为流域和地方的工农业生产建设提供了宝贵的科学数据。

黄河流域现有水文站网基本能控制区域内水、流、沙的变化和特征,站网功能基本能满足规划、水资源计算、水工程运行、防洪、水土治理的需求。

17.2 现行水文测站功能评价

17.2.1 评价方法

17.2.1.1 评价对象

国家基本水文站是收集水文信息的主要平台,监测要素全面,任务多重化,作为本次评价的主要对象,另纳入水文部门负责的专用站和实验站,共同构成评价对象,黄河流域共有 381 处水文站、480 处监测断面。

17.2.1.2 功能指标

根据水文站监测水沙关系的基本项目,结合防汛测报、水资源管理、水质保护等当前社会各方面现实的需求,确定用于评价站网监测功能的有 9 项一级指标和 24 项二级指标,具体见表 17-1。

17.2.1.3 评价方法

根据每个测站的设站目的、监测任务、资料服务范围,对照 24 项功能指标,划定测站功能,最少有一项功能,多则七八项。

统计每个功能指标对应的水文站数,计算占总站数的比重,由于大量存在一站多功能的情况,各项比重之和大于 100%。

根据比重分布状况,分析站网的主次功能构成,并进行评价。

表 17-1　测站功能指标

一级	二级
1. 水文特性	1. 水沙变化;2. 区域水文;3. 水文气候长期变化
2. 防汛测报	1. 水文情报;2. 水文预报
3. 水资源管理	1. 水资源评价;2. 省界水资源监测;3. 地市界水资源监测;4. 城市水文;5. 灌区供水;6. 流域调水;7. 重要引退水口监测
4. 水资源保护	1. 水功能区界水质;2. 源头背景水质;3. 水源地水质;4. 其他水质监测
5. 生态保护	1. 生态环境保护;2. 水土保持
6. 工程规划与运行	1. 规划设计;2. 工程运行
7. 法定义务	1. 执行专向协议;2. 行政区界法定监测
8. 研究	试验研究
9. 其他	其他功能

17.2.2　评价结论

站网的整体功能主要体现在有限的观测点上收集到样本容量有限的系列资料后,能向各方面提供任何地点、任何时间的具有足够适用精度的资料和信息,即所收集到的资料能够移用到无资料地区并符合精度要求。因此,必须依靠水文站网内部结构,充分发挥其网内测站的整体功能,使其以最少投资、最小代价获得最高的效率、最佳的站网整体功能。

黄河流域现有水文站 381 处、流量监测断面 480 处,承担着分析水文特性规律、水文情报、水资源管理、水质监测、生态环境保护、干流引退水、水量调度、水土保持、工程管理、试验研究等 20 多项监测任务。具有分析水文特性规律 477 处,水沙变化 293 处,区域水文 262 处,水文气候长期变化 103 处,水文情报 395 处,水文预报 70 处,水资源评价 391 处,省级行政区界 30 处,地市界 37 处,城市水文 18 处,灌区供水 79 处,调水或输水工程 19 处,干流重要引退水口 65 处,水功能区界水质 54 处,源头背景水质 11 处,供水水源地水质 17 处,其他水质监测 79 处,生态环境保护 29 处,水土保持 41 处,前期规划设计 13 处,工程管理 66 处,行政区界法定监测 1 处,试验研究 41 处,其他功能 12 处。

从图 17-1 看,以黄河流域布设的 480 处监测断面为评价对象,按功能比重大小排列大致为水文情报(83%),水资源评价(82%),水沙变化(62%),区域水文(55%),水文气候长期变化(22%),其他水质监测(17%),灌区供水(17%),水文预报(15%),干流重要引退水口(14%),工程管理(14%),水功能区界水质(11%),水土保持(9%)。

其他功能比重较少的行业还有待于继续加强,如城市水文、调水或输水工程、源头背景水质、执行专项协议、行政区界法定监测等,以此来全面、适时地满足黄河流域社会经济发展的需要。

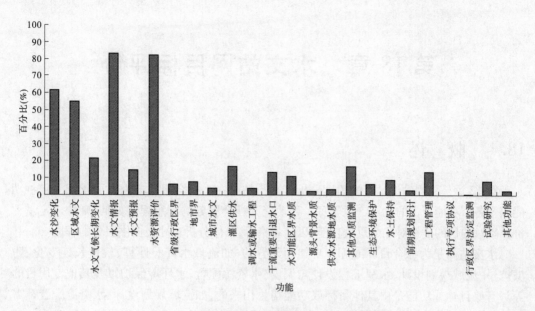

图 17-1　黄河流域水文站（断面）功能分布图

第18章 水文站网目标评价

18.1 概　述

第 17 章是从测站设站目的角度分析了现行站网在为社会服务方面主要承担了何种功能以及各个功能所占的比重。至于每一种功能为社会服务的满意程度如何,则缺乏定量评价。本章的目的是针对几个重大功能,以定量指标,具体分析对社会提供服务的程度。

水文站网是为综合目标或综合功能而设置的,如流域水资源计算、气候长期变化、防洪抗旱、流域规划设计、水利工程设计与调度、水资源配置、水环境保护以及其他专用目的等。有些目标或功能是由其他目标或功能衍生出来的,如流域规划设计、水资源配置都需要建立在流域水资源计算的基础上,水账能否算清,决定了其相关目标是否能够实现。基于此,经综合考虑,本次评价将河流水文控制、省界及国境河流水资源监测、防汛测报、水质监测确定为基本水文站网的主要基础性功能,依据现阶段黄河流域水文站网的分布,在对站网发展历程分析的基础上,对水文站网在当前及今后一段时期内,满足社会需求程度进行综合分析评价。

(1)河流水文控制目标评价。用于评价现行水文站网水文要素监测和算清流域水账的能力。据初步统计,全流域现有集水面积 1 000 km² 以上的河流 180 多条,集水面积 500 km² 以上的河流 340 多条。本次站网目标评价对流域面积 500 km² 以上的河流以及水文站网设置情况,尤其是河口水文站布设情况进行了较为系统的调查,据此对现行水文站网控制水系河流的程度进行综合分析评价,通过定量统计分析,查找相对薄弱的地区,为站网调整提供参照依据。

(2)省际及国际河流水资源监测目标评价。用于评价现行水文站网在水资源管理方面提供基础支撑的能力。随着国民经济的高速发展,各地越来越将水资源作为一项战略性资源加以管理,必要时在省际间进行利益分配。在管理过程中,水资源的行政区域性特点随之凸现。算清省(区)之间、国家之间的水账需要通过边界附近的流量监测来实现,因此省际、国际河流水文站网的设置也显得越来越重要。通过对现行水文站网对省际、国际河流的控制程度进行评价,提出完善站网的建议,为以行政区划为单元的水资源管理提供技术支撑。

(3)防汛测报目标评价。用于评价现行水文站网在防洪安全管理方面提供基础支撑的能力。防洪安全管理是社会公共安全管理的重要组成部分,并且具有以年度为周期的长期性特点。水文站网为防洪安全管理提供实时汛情,为预测预报、调度决策服务,从站网设置之初就成为其重要使命。通过对防汛测报目标评价,分析检验站网对这一重要使命提供服务的能力。

(4)水质监测目标评价。水质监测是水文监测的主要工作内容之一。现阶段,我国处于经济高速发展和基本实现工业化阶段,水环境问题比较突出,江河湖泊普遍出现水质劣化,限制了水资源的可持续利用。为了协调合理利用和有效保护之间的关系,2002～2005年,水利部在全国范围开展了国家级水功能区划工作,划定水域保护和限制排污目标。黄河流域水利部门在此基础上开展了本省(区)内水功能区的进一步细划工作,与国家级水功能区相配置,成为省(区)内水域保护和限制排污的依据。目前,各省(区)的水功能区划都已得到省人民政府的批准。根据国家级和省级水功能区划水域保护目标,对现行水质站网水功能区水质监测目标满足程度进行评价是十分必要的。

分析评价主要以目标满足率分析计算为基础,并提出相应的满足率提高指标,为优化站网提供参考依据。满足率是一个相对概念,衡量指标为百分比。具体是以设定的需求为目标,若站网完全能够满足需求,则目标满足率为100%;若完全不能满足需求,则目标满足率为0%;大多数情况下,目标满足率介于0%～100%,用以直观地表述现行站网围绕需求提供服务能力的程度。

18.2 河流水文控制目标评价

18.2.1 评价基础及方法

18.2.1.1 评价基础

水文测站设立在河流上,除提供本河流测站断面上的水文要素外,还与其他河流上的水文测站一起,通过一定的规则与方法,计算并形成水文要素或特征值的空间分布关系,用于无资料地区的水文分析计算。水文测站在河流上覆盖的程度越高,水文特征值在空间的分布状态就被描绘得越准确。河流水文控制目标评价就是针对测站对河流的覆盖程度进行的评价,也就是对测站支撑水文特征值空间关系描绘能力的评价。

为此,调查一定规模的河流以及河流上的水文站设置情况,成为本目标评价的基础。本次站网普查,要求统计了500 km^{2}以上的河流及其水文站网设置的情况。河流上的水文测站设置包括水文站、水位站、雨量站等,这些水文测站的有无及设置位置也决定了该条河流的水文控制情况统计,相应的河流划分为完全水文空白河流、流量测验空白河流、水文部门已设水文站河流、由其他部门设置水文站河流、出流口附近已设水文站河流等,所有这些资料信息即为流域水量计算部分评价的基础。

完全为空白区的河流数设为n_1,计算$R_1 = n_1/N \times 100\%$,反映了既无水文站也无雨量站、水位站,完全为空白区的河流情况。有水文站的河流数设为n_2,计算$R_2 = n_2/N \times 100\%$,反映了全部河流中由水文部门设置了水文站进行监测的情况。扣除与水文部门重复设站后,有水文站的河流数设为n_3,则$N - n_2 - n_3$表示全部河流中无水文站控制(但有水位或雨量站)的河流数。从水量计算的角度看,如在河流出流口附近设有水文站,将能够完整计算该河流的水量。因此,以出流口有水文站的河流数设为n,与全部河流数N进行比值R的计算,$R = n/N \times 100\%$,反映能够满足流域水量计算要求的河流的比例,即本目标的满足率。

为了反映流域水量控制的目标满足率的历史增长过程,以评价站网在此方面发展的情况,绘制流域水量控制目标满足率随时间的变化曲线。具体方法是:以各河流出流口水文站的设站年限作为相关各河流水量被完全控制的时间,以 1920 年为起始年,5 年一个单元,计算各时间断面的满足率,绘制时间变化曲线,观察该曲线是否出现平顶现象,以及出现的时间,进行评价。

通过对 340 多条河流上的水文站、水位站、雨量站等站网信息进行分类统计,分析站网对河流水量及其他水文要素的监测和掌握情况。

根据河流上设站的类别将河流划分为完全水文空白河流、流量测验空白河流、水文部门已设水文站河流、由其他部门设置水文站河流、完全由其他部门设置水文站控制河流、出流口附近已设水文站河流等。

完全水文空白河流是指流域内未设立任何类型的水文测站,包括雨量站、水位站、流量站等,不能掌握任何水文信息。

流量测验空白河流是指流域内无流量站的河流,既包括完全水文空白河流,也包括无流量测验但设有雨量站或水位站,可以掌握一定的降水或水位要素的河流。

水文部门已设水文站河流是指流域内设有由水文部门管理的流量站。

由其他部门设置水文站河流是指由水利工程等单位为专用目的而布设流量站的河流,这些河流与水文部门已设水文站河流会有重复。

完全由其他部门设置水文站控制河流是指水文部门未设流量站,完全由其他部门设立的流量站提供流量信息的河流。这些河流上的水文站将成为非常重要的站网补充资源,今后应要求向水文部门汇交资料。

出流口附近已设水文站河流一般是指水文(流量)站断面设在河流出口附近(断面至河口距离在整个河长的 20% 以内),能基本控制河流水资源量(70% ~ 80% 以上),且流量断面与河口之间没有较大的径流加入或流出的河流,这些河流被认为基本可以算清水账。

18.2.1.2 评价方法

主要对现行水文站网在水文要素监测和算清流域水账方面的能力进行评价。

(1)完全水文空白河流评价。假设评价的河流总数为 N,完全水文空白河流数设为 n_1,计算 $R_1 = n_1/N \times 100\%$,得到既无流量站也无雨量站、水位站完全为水文空白区的河流所占比率,反映出水文站网在河流水资源监测方面的盲区情况。

(2)流量测验空白河流评价。假设评价的河流总数为 N,水文部门已设水文(流量)站河流数为 n_2,完全由其他部门设置水文(流量)站控制河流数为 n_2',计算 $R_2 = (n_2 + n_2')/N \times 100\%$,得到仅有水位站、雨量站,缺乏流量测验的河流所占比率,反映出水文站网在河流水量监测方面的不足程度。

(3)流量空白但水位或雨量非空白河流评价。假设流量测验空白但水位或雨量测验非空白河流数为 n_3,计算 $R_3 = n_3/N \times 100\%$,得到流量空白但水位或雨量非空白河流所占比率。这些河流的某些地点有一定的水位、雨量信息,对水文参数分析有一定价值,但是流量信息更加重要,需要尽快补充。

(4)河流出流口控制评价。从水量计算的角度看,如在河流出流口附近设有水文站,将能够完整计算该河流的水量。因此,以出流口有水文站的河流数设为 n_4,与全部河流数 N 进行比值 R_4 的计算,$R_4 = n_4/N \times 100\%$,反映能够满足流域水量计算要求的河流的比率,即本目标的满足率。

18.2.2　资料说明

各省(区)所报资料基本涵盖了黄河流域全部 500 km² 以上的河流,进行资料汇总时把因跨省(区)而重复统计的河流予以扣除。统计时,把黄河河源的约古宗列曲按独立的一条河流,与黄河干流分别进行统计。最终统计结果:黄河流域 500 km² 以上的河流总数为 341。其中,青海省河流数为 77 条,甘肃、内蒙古、陕西、山西等省(区)的河流数也都在 50 条以上。水文空白区主要集中在黄河河源的高寒地区以及内蒙古自治区的荒漠地区。

关于出流口附近是否设立有水文站的资料统计,由于各省(区)对"出流口附近"的理解有差异,即存在着"距离河口多远才算是出流口附近"。我们一般认为:能够控制河流水量计算的水文站位置应距离河口十几千米以内,且水文站断面与河口之间没有较大的径流进入或流出。对于众多的中小河流,这样的认识仍会有差异,资料统计也可能会因此而受影响。

关于全部河流中没有水文站(但有水位站或雨量站)的河流数量的计算,评价大纲中给出了"$N-n_2-n_3$ 表示全部河流中无水文站控制(但有水位站或雨量站)的河流数"的方法。事实上,全部河流数 N 中还包括有完全空白的河流数 n_1,如果不把 n_1 也从 N 中扣除,则会造成概念混淆。

18.2.3　评价结论

黄河流域共有 500 km² 以上的河流 341 条,其中有 104 条为完全水文空白河流,既无水文站也无水位站,占 30.5%;由水文部门设置了水文站的河流有 148 条,占 43.4%;完全由其他部门设置了水文站的河流有 0 条(扣除了与水文部门重复设置水文站的河流 2 条);全部河流中没有水文站(但有水位站或雨量站)的河流为 94 条,占 27.9%;能够完全满足流域水量计算要求的河流数,即出流口附近有水文站的河流数为 111 条,占 32.6%,详见表 18-1。

表 18-1　黄河流域面积 500 km² 以上河流水文控制情况

项目	河流数	比例(%)	说明
全部河流	341	100	比例指各项占全部河流数比例
完全水文空白河流	104	30.5	未设任何流量站、水位站、雨量站
流量测验空白河流	193	56.6	无流量站,仅有水位站或雨量站
水文部门已设水文站河流	148	43.4	
由其他部门设置水文站河流	0	0	水文部门未在该河流设站
出流口已设水文站河流	111	32.6	表示该河流水量可以全部控制

从以上数据统计结果来看,一方面,水文部门已设水文站河流占全部河流数的

43.4%,但出流口已设水文站的河流数为111条,占32.6%,即流域水量计算控制的目标满足率仅为32.6%,水文控制情况不尽人意。另一方面,完全水文空白河流的比例为30.5%,流量测验空白河流的比例为56.6%,说明河流水量计算控制的任务还很艰巨。分析完全水文空白的河流,其主要分布于青海省,其次为甘肃省和内蒙古自治区,说明黄河河源高寒地区以及内蒙古荒漠地区的河流是水文控制的薄弱地区。这些地区中小河流众多,是下一步黄河流域站网布局所重点关注的地区。

流域水量控制目标满足率随时间的变化能够反映不同时期的水文发展情况,根据评价方法绘制流域水量控制目标满足率随时间的变化见表18-2、图18-1。图中显示:黄河流域河流水量控制目标满足率在1950~1960年增长比较明显,1960~1985年为稳定增长时期,但总体水平较低。

表 18-2　各年河流水量控制情况

年份	河流数	比例(%)	年份	河流数	比例(%)
1920	0	0	1965	71	20.8
1925	0	0	1970	78	22.9
1930	0	0	1975	84	24.6
1935	4	1.17	1980	95	27.9
1940	8	2.35	1985	102	29.9
1945	9	2.64	1990	106	31.1
1950	11	3.23	1995	108	31.7
1955	33	9.68	2000	110	32.3
1960	66	19.4	2005	111	32.6

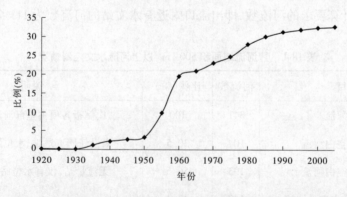

图 18-1　黄河流域 1920~2005 年河流水量控制目标满足率变化曲线

追求100%的目标在大部分地区是不现实的,也是不需要的,但对无水文站控制的河流提出一个合理的增设测站方案,为较低的流域水量计算满足率拟定一个提高的方案,则是需要的。

18.3　省界与国界水量监测

18.3.1　评价基础及方法

以穿越或分割省界、国界的 $1\ 000\ km^2$ 以上的河流为样本总体 (M)，统计其中在边界附近或界河上设有水文站的河流数 (m)，二者之比 $Q = m/M \times 100\%$ 可以反映省界或国界水量监测的满足率。此目标用来衡量水文站为各省级行政区域划分水资源利益以及为维护我国国境河流水资源权益提供公正资料的能力。一条河流穿越两省，两省可能都有控制的需求，这将不影响双方各自的 Q 值计算和评价，但今后具体设站时应尽可能协商，提出一个既不重复设站又能体现公正的方案。

$Q = m/M \times 100\%$ 反映了一个现行站网对省界、国界河流的现状控制程度，并不是每一条省界或国界河流都必须控制的，对需要控制的河流加以控制是 Q 值提高的目标。有控制需求的河流数 m_1 与 M 之比 $Q_1 = m_1/M \times 100\%$ 是提高 Q 值所追求的目标。

18.3.2　资料说明

黄河流域 $1\ 000\ km^2$ 以上的省界河流 33 条，其中的 20 条省界河流有控制需求，部分省界河流甚至在省(区)内各市、县之间也有控制需求，体现了黄河流域水资源短缺的特点。无控制需求的几条省界河流主要是流域总面积较小，且基本集中在一个省(区)的河流。这尽管不影响各省(区)的目标满足率计算，但对流域汇总却有较大的影响，可能会因此造成需求过高的现象。

黄河流域内没有穿越国界的河流。

18.3.3　评价结果

黄河流域共有 $1\ 000\ km^2$ 以上的省界河流 33 条，其中有径流控制需求的河流 20 条，在省界附近已经设立水文站的河流有 27 条，则现状满足率为 81.8%。黄河流域各省(区)最终的追求目标是 33 条有径流控制需求的河流全部得以控制，目前还有 13 条河流需要今后加以控制。主要省级区界河流控制情况统计见表 18-3。

表 18-3　主要省级区界河流控制情况统计

项目	河流数	百分比(%)	说明
全部省级区界河流	33	100	
有控制需求省级区界河流	33	100	尚有 6 条河流需设立水文站
区界附近有水文站控制河流	27	81.8	
区界附近有独立水位站控制河流	2	6.1	不被包含在水文站中
区界附近有独立水质站控制河流	15	45.5	不被包含在水文站、水位站中

18.4 防汛测报

18.4.1 评价基础及方法

防汛减灾一直是我国水文站网的一个主要服务目标,具有报汛任务的水文站网需要长期保持稳定运行。

合理的方法是评价防汛测报站网所覆盖的洪泛区人口情况,但限于资料的获取,本次评价采用由预报专家根据平时预测预报工作的经验和对信息支撑的需求,直接评估现行站网对防汛测报的满足程度,即专家评估法。即以"水系"为样本总体,将报汛站满足需求程度分为 9 个级别,即 0%,1%~30%,31%~50%,51%~60%,61%~70%,71%~80%,81%~90%,91%~99%,100%。统计 9 个级别内的水系河流数,绘制河流防汛测报满足程度图。

18.4.2 资料说明

本次评价采用由预报专家根据平时预测预报工作的经验和对信息支撑的需求,直接评估现行站网对防汛测报的满足程度,即专家评估法。我们知道,专家评估的结果与专家本人的经验以及对评估对象信息掌握量有很大的关系,不同的专家对同一评估对象可能会得出差异较大的结果。跨省(区)河流的评价结果也印证了这样的判断。对此,我们采用各省(区)平衡处理的方法。但总体而言,这次评价结果基本符合现实情况。

对于"有防汛测报需求的河流"这一概念,各省(区)有不同的理解,因此该部分资料统计存在着很大的不统一。大多省(区)只评价面积在 500 km² 以上的河流,但陕西省是把面积在 200 km² 以上的河流都作为评价的对象,山西省是把目前有防汛测报的河流作为评价的对象。

18.4.3 评价结果

统计了黄河流域 17 个水系的 484 条河流,其中当前有防汛测报需求的河流 236 条。河流防汛测报满足率如图 18-2 和表 18-4 所示。

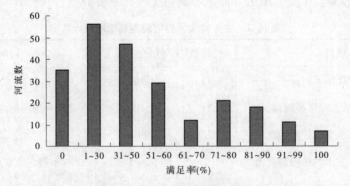

图 18-2　河流防汛测报满足率

表 18-4　河流防汛测报满足率

满足率(%)	河流数
0	35
1~30	56
31~50	47
51~60	29
61~70	12
71~80	21
81~90	18
91~99	11
100	7
总计	236

由统计图表可知,236 条参与防汛测报评价的河流中,满足率在 70% 以上的河流仅有 57 条,占 24.2% ,主要分布在湟水、渭河干流、伊洛河、沁河干流、大汶河以及黄河干流各区段,也是黄河的重点防汛地区。满足率在 50% 以下的河流有 138 条,占 58.5% ,其中尚未开展预测预报的有 35 条,占 14.8% 。尚未开展预测预报的河流主要分布在黄河河源的高寒地区以及内蒙古一带的荒漠地区。

18.5　水质监测

18.5.1　评价基础及方法

水质监测评价是用以衡量现有基本水质站满足国家功能水域水质监测需求的程度。统计分析的对象仅指基本水质站,包括水文测站中承担水质监测项目的测站,以及水文部门和环保部门负责的独立水质站,但不包括排污取样断面。

以本辖区《全国水质监测规划》中各水功能区水质站规划数为 100% 满足率,以流域为单元,按保护区、保留区、缓冲区、饮用水源区、其他开发利用区等 5 类,统计各区的现状基本水质站,其与对应功能区的规划基本水质站之比,为评价现状水质站实际达到的满足程度,即目标满足率。

18.5.2　资料说明

各省(区)资料大多来自本省(区)的水资源保护或负责水质化验的部门,部分资料来自水文部门,资料的精度难以评述。从统计汇总过程中发现,省(区)和流域机构之间存在一定的差异,包括规划水质站数的不一致、现状水质站数的重复或遗漏等。

18.5.3　评价结果

黄河流域水功能区目标满足率分省(区)及全部汇总情况见表 18-5、表 18-6 及图 18-3。

表18-5 黄河流域分省(区)水功能区水质站网目标满足情况

单位名称	保护区			保留区			缓冲区			饮用水源区			其他开发利用区			合计		
	规划站数	现有站数	满足率(%)	规划站数	现有站数	满足率(%)	规划站数	现有站数	满足率(%)	规划站数	现有站数	满足率(%)	规划站数	现有站数	满足率(%)	规划站数	现有站数	满足率(%)
甘肃	25	0	0	19	2	10.5	15	3	20	19	14	73.7	55	16	29.1	133	35	26.3
青海	22	2	9.1	9	0	0	4	1	25	4	4	100	18	31	172	57	38	66.7
宁夏	8	0	0	6	4	66.7	5	5	100	5	3	60	88	35	39.8	112	47	42.0
内蒙古	10	1	10	3	1	33.3	17	1	5.9	6	1	16.7	31	8	25.8	67	12	17.9
陕西	6	1	16.7	9	0	0	10	5	50	19	7	36.8	53	15	28.3	97	28	28.9
山西	23	4	17.4	3	0	0	11	1	9.1	9	2	22.2	59	36	61.0	105	43	41.0
河南	14	0	0	6	0	0	6	1	16.7	10	1	10	85	14	16.5	121	16	13.2
山东	7	5	71.4	5	2	40	2	1	50				9	4	44.4	23	12	52.2
合计	115	13	11.3	60	9	15.0	70	18	25.7	72	32	44.4	398	159	39.9	715	231	32.3

表 18-6　黄河流域水功能区水质站网目标满足情况

流域	功能区	规划水质站数	现状水质站数	满足率(%)
黄河	保护区	115	13	11.3
	保留区	60	9	15.0
	缓冲区	70	18	25.7
	饮用水源区	72	32	44.4
	其他开发利用区	398	159	39.9
总计		715	231	32.3

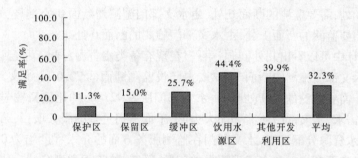

图 18-3　黄河流域水功能区水质站网目标满足率

由以上统计图表可知,黄河流域水功能区水质站网满足率平均为 32.3%,整体水平偏低。满足率水平较高的有饮用水源区的 44.4% 和其他开发利用区的 39.9%,说明对水源近端的水质监测工作已开始重视,但对水源远端的水质监测工作力度还很弱,统计图表中水质站网满足率最低的就是保护区的 11.3%。

18.6　水资源管理监测

18.6.1　评价基础及方法

水资源管理监测分析评价是衡量水文站满足水资源水环境工程需求的能力。评价对象——水资源分配工程主要包括调水工程、生态改造输水工程、地区水资源分配引水(退水)干渠、灌区输水干渠、其他水资源分配水利工程。

分析评价时,以流域为单元,统计已建工程的个数、现有监测断面数、其中由水文部门施测的断面数;统计在建、拟建工程的个数,需要监测的断面数,以及将来由水文部门负责施测的断面数,并对这些数据进行评述。

18.6.2　资料说明

水资源分配工程归属不同的部门管理,工程规模等资料不易收集,而本次评价没有划定工程规模标准,由此可能会造成部分小型水资源分配工程的遗漏。

在水资源分配工程的水资源监测方面,监测断面没有统一规划,或虽有规划但没有根据经济社会发展及时进行调整。因此,各类工程中需要开展水资源监测的断面数也不尽科学。

青海、四川两省均没有所调查的各类水资源分配工程,其他省(区)的工程数量也有较大差异。宁夏、内蒙古、河南监测数量多,地区水资源分配引水(退水)干渠、灌区输水干渠监测数量多。

18.6.3 评价结果

黄河流域现有各类水资源分配工程 236 个,需要监测的断面为 278 处,现有监测断面 164 处,其中由水文部门施测的断面 118 处,占现有监测断面的 72.0%;在建的各类水资源分配工程 10 处,需要监测的断面 6 处,由水文部门施测的断面 0 处;拟建的 3 个水资源分配工程中,需要监测的断面 1 处,由水文部门施测的断面 0 处。

从以上统计中可以看出几处问题:第一,在现有各类水资源分配工程已设的 164 处监测断面中,由水文部门施测的断面 118 处,占已设监测断面的 72.0%,水文部门介入程度较强,但相对于需要监测的 278 处断面,水文部门所占 42.4% 的比例又较弱,说明社会还有很大的服务需求,水文部门还需要加大力度,争取承担更多的服务项目;第二,对于在建和拟建的各类水资源分配工程,水文部门在监测服务方面的介入程度均为 0,除客观的原因外,也要考虑是否有主观介入意识不强的问题;第三,按工程类型统计,水文部门在调水工程、地区水资源分配引水(退水)干渠、灌区输水干渠中的介入程度较高,而在生态改造输水工程和其他水资源分配水利工程中却完全没有介入,管理上的条块分割现象十分明显。

内蒙古、陕西、山西、河南在已建工程中已设监测断面中的介入程度高。黄河流域水资源分配工程监测情况见表 18-7。

18.7 结论与建议

(1)黄河流域共有 500 km² 以上的河流 341 条,其中有 104 条河流为完全水文空白区,占 30.5%;由水文部门设置了水文站的河流有 148 条,占 43.4%;出流口已设水文站的河流数为 111 条,占 32.6%。完全水文空白的河流主要分布于青海省、甘肃省和内蒙古自治区,说明黄河河源的高寒地区以及内蒙古的荒漠地区的河流是水文控制的薄弱地区。这些地区中小河流众多,是下一步黄河流域站网布局所重点关注的地区。

黄河流域河流水量控制目标满足率在 1950～1960 年增长比较明显,1960～1985 年为稳定增长时期,但总体水平较低。其中,在 1950～1985 年增长比较明显,但总体水平较低,其他各方面的水文控制情况也不尽人意。

(2)黄河流域共有 1 000 km² 以上的省界河流 33 条,其中有径流控制需求的河流 33 条,在省界附近已经设立水文站的河流有 27 条,现状满足率为 81.8%。根据流域内各省(区)的需求,目前径流控制需求的现状不满足率为 18.2%,有 6 条河流需要今后加以控制。

黄河流域没有穿越国界的河流。

表 18-7 黄河流域水资源分配工程监测情况

工程所在省或流域名称	工程类型	现有					在建				拟建			
		工程数量	需设监测断面	现有监测断面	水文部门		工程数量	需设监测断面	水文部门		工程数量	需设监测断面	水文部门	
					监测断面	所占比例(%)			监测断面	所占比例(%)			监测断面	所占比例(%)
1	2	3	4	5	6	7	8	9	10	11	12	13	14	15
黄河	调水工程	28	25	27	21	77.8	5	2			1	1		
	生态改造输水工程	4	1	3	0	0	1				2			
	地区水资源分配引水、退水干渠	97	165	87	64	73.6		4						
	灌区输水干渠	93	87	46	33	71.7	4							
	其他水资源分配水利工程	14		1	0	0								
合计		236	278	164	118	72.0	10	6	0	0	3	1	0	0

（3）黄河流域18个水系的484条河流中，当前有防汛测报需求的河流236条，其中满足率在70%以上的河流仅有57条，占24.2%，主要分布在湟水、渭河干流、伊洛河、沁河干流、大汶河以及黄河干流各区段，这些也是黄河的重点防汛地区；满足率在50%以下的河流有138条，占58.5%，其中尚未开展预测预报的有35条，占14.8%。尚未开展预测预报的河流主要分布在黄河源头的高寒地区，以及内蒙古、山西、陕西一带的荒漠地区。

（4）黄河流域水功能区水质站网满足率平均为32.3%，整体水平偏低。满足率水平较高的有饮用水源区的44.4%和其他开发利用区的39.9%，说明对水源近端的水质监测工作已开始重视，但对水源远端的水质监测工作力度还很弱，水质站网满足率最低的就是保护区的11.3%。

（5）黄河流域现有各类水资源分配工程236个，需要监测的断面为278处，现有观测断面164处，其中由水文部门施测的断面118处，占现有监测断面的72.0%，水文部门介入程度相对较强，但相对于需求而言又较弱，说明社会还有很大的服务需求，水文部门还需要加大力度，争取承担更多的服务项目。

黄河流域在建的各类水资源分配工程10个，由水文部门施测的断面0处；拟建的3个水资源分配工程中，由水文部门施测的断面0处。对于在建和拟建的各类水资源分配工程，水文部门在监测服务方面的介入程度均为0，除客观的原因外，也要考虑是否有主观介入意识不强的问题。

按工程类型统计，水文部门在调水工程、地区水资源分配引水（退水）干渠、灌区输水干渠中的介入程度较高，而在生态改造输水工程和其他水资源分配水利工程中却完全没有介入，管理上的条块分割现象十分明显。内蒙古自治区、陕西省、山西省、河南省在已建工程的已设监测断面中的介入程度较高。

第 19 章　水文测报方式评价

水文测验是通过定位观测、巡回测验、水文调查和站队结合等方式来收集各项水文要素资料,是一项长期工作,开展此项工作必须设立相应的水文测验基础设施和设备来完成。

流量、水位和降水是最基础的水文测验项目,是水文服务的最主要的组成部分。水文服务水平在很大程度上依赖于这些项目收集方式的水平,而它们的自动化程度是水文现代化的重要标志。水文站、水位站和雨量站的资料收集方式(即测报方式)一般由三部分组成:信息采集、信息记录和信息传输方式。水文信息通过一定形式的传感器或人工方式获取后,以一定的方式记录和存储,一些需要报送实时水文信息的测站采取一定的方式传输到相关部门。

黄河流域原有的流量、水位和降水资料收集方式均为人工方式,经过几十年的改造升级,特别是近十几年水文科技和信息技术飞速发展大背景下有了大幅提高,资料收集方式的自动化程度和现代化水平得到了迅猛发展。总的来说,水位和降水资料收集方式的自动化程度要远远高于流量,这可以归结为这两种类型资料收集自动化实现过程中较低的复杂性、较低的成本以及相关技术几十年发展的积累。一些河流和地区的水位与降水信息已经具备了较高的自动化水平,其中的一些如伊洛河水系大多降水项目已经实现了采集、存储和传输全程自动化。相对而言,流量信息的采集较为复杂,相关新技术和新仪器并不十分成熟,且成本极高,所以在流量资料收集方式中,除传输方式有所发展外,其采集和记录方式并无实质性的较大进步。

水质和地下水信息由于监测方式、资料应用特点等原因,较之流量、水位和雨量,其采集、记录和传输尚未形成测报体系,在此不作定量评价。

19.1　流量测报方式评价

19.1.1　信息采集的装备配置情况

根据《水文站网规划技术导则》(SL 34—92)规定,以断面为单位,对黄河流域内的水文站信息采集的装备配置进行统计,详见表 19-1。黄河流域现有流量信息采集断面 480 处,其中:缆道站 215 处(自动控制测流缆道 10 处,机动电动缆道 58 处,手摇 27 处,缆车或吊箱 120 处),占 44.8%、测船站 41 处,占 8.5%;水工建筑物等其他方式测流站 224 处,占 46.7%。黄河流域流量信息采集方式统计见图 19-1。

19.1.2　信息记录的装备配置情况

以断面为单位,对黄河流域的水文站信息记录的装备配置进行统计,各类信息记录的装备配置组成情况具体见表 19-2、图 19-2。

表 19-1 黄河流域流量测验信息采集方式情况统计

（单位：处）

| 序号 | 水系名称 | 水系码 | 单位名称 | 采集方式 | | | | | | | | | 合计 |
| | | | | 缆道 | | | | 测船 | | 水工建筑物 | 多普勒剖面流速仪 | 其他 | |
				自动控制	机动电动	手摇	缆车或吊箱	机动	非机动				
1	黄河干流	401	黄委	1	4	1	7	5	14	0	0	2	34
2	黄河上游区上段	402	黄委、四川、青海、甘肃	0	1	2	15	0	1	0	0	9	28
3	洮河	403	甘肃	0	2	1	10	0	0	0	0	1	14
4	湟水	404	黄委、甘肃、青海	3	2	1	12	0	0	1	0	7	26
5	黄河上游区下段	405	黄委、宁夏、内蒙古	1	4	9	8	0	14	12	0	52	100
6	黄河中游区上段	406	黄委、内蒙古、陕西、山西	0	4	0	15	0	0	0	0	14	33
7	窟野河	407	陕西、内蒙古、陕西	0	1	0	2	0	0	0	0	4	7
8	无定河	408	陕西、黄委、内蒙古	0	2	0	5	0	0	0	0	5	12
9	黄河中游区下段	409	黄委、陕西、河南	0	0	0	1	0	0	3	0	8	12
10	汾河	410	黄委、山西	0	8	0	6	0	2	0	0	23	40
11	渭河	411	黄委、甘肃、宁夏、陕西	3	15	4	7	1	0	0	0	9	39
12	泾河	412	黄委、甘肃、宁夏、陕西	0	5	8	11	1	0	0	0	9	34
13	北洛河	413	甘肃、陕西	2	6	0	0	0	0	0	0	2	10
14	黄河下游区	414	黄委、山西、河南、山东	0	2	0	0	0	0	2	0	9	13
15	大汶河	415	黄委、山东	0	1	1	4	0	1	5	0	28	40
16	伊洛河	416	黄委、陕西、河南	0	1	0	11	1	0	0	0	15	27
17	沁河	417	黄委、山西、河南	0	0	0	6	1	0	0	0	4	11
合计				10	58	27	120	8	33	23	0	201	480

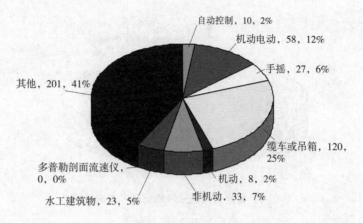

图 19-1　黄河流域流量信息采集方式统计图

表 19-2　黄河流域流量测验信息记录方式情况统计(测站/断面个数)　（单位:处）

序号	水系名称	水系码	单位名称	记录方式				
				自动测报	普通自记	固态存储	人工观读	合计
1	黄河干流	401	黄委	1	0	0	33	34
2	黄河上游区上段	402	黄委、四川、青海、甘肃	0	0	0	28	28
3	洮河	403	甘肃	0	0	0	14	14
4	湟水	404	黄委、青海、甘肃	0	0	0	26	26
5	黄河上游区下段	405	黄委、宁夏、内蒙古	0	0	0	100	100
6	黄河中游区上段	406	黄委、内蒙古、陕西、山西	0	0	0	33	33
7	窟野河	407	黄委、内蒙古、陕西	0	0	0	7	7
8	无定河	408	黄委、陕西、内蒙古	0	0	0	12	12
9	黄河中游区下段	409	黄委、陕西、山西、河南	0	0	0	12	12
10	汾河	410	黄委、山西	0	0	0	40	40
11	渭河	411	黄委、甘肃、宁夏、陕西	1	0	0	38	39
12	泾河	412	黄委、甘肃、宁夏、陕西	0	0	0	34	34
13	北洛河	413	甘肃、陕西	1	0	0	9	10
14	黄河下游区	414	黄委、山西、河南、山东	0	0	0	13	13
15	大汶河	415	黄委、山东	0	0	0	40	40
16	伊洛河	416	黄委、陕西、河南	0	0	0	27	27
17	沁河	417	黄委、山西、河南	0	0	0	11	11
	合计			3	0	0	477	480

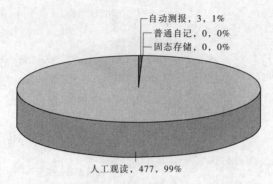

自动测报，3，1%
普通自记，0，0%
固态存储，0，0%

人工观读，477，99%

图 19-2　黄河流域流量信息记录方式统计图

19.1.3　信息传输的装备配置情况

将水文站各断面所采用的信息传输方式进行统计，可以看出，黄河流域目前信息的传输方式主要依靠话传，占据各种传输方式的 48.4%。其次，人工数传、电台、PSTN 也有一定的使用量，近年来随着电子网络的迅猛发展，无线公网在水文信息传输中的应用也得到了拓展，但因受多种条件的限制，没有大范围推广，使用率还很低，而卫星等高端技术在流量信息的传输中几乎未用到。黄河流域流量测验信息传输方式情况统计见表 19-3。

表 19-3　黄河流域流量测验信息传输方式情况统计（测站/断面个数）　（单位：处）

序号	水系名称	水系码	单位名称	传输方式						
				PSTN	卫星	无线公网	电台	话传	人工数传	合计
1	黄河干流	401	黄委	0	0	9	17	7	0	33
2	黄河上游区上段	402	黄委、四川、青海、甘肃	0	0	1	1	15	9	26
3	洮河	403	甘肃	0	0	0	0	13	0	13
4	湟水	404	黄委、青海、甘肃	0	0	0	2	22	2	26
5	黄河上游区下段	405	黄委、宁夏、内蒙古	0	0	0	0	65	35	100
6	黄河中游区上段	406	黄委、内蒙古、陕西、山西	3	1	20	0	9	0	33
7	窟野河	407	黄委、内蒙古、陕西	1	0	3	0	2	0	6
8	无定河	408	黄委、陕西、内蒙古	3	0	8	0	0	0	11
9	黄河中游区下段	409	黄委、陕西、山西、河南	0	0	0	0	3	0	3
10	汾河	410	黄委、山西	0	0	0	1	14	0	15
11	渭河	411	黄委、甘肃、宁夏、陕西	18	0	0	8	3	5	34
12	泾河	412	黄委、甘肃、宁夏、陕西	2	0	0	7	17	6	32
13	北洛河	413	甘肃、陕西	5	0	0	0	1	0	6
14	黄河下游区	414	黄委、山西、河南、山东	0	0	0	3	3	3	9
15	大汶河	415	黄委、山东	0	0	0	0	3	0	3
16	伊洛河	416	黄委、陕西、河南	1	0	0	14	0	0	15
17	沁河	417	黄委、山西、河南	0	0	0	0	4	3	7
合计				33	1	41	57	180	60	372

19.2 水位测报方式评价

采集水位的 516 处断面中,水尺观读 406 处,占 78.6%;超声波水位观测 54 处,占 10.5%;浮子式 52 处,占 10.1%;压力式 4 处,占 0.8%。见表 19-4 ~ 表 19-6,图 19-3、图 19-4。

表 19-4　黄河流域水位信息采集方式情况统计(测站/断面个数)　　　(单位:处)

序号	水系名称	水系码	单位名称	采集方式						
				浮子式	超声波	压力式	电子水尺	水尺观读	其他	合计
1	黄河干流	401	黄委	9	33	0	0	37	0	79
2	黄河上游区上段	402	黄委、四川、青海、甘肃	1	0	0	0	23	0	24
3	洮河	403	甘肃	1	0	0	0	13	0	14
4	湟水	404	黄委、青海、甘肃	1	1	0	0	20	0	22
5	黄河上游区下段	405	黄委、甘肃、宁夏、内蒙古	33	1	0	0	52	0	86
6	黄河中游区上段	406	黄委、内蒙古、陕西、山西	0	2	0	0	32	0	34
7	窟野河	407	黄委、内蒙古、陕西	0	0	0	0	7	0	7
8	无定河	408	陕西、黄委、内蒙古	0	2	0	0	10	0	12
9	黄河中游区下段	409	黄委、陕西、山西、河南	1	0	0	0	14	0	15
10	汾河	410	黄委、山西	1	0	0	0	41	0	43
11	渭河	411	黄委、甘肃、宁夏、陕西	1	8	0	0	34	0	43
12	泾河	412	黄委、甘肃、宁夏、陕西	0	2	0	0	32	0	34
13	北洛河	413	甘肃、陕西	0	2	0	0	8	0	10
14	黄河下游区	414	黄委、山西、河南、山东	1	0	1	0	13	0	15
15	大汶河	415	黄委、山东	2	1	3	0	34	0	40
16	伊洛河	416	黄委、陕西、河南	0	1	0	0	26	0	27
17	沁河	417	黄委、山西、河南	1	0	0	0	10	0	11
合计				52	54	4	0	406	0	516

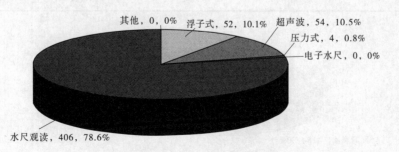

图 19-3　黄河流域水位信息采集方式统计图

表 19-5　黄河流域水位信息记录方式情况统计(测站/断面个数)　　（单位:处）

序号	水系名称	水系码	单位名称	记录方式				
				自动测报	普通自记	固态存储	人工观读	合计
1	黄河干流	401	黄委	5	17	20	37	79
2	黄河上游区上段	402	黄委、四川、青海、甘肃	0	1	0	23	24
3	洮河	403	甘肃	0	1	0	13	14
4	湟水	404	黄委、青海、甘肃	0	2	0	20	22
5	黄河上游区下段	405	黄委、宁夏、内蒙古	1	27	1	57	86
6	黄河中游区上段	406	黄委、内蒙古、陕西、山西	0	0	2	32	34
7	窟野河	407	黄委、内蒙古、陕西	0	0	0	7	7
8	无定河	408	陕西、黄委、内蒙古	0	0	2	10	12
9	黄河中游区下段	409	黄委、陕西、山西、河南	0	0	1	14	15
10	汾河	410	黄委、山西	0	1	0	42	43
11	渭河	411	黄委、甘肃、宁夏、陕西	1	4	3	35	43
12	泾河	412	黄委、甘肃、宁夏、陕西	0	1	0	33	34
13	北洛河	413	甘肃、陕西	1	0	1	8	10
14	黄河下游区	414	黄委、山西、河南、山东	1	1	1	12	15
15	大汶河	415	黄委、山东	0	5	1	34	40
16	伊洛河	416	黄委、陕西、河南	0	0	0	27	27
17	沁河	417	黄委、山西、河南	0	0	0	11	11
合计				9	60	32	415	516

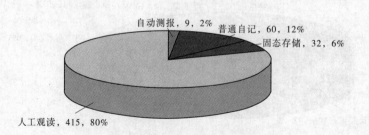

图 19-4　黄河流域水位信息记录方式统计图

表 19-6　黄河流域水位信息传输方式情况统计（测站/断面个数）　　　　　（单位:处）

序号	水系名称	水系码	单位名称	传输方式						
				PSTN	卫星	无线公网	电台	话传	人工数传	合计
1	黄河干流	401	黄委	0	0	10	27	35	3	75
2	黄河上游区上段	402	黄委、四川、青海、甘肃	0	0	1	1	11	9	22
3	洮河	403	甘肃	0	0	0	0	14	0	14
4	湟水	404	黄委、青海、甘肃	0	0	0	2	18	2	22
5	黄河上游区下段	405	黄委、宁夏、内蒙古	0	0	2	0	65	20	87
6	黄河中游区上段	406	黄委、内蒙古、陕西、山西	3	1	20	0	9	1	34
7	窟野河	407	黄委、内蒙古、陕西	1	0	3	0	2	0	6
8	无定河	408	陕西、黄委、内蒙古	3	0	8	0	0	0	11
9	黄河中游区下段	409	黄委、陕西、山西、河南	1	0	0	0	3	1	5
10	汾河	410	黄委、山西	0	0	0	1	14	0	15
11	渭河	411	黄委、甘肃、宁夏、陕西	22	0	0	9	3	4	38
12	泾河	412	黄委、甘肃、宁夏、陕西	3	0	0	8	16	6	33
13	北洛河	413	甘肃、陕西	7	0	0	1	0	0	8
14	黄河下游区	414	黄委、山西、河南、山东	0	0	0	3	3	3	9
15	大汶河	415	黄委、山东	0	0	0	0	3	0	3
16	伊洛河	416	黄委、陕西、河南	1	0	0	14	0	0	15
17	沁河	417	黄委、山西、河南	0	0	0	4	3	0	7
合计				41	1	44	70	199	49	404

19.3　降水测报方式评价

19.3.1　信息采集的装备配置情况

黄河流域共有 2 290 处雨量观测站:翻斗式 1 389 处,占 60%;虹吸式 268 处,占 12%;雨量器 633 处,占 28%。见表 19-7、图 19-5。

表 19-7　黄河流域雨量信息采集方式情况统计（测站/断面个数）　　　　（单位：处）

序号	水系名称	水系码	单位名称	采集方式				
				翻斗式	虹吸式	雨量器	其他	合计
1	黄河干流	401	黄委	16	10	8	0	34
2	黄河上游区上段	402	黄委、四川、青海、甘肃	62	17	16	0	95
3	洮河	403	甘肃	2	17	15	0	34
4	湟水	404	黄委、甘肃、青海	68	19	0	0	87
5	黄河上游区下段	405	黄委、宁夏、内蒙古	75	55	161	0	291
6	黄河中游区上段	406	黄委、内蒙古、陕西、山西	183	45	88	0	316
7	窟野河	407	黄委、内蒙古、陕西	46	1	5	0	52
8	无定河	408	黄委、内蒙古、陕西	88	2	2	0	92
9	黄河中游区下段	409	黄委、陕西、山西、河南	90	0	10	0	100
10	汾河	410	黄委、山西	130	42	57	0	229
11	渭河	411	黄委、甘肃、宁夏、陕西	139	15	118	0	272
12	泾河	412	黄委、甘肃、宁夏、陕西	141	6	73	0	220
13	北洛河	413	甘肃、陕西	24	6	48	0	78
14	黄河下游区	414	黄委、山西、河南、山东	85	18	21	0	124
15	大汶河	415	黄委、山东	37	13	8	0	58
16	伊洛河	416	黄委、陕西、河南	139	2	0	0	141
17	沁河	417	黄委、山西、河南	64	0	3	0	67
合计				1 389	268	633	0	2 290

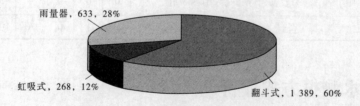

图 19-5　黄河流域雨量信息采集方式统计图

　　从雨量信息采集装置所占百分比可以看出，流域内主要的雨量信息采集方式还是以固态存储方式为主，尚有 28% 雨量站使用雨量器来采集雨量信息，自动化程度不高，对流域水文信息采集数据的精确性、实效性有很大影响。提高信息采集自动化是加快流域水文事业发展的关键。

19.3.2 信息记录的装备配置情况

从以上可以看出,流域内雨量信息记录装备配置同采集装备配置面临着同样的问题,自动化程度低,主要依靠人工记录。雨量站近几年来大量使用固态存储雨量计,在一定程度上减小了人员劳动强度,但人工观读和普通自记还有超过50%的测站使用,实现自动测报的仅占2.7%,见表19-8、图19-6。

表 19-8　黄河流域雨量信息记录方式情况统计(测站/断面个数)　　　(单位:处)

序号	水系名称	水系码	单位名称	记录方式				
				自动测报	普通自记	固态存储	人工观读	合计
1	黄河干流	401	黄委	1	19	6	8	34
2	黄河上游区上段	402	黄委、四川、青海、甘肃	6	21	9	59	95
3	洮河	403	甘肃	0	12	3	19	34
4	湟水	404	黄委、甘肃、青海	0	20	64	3	87
5	黄河上游区下段	405	黄委、宁夏、内蒙古	6	51	70	164	291
6	黄河中游区上段	406	黄委、内蒙古、陕西、山西	0	49	179	88	316
7	窟野河	407	黄委、内蒙古、陕西	0	1	46	5	52
8	无定河	408	黄委、内蒙古、陕西	0	2	88	2	92
9	黄河中游区下段	409	黄委、陕西、山西、河南	0	6	88	6	100
10	汾河	410	黄委、山西	0	54	118	57	229
11	渭河	411	黄委、甘肃、宁夏、陕西	1	17	131	123	272
12	泾河	412	黄委、甘肃、宁夏、陕西	0	5	141	74	220
13	北洛河	413	甘肃、陕西	0	6	24	48	78
14	黄河下游区	414	黄委、山西、河南、山东	23	49	25	27	124
15	大汶河	415	黄委、山东	25	13	12	8	58
16	伊洛河	416	黄委、陕西、河南	0	135	5	1	141
17	沁河	417	黄委、山西、河南	0	14	50	3	67
合计				62	474	1 059	695	2 290

19.3.3 信息传输的装备配置情况

对各站点所采用的信息传输方式进行统计,可以看出,黄河流域目前信息的传输方式主要依靠话传,占据各种传输方式的38.2%;其次,人工数传、PSTN、电台也有一定的使用量;近年来,随着电子网络的迅猛发展,无线公网在雨量信息传输中的应用也得到了拓展,

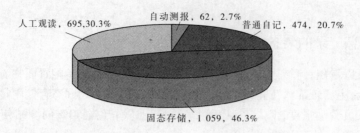

图 19-6 黄河流域雨量信息记录方式统计图

但因受多种条件的限制,没有大范围推广,使用率还很低;而卫星等高端技术在雨量信息的传输中使用率极低,尚处在起步阶段,见表 19-9。

表 19-9 黄河流域雨量信息传输方式情况统计(测站/断面个数) （单位:处）

序号	水系名称	水系码	单位名称	传输方式						
				PSTN	卫星	无线公网	电台	话传	人工数传	合计
1	黄河干流	401	黄委	0	1	9	17	6	0	33
2	黄河上游区上段	402	黄委、四川、青海、甘肃	0	6	0	0	8	1	15
3	洮河	403	甘肃	0	0	0	0	7	5	12
4	湟水	404	黄委、甘肃、青海	0	0	0	1	13	1	15
5	黄河上游区下段	405	黄委、宁夏、内蒙古	0	0	1	0	50	32	83
6	黄河中游区上段	406	黄委、内蒙古、陕西、山西	14	1	20	0	33	6	74
7	窟野河	407	黄委、内蒙古、陕西	2	0	3	0	2	0	7
8	无定河	408	黄委、内蒙古、陕西	11	0	5	0	0	0	16
9	黄河中游区下段	409	黄委、陕西、山西、河南	1	0	0	0	15	1	17
10	汾河	410	黄委、山西	0	0	0	1	51	1	53
11	渭河	411	黄委、甘肃、宁夏、陕西	53	0	0	8	2	71	134
12	泾河	412	黄委、甘肃、宁夏、陕西	7	0	0	6	6	111	130
13	北洛河	413	甘肃、陕西	21	0	0	0	0	2	23
14	黄河下游区	414	黄委、山西、河南、山东	8	0	0	3	40	19	70
15	大汶河	415	黄委、山东	24	0	0	0	0	2	26
16	伊洛河	416	黄委、陕西、河南	6	0	0	14	60	0	80
17	沁河	417	黄委、山西、河南	0	0	0	4	16	0	20
	合计			147	8	38	54	309	252	808

19.4　水质站测报方式评价

经对流域水环境污染状况和现有水环境监测站网分析认为：

（1）现有站网功能单一，站点少，布局不尽合理。

（2）人工采样代表性不强，样品输送时限性差，同时监测能力较低。现有水质站网需进一步调整和优化，同时要重点加强能力方面的建设，按社会经济发展对水资源的需求设置站网，形成结构多元化、功能多元化的站网体系。

（3）水环境监测中心仪器配置为一般常规仪器设备，仪器设备配备率低，部分仪器设备老化陈旧，缺少专用的水质监测车，无法满足水污染事故或其他应急水质监测任务的需要。

（4）自动化信息化设备少，目前没有自动监测站，监测的数据传递仍然是采用电话、传真和邮递方式，没有专用的信息传输路线，时效性不强，信息化手段落后，历史资料也采用普通纸介质保存，没有建立数据库和磁、光介质储存。实验室的数据处理、资料整编、分析评价等工作大多数还是手工完成的，不仅费时费力，而且质量不高。

（5）样品运送过程中保存条件差，影响监测成果质量。

19.5　地下水观测井测报方式评价

根据《地下水监测规范》（SL 183—2005），地下水监测项目为水位、水量、水质、水温，目前黄河流域的地下水监测基本上只有水位，个别井监测水温、水质。

据不完全统计，黄河流域现有的地下水井共有 2 169 眼（含水文站观测项目），分别为专用井、生产井和民用井，观测方式分别为自记水位和人工观测。

现行的监测仍然是以传统的人工观测为主，自记井占有极小的比例，自动化监测井比例太小，技术手段落后，且观测测具陈旧，资料报送手段落后，由于没有配备自动化监测系统，只能靠观测员用信件邮递或观测组长下去收集，就连电话报送也达不到（观测员家没安电话）。

（1）由于大多数观测井借用当地生产井、民用井、报废的机井，监测资料的质量难以保证，影响资料的精度。由委托监测的地下水资料收集系统存在诸多问题，缺报、漏报、拒报地下水资料的现象时有发生，造成资料中断或不连续，无法保证监测工作质量。

（2）由于经费的制约，观测井年久失修，正常维修维护无力开展，淤积堵塞现象严重。监测井毁坏后，无力修复，监测井在逐年减少，这样不可避免造成资料的丢失，而且收集时间太长，不能及时有效地获取地下水动态信息。

（3）测验设备及手段陈旧落后，不能满足地下水监测的需求，地下水位观测大多数采用测绳测量，仅有几眼监测井采用自记水位计观测。

（4）井网布设不尽合理，现有测井区域代表性差，不能反映重点地区地下水动态变化规律。监测井网密度低，已满足不了目前社会发展和有关部门对地下水科学管理的需要。

（5）地下水观测项目单一,仅限于水位、水质。工作条件差,缺乏交通工具。观测人员在巡回观测时只能骑自行车或步行,劳动强度大,难以在规定观测时间开展工作,影响观测质量。

（6）地下水监测归口管理尚未理顺,地下水集中开采地的地下水观测由地质部门进行,造成站网建设的不合理及资料使用上的不便。

黄河流域地下水工作开展于1955年,到目前已积累了50年的地下水动态资料历史,为防汛、抗旱、水资源管理、水资源保护起到了不可替代的作用;编制了多期水资源公报、水资源简报和地下水通报,在水资源评价和水资源论证中提供了大量数据,也为有关方面领导提供了决策依据。

目前,急需进行地下水水质普查,加强地下水污染监测,开展地下水信息管理数据库建设,提高测报自动化技术,完善地下水监测站网,为流域水资源合理开发、配置、管理,及时有效地提供地下水位、水质、水量等信息,有效控制环境问题,及时提供防治决策依据。

19.6　信息采集、传输与分析处理的自动化程度评价

目前,黄河流域信息自动化程度很低,信息主要的采集、传输与分析处理方式还是以最简单、最原始的人工采集方式为主,这对于所采集洪水信息的及时性、有效性与准确性都有一定程度的影响,尤其是水位站和雨量站的自动测报率更低,不利于黄河流域水文信息的采集与获取,不能及时地对所发生的情况作出判断,时效性差,对于流域测洪、防洪工作有一定的制约。加快黄河流域信息采集、传输与分析处理的自动化程度,尤其对流域防汛工作至关重要,具有报汛任务的关键站应率先实现自动化测报。

19.7　水文测验方式与站队结合基地建设

19.7.1　水文测验方式

水文测验是通过定位观测、巡测、水文调查和站队结合等方式来收集各项水文要素资料的,是一项长期基础性工作,开展此项工作必须设立相应的水文测验设施和设备来完成。

黄河流域现有477处水文测验断面,测验方式分别为驻测、汛期驻测和巡测三种方式,其中驻测站最多,占测站总数的77.2%,其他两类只有22.8%。自动测报刚刚起步,全部为水位—流量单一关系的报汛水文站,流域情况统计见表19-10。

从表19-10可以看出,流域内76处水位—流量单一关系水文测验断面,有50处断面积累了30年以上的实测资料。理论上可对这76处站点实行巡测或汛期驻测方式,提高测验手段,减轻水文测验任务。但是随着水利工程的日益增加,越来越多的水文站受到水利工程的影响,原先水位—流量单一关系的水文站有可能关系不再单一,原先撤销或降级的水文站点,再恢复水文站,需要重新配置测验设备及站房,所需经费较多。

表 19-10　黄河流域水文站（断面）测验方式情况统计（个数）

（单位：处）

序号	水系名称	水系码	单位名称	测站/断面数	水位—流量单一关系的水文站						驻测站	报讯站
					常年驻测站/断面	汛期驻测站/断面	巡测站/断面	测站/断面数	设站 >30年	测站数	测站数	自动测报站
1	黄河干流	401	黄委、内蒙古	34	30	1	3	13	10	10	10	1
2	黄河上游区上段	402	黄委、甘肃、青海、四川	28	24	0	4	5	0	2	2	0
3	洮河	403	甘肃	14	14	0	0	1	0	1	1	0
4	湟水	404	黄委、甘肃、青海	26	25	1	0	6	2	6	6	0
5	黄河上游区下段	405	黄委、宁夏、内蒙古	101	28	50	23	6	5	1	1	0
6	黄河中游区上段	406	黄委、内蒙古、陕西、山西	33	12	21	0	3	3	0	0	0
7	窟野河	407	黄委、内蒙古	7	4	3	0	0	0	0	0	0
8	无定河	408	陕西、内蒙古、陕西	11	4	7	0	1	1	0	0	0
9	黄河中游区下段	409	黄委、陕西、山西、河南	9	9	0	0	2	0	2	2	0
10	汾河	410	黄委、山西	25	25	0	0	0	0	0	0	0
11	渭河	411	黄委、甘肃、宁夏、陕西	37	35	0	2	2	2	2	2	0
12	泾河	412	黄委、甘肃、宁夏、陕西	33	20	12	1	5	3	1	1	0
13	北洛河	413	甘肃、陕西	8	8	0	0	0	2	0	0	0
14	黄河下游区	414	黄委、山西、河南、山东	13	9	4	0	5	2	4	4	0
15	大汶河	415	黄委、山东	40	5	19	16	4	2	4	1	0
16	伊洛河	416	黄委、陕西、河南	23	23	0	0	14	12	14	7	0
17	沁河	417	黄委、山西、河南	11	11	0	0	7	6	7	7	0
合计				453	286	118	49	76	50	49	38	1

19.7.2 水文基地建设和站队结合工作开展状况

水文巡测是测验方式的重大改革,是促进水文体制改革的重要环节,也是满足新形势下各方面对水文的要求而采用拓宽资料收集范围的一种方式,是逐步实行"站网优化、分级管理、站队结合、精兵高效、技术先进、优质服务"工作模式的必由之路,也是水文工作走出困境、实现良性循环的根本出路,是水文基地建设的基础。

水文巡测的主要功能是把基层测验人员从长期封闭、孤立地驻守在偏远分散的测站直至终老的现状中解放出来,通过相对集中、开展培训、提高测验分析的技术含量,来改善基层测站人员的工作和生活水平,完成水文水资源监测系统中的定位观测所不能完成的工作;减少定位观测,发挥巡测灵活机动的优势,扩大水文信息的收集范围,为社会提供更优质的服务。

19.7.2.1 基地建设和站队结合工作现状

黄河流域站队结合工作的开展始于 20 世纪 80 年代,截至 2005 年年底,流域内共有37 处站队结合基地,分别以水文分局、勘测队和水文中心站的形式组建。经过多年的不断实践、不断创新、不断总结、不断前进,特别是近几年的探索和努力,形成了以平原区、山丘区、经济发达区等多种管理模式并存的发展格局。在勘测方式上,实现了由常年驻测向巡测、遥测和委托观测的转变;在人员管理上,实现了由松散型向集中型管理的转变;在水文服务上,实现了由单纯的测算报整向社会化服务转变。目前,流域内共建成测站职工在城市集中的工作和生活基地 43 处,分别为分局 14 处、勘测队 28 处和中心站 1 处。这些站队共辖有水文站 230/290 处(其中轮流值守 10/12 处,巡测站 27/27 处)、水位站 86 处(其中汛期驻守、间测站 1 处,巡测站 4 处)、雨量站 1 002 处、水质站 121 处以及地下水站754 处。这些测站在流域水文监测工作中发挥着重要作用。

19.7.2.2 基地建设和站队结合工作目标评价

站队结合是对基层水文生产方式和管理体制的综合性改革,它运用先进的科技手段和方法,在现有水文站网和水文职工队伍的基础上,分片组合成立勘测队或巡测队,改变传统的单一驻守观测方式,实行驻测、巡测和委托观测、水文调查以及工程控制法、水力因素法相结合的站队结合方式,建设的最终目标是要实现水文水资源信息从采集、传输、处理到决策支持全部自动化即"数字水文"。全面完成测区范围内的各项工作任务,不仅提高了工作效率和经济效益,而且为防汛、水利、资源、环境等国民经济各部门提供快捷而又准确的水文信息服务。

结合本流域目前水文站、水位站、雨量站网,站点多,自动化程度低,人员少等问题,在今后设计站网改造方案时应考虑对这些测站,尤其是报汛站,实施水位、雨量自记和遥测,流量汛期驻测或巡测,建议组建站队结合基地,推广"区域巡测"模式。通过驻测和巡测有机科学地结合起来,完成测报任务,完善区域巡测工作,提高工作效率,从而扩大服务水准。

针对仅仅承担水文资料常规收集任务的测站,可以采用自记或固态存储,定期下载资料。尤其是对设站已 30 年以上的单一曲线断面,应采用"有人看管,无人值守"的测验方式,比如站队结合的工作方式,以解决人员不足、职工生活条件差等问题,同时也提高了基础水文测验工作的效率与水平。

　　针对当前"以人为本"的社会可持续发展思路,更应进一步坚定推动"站队结合"工作的信念,开展形式多样的基地(队)模式。可以是分局、勘测队,甚至可以是设置在城市附近的规模相对大一些的水文站,主要是为基层测站人员在城市里提供一个相对集中的场所,从而改善工作和生活条件,实施轮流培训,不断提高业务水平,由单点固守模式逐步向以点带面、扩大流域和行政辖区面上信息收集的模式转变。

第 20 章　水文站网受水利工程影响情况

20.1　水利工程建设情况

新中国成立后,在党和人民政府的领导下,黄河流域进行了大规模的水利水电工程建设,兴建了一大批防洪、除涝和灌溉、供水工程。已建成并投入使用的主要有蓄水工程,水资源分配工程,调水、输水工程,堤防工程,同时还修建了大量的橡胶坝、人字闸、拦河筑坝和集雨工程等。

20.1.1　蓄水工程

青海省黄河流域共建成水库 130 座,总库容为 38 785 万 m^3。其中:库容 1 000 万 m^3 以上的中型水库 4 座,总库容 7 090 万 m^3;库容 100 万~1 000 万 m^3 的小型水库 36 座,总库容 11 402 万 m^3;库容 10 万~100 万 m^3 的 89 座,总库容 2 093 万 m^3。此外,建成涝地(蓄水量 10 万 m^3 以下)664 座,总蓄水量 1 388.78 万 m^3。

宁夏区黄河流域自 1958 年自治区成立以来,各条河流相继建成各类水库 200 余座,截止到 2000 年,共有水库 189 座。所建水库以清水河最多,葫芦河次之,泾河较少,苦水河最少。

山西省黄河流域有大型水库 7 座,中型水库 56 座,小型水库 703 座。

陕西省黄河流域境内有已建成水库 1 052 座,其中大型水库 8 座,中型水库 53 座,小型水库 991 座,总库容 40.51 亿 m^3。全省水库大多数修建于 20 世纪 50 年代后期至 70 年代初期。除延河支流杏子河王窑水库、渭河支流黑河金盆水库、石头河水库以防洪和供水为主,汉江石泉、安康水库以发电为主外,其他水库均以灌溉为主。近几年在建的大型水利工程有无定河王圪堵水库、汉江源电站、安康蔺河口电站、洋县卡房子水库等。

河南省黄河流域有大中型水库 24 座,其中干流水库有三门峡、小浪底水库,支流有伊河陆浑水库和洛河故县水库,它们除灌溉和发电效益外,主要是拦蓄洪水,发挥防洪作用。这四座水库由黄河防汛抗旱总指挥部进行防洪调度,拦蓄洪水的总量为 135 亿 m^3,可以使黄河下游的防洪标准从目前的 60 年一遇提高到 1 000 年一遇。

山东省黄河流域有 4 处蓄滞洪工程,即东平湖水库、北金堤滞洪区、齐河北展宽区、垦利南展宽区。其中:东平湖水库面积 627 km^2、老湖区 209 km^2、新湖区 418 km^2,近期运用保证水位 44.0 m、争取 44.5 m(相应库容为 27.3 亿 m^3 和 30.42 亿 m^3),设计分洪能力 8 500 m^3/s、泄洪能力 3 500 m^3/s;北金堤滞洪区跨豫、鲁两省,总面积 2 316 km^2(其中山东省 93 km^2),设计有效库容 27 亿 m^3;齐河北展宽区面积 106 km^2,库容 4.75 亿 m^3,有效库容 3.9 亿 m^3,设计分洪能力 2 000 m^3/s;垦利南展宽区面积 123.3 km^2,近期滞洪库容 3.27 亿 m^3,设计分洪能力 2 350 m^3/s。

20.1.2 水资源分配工程

青海省黄河流域共建有农田灌溉干支渠 2 470 条,总长 8 721.62 km。其中:草原灌溉干支渠 91 条,总长 969.80 km;供水管道 2 474 条,总长 13 846.79 km。青海省共建有抽水机站 1 017 座,水轮泵站 21 座,喷灌 167 处。青海省有机电井 1 005 眼,其中已配套完好机电井 984 眼。青海省农田有效灌溉面积达到 194.32 $\times 10^3$ hm²。其中,自流引水灌溉 115.02 $\times 10^3$ hm²,水库灌溉 43.07 $\times 10^3$ hm²,涝地灌溉 3.44 $\times 10^3$ hm²,抽水机站灌溉 27.55 $\times 10^3$ hm²,水轮泵站灌溉 2.36 $\times 10^3$ hm²,井灌 1.69 $\times 10^3$ hm²,喷灌 1.13 $\times 10^3$ hm²。同时,治理水土流失面积 714.86 $\times 10^3$ hm²,治河造田 9.58 $\times 10^3$ hm²,改良盐碱地 1.46 $\times 10^3$ hm²,并解决了 332.76 万人和 1 080.43 万头(只)牲畜的饮水困难。

山西省黄河流域地区内水资源分配工程 8 处,灌区输水干渠 7 处。

河南省黄河流域地区内水资源分配引水、退水干渠 14 处,灌区输水干渠 5 处,其他水资源分配水利工程 1 处。

20.1.3 调水、输水工程

山西省黄河流域已建成并投入使用的调水、输水工程有 6 处,分别为黄河流域的禹门口黄河提水工程、尊村电灌站、夹马口电灌站、大禹渡电灌站、引黄南干渠和黄河流域沁河水系引沁济汾工程。在建、拟建调水、输水工程 3 处,分别为在建的黄河流域的浪店水源工程和引黄北干渠,拟建的海河流域的滹沱河南庄调水工程,水文系统均未设立观测断面。

陕西省黄河流域境内已建引嘉(陵江)济汉(江)、引(马)栏济桃(桃曲坡水库)、引乾(佑河)济石(砭峪)跨流域调水工程 3 处,在建跨流域调水工程 2 处。

河南省黄河流域有调水工程 26 处。

山东省黄河流域有引黄闸 63 座,设计引水流量 2 423.3 m³/s,共开辟引黄灌区 73处,其中 30 万亩以上的大型灌区 19 处,全省已有 11 个市地 68 个县(市、区)使用黄河水。近十年来(1991~2000 年),全省年均引水量 71.62 亿 m³(最多的 1989 年引水量 123 亿 m³),年均灌溉面积 3 000 万亩,农业灌溉年效益达 30 多亿元。此外,为沿黄城镇、胜利油田工业和生活用水及滨海地区人畜饮水提供了宝贵水源,并把黄河水送到了河北、青岛等地区。黄河水已成为山东省经济和社会发展的重要资源,正在为富民兴鲁发挥着越来越大的作用。

20.1.4 堤防工程

山东省黄河防洪工程主要有堤防、险工、控导和蓄滞洪工程。现有各种堤防 1 471.65 km(包括东平湖围堤 113.1 km、北金堤 83.4 km、南北展宽堤 76.4 km 等),其中临黄堤 803.77 km;险工 122 处 3 549 段坝岸,长 295.13 km;控导工程 121 处 1 899 段坝垛,长 181.83 km。

20.2 水利工程对水文站网影响

近年来,随着水资源的开发利用,水利水电工程的兴建,改变了水文站的测验条件和上下游水沙情势,严重影响了区域水文资料的一致性和代表性,给这类地区水文测验、流域水文预报、水资源计算造成了一定的困难,受其影响,有些站被迫停测或搬迁,有些站裁撤了部分测验项目,站网不能发挥应有的功能,严重影响了站网的稳定。还有些站改变了原有的测验方式,耗费了不少人力和物力。经调查分析,黄河流域水库、水电站、水利枢纽的建设对水文站的影响主要有三方面:一是水利工程设在水文站控制断面上游,改变了天然河道的水流情势,影响天然河道的水沙变化规律,造成水文资料失真和水账算不清;二是水利工程修建在水文站控制断面下游,使水文站测流断面有回水影响,无法开展正常测验工作,所收集的资料失去代表性;三是水利工程直接建设在水文测验河段上,使水文站失去设站目的,迫使水文站搬迁。

黄河流域共有水文站 381 处,其中大河站 103 处,受水利工程建设影响的大河站 45 处,占大河站总数的 43.7%;区域代表站 154 处,受水利工程影响的区域代表站 48 处,占区域代表站总数的 31.2%;小河站 124 处,受水利工程影响的小河站 13 处,占小河站总数的 10.5%,详见表 20-1、表 20-2。

表 20-1 黄河流域大河站受水利工程影响情况统计(测站/断面数) （单位:处）

序号	水系名称	水系码	大河站数	受影响站数	影响显著或严重站数		
					国家重要站	省级重要站	一般站
1	黄河干流	401	34	16	8	1	0
2	黄河上游区上段	402	8	2	1	0	0
3	洮河	403	5	3	0	0	0
4	湟水	404	7	2	0	0	0
5	黄河上游区下段	405	3	2	0	0	0
6	黄河中游区上段	406	1	1	0	1	0
7	窟野河	407	2	1	0	0	0
8	无定河	408	3	2	0	0	0
9	黄河中游区下段	409	1	1	0	1	0
10	汾河	410	8	7	2	0	0
11	渭河	411	9	1	0	0	0
12	泾河	412	7	2	0	0	0
13	北洛河	413	4	0	0	0	0
14	黄河下游区	414	0	0	0	0	0
15	大汶河	415	3	0	0	0	0
16	伊洛河	416	5	5	1	0	0
17	沁河	417	3	0	0	0	0
	合计		103	45	12	3	0

表 20-2　黄河流域区域代表站和小河站受水利工程影响情况统计　（单位:处）

序号	水系名称	水系码	测站分类			区域代表站						小河站			
			国家重要站	省级重要站	一般站	不影响	轻微	中度	显著或严重			不影响	轻微	中度	显著或严重
									迁移、增设辅助站	撤销	取消代表站资格，调整任务				
1	黄河干流	401													
2	黄河上游区上段	402													
3	洮河	403		1							1				
4	湟水	404	2		1		2						1		
5	黄河上游区下段	405	1	3			2	1						1	
6	黄河中游区上段	406		3	17		7	5			6		2		
7	窟野河	407		1			1				2				3
8	无定河	408			7		1	1							
9	黄河中游区下段	409		1	2			1			1				1
10	汾河	410		32			2	2					1		
11	渭河	411	2	4	1		1	1			3			2	
12	泾河	412		4	2		2	2						2	
13	北洛河	413													
14	黄河下游区	414		1	1			1			1				
15	大汶河	415													
16	伊洛河	416	1	1				1			1				
17	沁河	417													
	合计		6	51	31	0	19	14	0	0	15	0	4	5	4

20.2.1　对大河站的影响

20.2.1.1　受水电（梯级）开发的影响

一是水电工程地址距水文测验断面位置较近,严重影响测验水沙条件;二是有些站来水受工程调节影响,测验难度加大,尤其是低水测验十分困难,而测站观测手段落后,自动化程度低,无法施测到所有人为调节变化过程,影响水文资料的连续性、代表性、完整性。例如:清水河泉眼山水文站 2004 年由于上游引水,曾发生建站以来首次断流;葫芦河支流大清河隆德水文站由于上游水库蓄水,发生断流,无法进行正常水文测验,测站失去设站目的,改为监测断面;苏峪口水文站断面以上因修建引水工程断流。黄河陕南汉江石泉、

·195·

安康均受到上游水电梯级开发工程影响,情况也比较严重。黄河小浪底水文站受水库下泄的影响,水位变化急剧,采用传统流速仪测验流量,测验历时长,单次流量的精度难以保证,同时其流量过程也很难控制。

20.2.1.2 受水利工程的影响

近年来,随着小水电工程规模的扩大及一些拦河筑坝取水工程为了提高经济效益而加坝加闸,河流上修建了橡胶坝、人字闸等蓄水建筑物,河道平沙、挖沙等,使一些水文站改变了原有的测验条件,不得不另增加设施,耗费大量人力、物力。如渭河林家村站、泾河张家山站等,由于上游的滚水坝加高并加闸,这些站经常受到无规律的放水、拉沙等影响,基本断面水位有时一天之内发生数次涨落,水位变幅达 1～2 m,人为形成水沙峰十分频繁。还有一些站上游修坝拦水,影响测站断面过水量,而在引水渠上增加测验设施。沁河五龙口水文站由于其下游围堰长期蓄水用于灌溉,造成该断面流速小,水面宽,流量小,利用流速仪测验流量困难,水位流量关系混乱。伊河龙门镇水文站,由于受龙门石窟景区橡胶坝影响,龙门镇水文站水位观测任务成倍增加,要同时观测基本断面水位和低水断面水位,而且基本断面水位与建坝前水位资料不衔接。另外,低水断面水流有窜沟、分汊,流量测验困难,而且流量测验精度没有在基本断面高,水位—流量关系曲线不稳定。

水情预报方面,汛期由于水库不规则地放水,使作业预报工作难度加大,预报精度差,渭河干流受影响尤为严重。

20.2.1.3 调整思路

受水利工程影响的大河站,一般不考虑保持资料一致性问题,将测站搬迁到能保证测验工作正常开展的位置即可。对工程建设前的水文资料应妥善保存,以便与新资料系列进行工程建设前后的对比分析。调整时一是对受工程建设影响的水文站,原有稳定的水、流、沙关系被破坏,可考虑搬迁测验断面。二是原测验方案布置测次不能很好地控制水、流、沙变化过程,可以增加测次。三是加强测站技术设备的更新改造,大力引进新仪器新设备,如 ADCP、电波流速仪、雷达式测速仪、OBS 现场测沙仪等,提高其自动化程度,使测站受工程建设影响减少到最低。四是可考虑与工程部门结合,争取水利水电工程管理单位向水文部门提供诸如闸门的开启变化及泄流关系曲线等资料,工程自动测报系统收集的信息,应与水文部门联网,双方实现资料共享,互利互惠。五是在搬迁时要适当考虑调整测站功能,尽量实现与水利工程结合和为工程提供服务的目标。

在受水利水电工程建设影响的 45 处大河站中,受严重影响的 15 处,占 33.3%,尽量考虑迁移测验断面或增设断面。

20.2.1.4 统计分析与评价

黄河流域共有 381 处水文站,其中大河站 103 处,占总站数的 27%。在 103 处大河站中,受影响的 45 处,占大河站的 43.7%;受严重影响的 15 处,占受影响大河站的 14.6%。

20.2.2 对区域代表站和小河站的影响

20.2.2.1 水量影响

水量影响可分为水库蓄水影响、流域外客水引入影响和断面以上水量引出影响三种情况。

（1）水库蓄水影响。根据《水文站网规划技术导则》（SL 34—92）中技术标准判断，北川河朝阳水文站受黑泉水库蓄水影响，影响程度为轻微；葫芦河支流大清河隆德水文站由于上游水库蓄水，发生断流，无法进行正常水文测验，测站失去设站目的，改为监测断面；渭河支流千河千阳站受上游段家峡水库蓄水影响，影响程度为轻微；黑河黑峪口站受黑河金盆水库蓄引水影响，影响程度为显著。伊河陆浑水文站受陆浑水库下泄的影响，水位变化急剧，采用传统流速仪测验流量，测验历时长，单次流量的精度难以保证，同时其流量过程也很难控制。

（2）流域外客水引入影响。陕西省已实施的跨流域调水工程有始于1985年的引嘉（陵江）济汉（江）工程和始于1998年的引泾河支流（马）栏河济桃（渭河支流沮河桃曲坡水库）工程。受引栏济桃工程的影响，沮河柳林站受影响程度为严重，目前仍在继续观测。

（3）断面以上水量引出影响。2002年北川河硖门站受黑泉水库供水工程影响，影响程度为显著；清水河泉眼山站2004年由于上游引水，发生了建站以来首次断流；苏峪口河苏峪口站断面以上因修建引水工程断流；黑河水利工程金盆水库对国家重要水文站黑峪口站的影响比较特殊，水库大坝紧在断面以上，大部分水供给西安市，黑峪口站平时测到的水仅是大坝的渗水和洪水期水库的放水，实际上成了水库出库站，已改变了原设站的目的。

20.2.2.2　回水影响

黄河流域站网受水库回水影响的站，其影响程度不同。千阳站受千河冯家山水库高水位运行影响，水位流量关系已发生较大变化。秦渡镇站受下游沣惠渠大坝回水影响，低水水位流量关系十分混乱。陈河站受金盆水库回水影响严重。

20.2.2.3　工程调节影响

近年来，随着小水电工程规模的扩大及一些拦河筑坝取水工程为了提高经济效益而加坝加闸，一些水文站改变了原有的测验条件，不得不另增加设施，耗费大量人力、物力。例如：隆务河隆务河口水文站受公伯峡水电站影响，影响程度为严重。还有一些站上游修坝拦水，影响测站断面过水量，而在引水渠道上增加测验设施。

20.2.2.4　调整思路

由于区域代表站和小河站在描述区域水文特性方面担负的重任，以及对资料连续性和一致性的要求，因此这些站是受水利工程影响分析和调整的主要对象。调整原则如下：

（1）开展水文分区工作。为了实现内插径流特征值，往往需要根据地区气候、自然地理条件和水文特征值，进行区域划分，称为水文分区。应争取在每一个水文分区内不同面积级的河流上设1～2个水文站，作为区域代表站，成为向同一水文分区内其他相似级别河流上进行径流移用的基础。

（2）分析设站年限。对工程影响区内的水文站，根据相关统计检验方法分析设站年限，确定该站是否已取得可靠的平均年径流资料。一般而言，在湿润地区，需要观测30～40年以上，而在降雨量变化极大的干旱地区，则有可能需要观测70年以上。

（3）分析水利工程的影响程度。根据《水文站网规划技术导则》（SL 34—92），对中小河流代表站受水利工程影响的程度，分为轻微、中等、显著和严重四级。以影响指标 $k_1 =$

$\sum f'/F$ ($\sum f'$ 为测站以上流域内各水库集水面积之和，F 为测站以上流域面积）或 $k_2 = \sum V_{引}/W_{枯}$（$W_{枯}$ 为测站枯水年（保证率 95%）年径流量，$\sum V_{引}$ 为相应枯水年引水量的总和）来表示。

当 k_1 小于 15% 或 k_2 小于 10% 时，为轻微影响；当 k_1 为 15% ~ 50% 或 k_2 为 10% ~ 50% 时，为中等影响；当 k_1 为 50% ~ 80% 或 k_2 大于 50% 时，为显著影响；当 k_1 大于 80% 时，为严重影响。

当为轻微影响时，测站保留，一般情况下不作辅助观测及调查；当为中等影响时，测站保留，一定要作辅助观测及调查，扩大面上资料收集，为需要时配合开展还原计算奠定基础；当为显著影响时，若经辅助观测及调查后表明，测站已失去代表性或补充观测费用太大，则测站可以撤销，否则保留；当为严重影响时，一般可以撤销，但应在同一水文分区内补设具有相同代表作用的新站。

（4）确定调整方案。当区域代表站和小河站受水利工程影响时，首先应分析计算影响系数 k，依据相关原则处理。当属显著影响或严重影响，需要撤销测站或取消代表站资格并调整测站任务时，需要先判断一下，同一水文分区同一面积级的其他河流，有无同样代表性测站，或计算一下，测站设站年限是否达到，如有或年限已达到，撤站或取消其代表站资格将是非常轻松的事。对于后者，虽然工程建设后，测站或撤销或调整了任务，但是工程前的资料系列仍可作为区域代表站资料使用。

20.2.3　统计分析与评价

黄河流域区域代表站和小河站受水利工程影响情况，见表 20-2。黄河流域共有区域代表站 154 处，占总站数的 40.4%。其中，受水利工程影响的 48 处，占区域代表站总数的 31.2%。其中，受轻微影响的 19 处，占区域代表站的 12.3%，不需调整；受中等影响的 14 处，占 9.1%，需要增设辅助断面，开展还原计算；受显著或严重影响的有 15 处，占 9.7%，其中撤销 1 处，但受影响前一致性资料已达 40 年以上，工程前的资料系列仍作为区域代表站资料使用。迁建或增设辅助断面 16 处，其中 2 处受影响前一致性资料已达 60 年以上，工程前的资料系列仍作为区域代表站资料使用，同时开展还原计算。取消代表站资格，调整测验任务的 5 处。

小河站 124 处，占总站数的 32.5%。受影响的小河站 13 处，占小河站总数的 10.5%。其中：受轻微影响的有 4 处，占小河站的 3.2%，不需调整；受显著或严重影响的有 4 处，占小河站的 3.2%，其中 2 处因在同一水文分区内无相似代表性测站，所以保留，但急需增加辅助断面，开展还原计算，另外 1 处调整为水利工程服务的调查断面，继续观测。

第 21 章　水文分区与区域代表站分析

21.1　水文分区

水文分区是水文站网规划的基础,其目的在于从空间上揭示水文特征的相似与差异、共性与个性,以便经济合理地布设区域代表水文站网。

水文分区,即根据地区的气候、水文特征和自然地理条件所划分的不同水文区域。在同一水文分区内,同类水体具有相似的水文特征和变化规律,或在水文要素和自然地理特征间有良好的关系,以便在分区内合理布设测站,达到内插地点具有一定精度水文特征的目的。

21.1.1　目的和意义

自然界中水文现象与气候,地形、土壤、植被等自然地理条件有着密切的关系,它的发生与演变规律取决于流域的气候、自然地理条件,并随着气候、自然地理条件的变化而变化。因此,黄河流域根据气候、自然地理条件及其所制约的河流水文情况的相似性,进行水文区划。它一方面反映了黄河流域水文现象的概况,另一方面便于进一步探索河流水文特性及其规律。

通常的水文分区主要是指为面上布设区域代表站,以满足内插径流特征值为目的,为区域代表站网规划服务。

21.1.2　水文分区方法

水文分区方法可用暴雨洪水产汇流参数分析法、主成分聚类分析法、多元回归法等。本书站网评价采用主成分聚类分析法。

21.1.2.1　主成分聚类分析法

20 世纪 80 年代,黄委水文局牵头,北方各省(区)水文部门共同参与的用主成分聚类分析法对黄河流域进行水文分区,取得了较好的成果。本次评价不再做分区工作,直接应用 20 世纪 80 年代的成果。

用主成分聚类分析法作水文分区的基本原理是:不以河流为单元统计水文资料,而采用内插地理坐标点(即样点)的水文特征值(即水文因子)组成原始水文因子矩阵,经过数据处理和线性正交交换,求解出实对称方阵的特征值与特征向量,提炼出两个前位主成分(要求累计贡献率达80%以上),来代表诸多水文因子的综合效应,实现多因子综合水文分区。

把主成分聚类分析法用于水文分区的基本思路是:在自然地理分区图上,均匀适量地选择一批地理坐标点作为样点,编号并记下经纬度;选择与分区目标有成因联系的水文因子,绘制等值线图或单项因子的地理分布图,内插出每个样点的水文因子特征值,组成原始资料矩阵,经过数据处理和线性正交变换,使原来具有一定相关关系的原始因子,变成相互独立,不再含有重叠信息的新变量——主成分。用前两个前位主成分(一般含信息量在80%以上)作为纵横坐标,绘制主成分聚类图,将聚合在一起的同类样点所代表的空间范围在地图上一一标示出来,就初步构成了水文分区图。结合实际情况,对水文分区的合理性进行论证,调整原始因子,修正错误,使理论与实际达到统一;参照每个分区的典型特征,给分区做出全名,并对每个分区的重要水文特性做出定性、定量的描述。

1985 年分区的基础资料是由《黄河流域片水资源评价》提供的,共应用了 292 处水文站、1 037 处雨量站、335 处水面蒸发站、264 处泥沙站、313 处气温站等 4 万多站年资料和多年平均降雨量、多年平均水面蒸发量、多年平均气温、多年平均径流深、多年平均输沙模数等 5 张等值线图,各种资料系列为 1956～1979 年。

该次水文分区最终应用了年降水量、年径流深、年输沙模数、年蒸发量、年气温等 5 个水文特征值资料。体现诸多水文因子的"集体效应"。应用主成分聚类分析法,黄河流域共分为 3 大区 12 子区,见表 21-1 和图 21-1。

表 21-1 黄河流域水文分区简表

分区号		分区名称		分区范围	分区面积(km²)
		主区	子区		
I	I₁	湿润区	沼泽丘陵草地区	黄河上游黑河、白河,洮河中上游	39 356
	I₂		石山林区	秦岭主峰一带	4 972
II	II₁	过渡区	河源区	黄河河源区	126 694
	II₂		林区	秦岭山麓、六盘山,大夏河、洮河中游、渭河支流漳河一带	28 933
	II₃		土石山林区	吕梁山、太行山的石山林区,子午岭、黄龙山黄土丘陵区	68 349
	II₄		低丘阶地平原区	宝鸡—潼关的渭河谷地,北洛河下游,洛河中下游及汾河盆地	63 956
	II₅		异常强烈侵蚀区	黄甫川、窟野河下游	8 806
	II₆		甚强侵蚀区	蒲河,洪河,黄河河口镇以下至昕水河河口直接入黄支流的中下游,泾河下游,延河、北洛河上游	60 562
	II₇		强侵蚀区	渭河上游,泾河中上游,清水河上游,祖厉河、延河中下游及红河、偏关河、朱家川的中上游一带	83 984
	II₈		中度侵蚀区	湟水中下游、洮河下游、汾河中上游及呼和浩特市以东	38 717
III	III₁	干旱区	风沙区	毛乌素沙漠、闭流区,东至靖边、榆林、东胜沿线,西北至整个宁蒙一段	171 802
	III₂		片沙区	风沙区与强侵蚀区过渡带	33 905

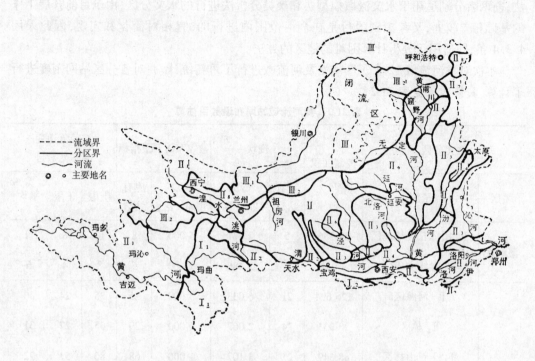

图 21-1　黄河流域 1985 年水文分区图

另外,黄河下游大汶河流域分区以泰山分水岭为界,南以大汶河、泗河分水岭为界,西至黄河,东至沂河、大汶河分水岭。区域内主要河流为大汶河。面积约 9 768 km²。本区内北部、东部为泰沂山脉,中部有徂徕山、莲花山。坡度较陡,森林植被覆盖率东部山区 16%~20%,西部坡水平原区 6%~15%。山区为火成岩、砂岩,丘陵多为石灰岩和砂岩。土壤主要为褐土。

21.1.2.2　中国科学院全国水文区划法

根据中国科学院地理研究所 1995 年完成的 56 个水文区划,黄河流域共有青藏高原东部和西南部温带、亚寒带平水地区,西北山地中温带、亚寒带、寒带平水、少水地区,华北暖温带平水、少水地区,内蒙古中温带少水地区,秦、巴、大别北亚热带多水地区等 5 个水文地区和辽东半岛与山东半岛水文区,冀晋山地水文区,黄土高原水文区,秦岭、大巴水文区,阴山、鄂尔多斯高原水文区,祁连山水文区,黄河上游水文区,三江上游水文区等 8 个水文区。

21.2　区域代表站评价

揭示河流水文特征值的空间分布规律是水文站网的最重要的任务,而这一任务主要由区域代表站承担。

根据《水文站网规划技术导则》(SL 34—92),有 4.3.2 条、4.3.3 条、4.3.4 条三种方法,前两者分别适用于水文流域模型法和聚类分析法进行的水文分区,由于目前开展工作的基础相差较大,又考虑到项目是在全河范围内进行的,宜相对简化和宏观,因此采用4.3.4条,即适用于分析计算困难的地区的方法。

本次对黄河流域12个子区测站及河流数进行了重新统计,并对各分区站网密度进行了计算,具体成果见表21-2。

表21-2　黄河流域站网布设数目估算

水文分区		控制面积（km²）	现状		按WMO下限指标		按径流递变率布站数目		
主区	子区		现有站数	密度（km²/站）	密度（km²/站）	应有站数	上限	下限	平均
湿润区	I₁ 沼泽丘陵草地区	39 356	5	7 871	5 000	8	13	8	11
	I₂ 秦岭主峰区	4 972	2	2 486	1 000	5	8	4	6
过渡区	II₁ 河源区	126 694	21	6 033	5 000	25	35	24	30
	II₂ 林区	28 933	14	2 067	1 000	29	35	27	31
	II₃ 土石山林区	68 349	22	3 107	1 000	68	86	57	72
	II₄ 低丘阶地平原区	63 956	28	2 284	2 500	26	43	44	44
	II₅ 异常强烈侵蚀区	8 806	3	2 935	1 000	9	11	8	10
	II₆ 甚强侵蚀区	60 562	30	2 019	1 000	61	64	58	61
	II₇ 强侵蚀区	83 984	39	2 153	1 000	34	82	80	81
	II₈ 中度侵蚀区	38 717	27	1 434	1 000	39	47	36	42
干旱区	III₁ 风沙区	171 802	26	6 608	5 000	34	35	35	35
	III₂ 片沙区	33 905	7	4 844	5 000	7	11	8	10
花园口以上		730 036	224	3 259	2 116	345	470	389	433

从表21-2中可以看出,沼泽丘陵草原区、河源区、风沙区站网密度过稀,除低丘阶地平原区、片沙区站网密度大于WMO下限指标外,其余各分区站网密度均偏小。

在水文分区内,按流域面积进行分级,一般情况下,分为4~7级,每级设1~2个代表站。经统计,黄河流域多数面积级存在站网空白区,需增设测站,详见表21-3。

表21-3　黄河流域1985年水文分区河流及水文站统计

水文分区 主区	子区	分区面积 (km²)	500 km² 河流数	500 km² 测站数	500~1 000 km² 河流数	500~1 000 km² 测站数	1 000~3 000 km² 河流数	1 000~3 000 km² 测站数	3 000~5 000 km² 河流数	3 000~5 000 km² 测站数	5 000 km² 以上 河流数	5 000 km² 以上 测站数	测站统计
湿润区	I₁ 沼泽丘陵草地区	39 356	3				1	1			1	1	2
	I₂ 秦岭主峰区	4 972		1	2	2	1	2					5
过渡区	II₁ 河源区	126 694	6	1	45	8	21	4	7	2	5	9	24
	II₂ 林区	28 933	18	0	11	0	8	6	3	3	3	5	14
	II₃ 土石山林区	68 349	29	3	13	4	7	10	3	3	1	2	22
	II₄ 低丘阶地平原区	63 956	16	4	9	1	7	6	1	1	6	16	28
	II₅ 异常强烈侵蚀区	8 806					2	3					3
	II₆ 甚强侵蚀区	60 562	41	6	11	5	11	9	7	7	3	3	30
	II₇ 强侵蚀区	83 984	33	9	19	8	14	13	4	1	2	8	39
	II₈ 中度侵蚀区	38 717	9	7	8	2	8	5	5	4	3	9	27
干旱区	III₁ 风沙区	171 802	11	3	16	8	14	8	2	1	6	3	23
	III₂ 片沙区	33 905	18	1	9	3	7	2	1	1	1	0	7
花园口以上		730 036	184	35	143	41	101	69	33	23	31	56	224

21.3 黄河干流水文站密度评价

黄河干流全长 5 464 km,现布设黄河干流水文站 33 处。这些干流水文站布设密度如何,能否对黄河干流水沙量进行有效控制,现根据观测资料进行估算。

黄河龙羊峡以上基本属于未开发河段,基本不受人类活动大的影响。而龙羊峡以下黄河干流水沙量受到人类活动的影响,甚至严重的影响。因此,黄河干流水文站密度估算时分为唐乃亥水文站(龙羊峡河段)以上和唐乃亥水文站(龙羊峡河段)以下两段。

21.3.1 唐乃亥水文站(龙羊峡河段)以上黄河干流河段

龙羊峡以上河段是指黄河河源至龙羊峡之间河段,水文上一般是指唐乃亥水文站以上的河段。因这个河段处于经济欠发达地区,河段水量基本属于天然状态,在对本段黄河干流站密度评价时就采用有关水文站的实测年径流量资料,而不进行任何修正。

黄河干流唐乃亥水文站以上现有黄河沿、吉迈、门堂、玛曲、军功、唐乃亥 6 处水文站,各站设站时间长短不一,资料系列长短也不一样。为便于统一计算和比较,选取各站1988 年(黄河门堂水文站设站开始观测时间)至 1999 年(青海省玛多电站 1999 年 10 月开始蓄水时间)同步系列年径流量资料,各站有关资料及流域特征见表21-4。

表 21-4 黄河干流唐乃亥水文站以上各站年径流量统计

年份	年径流量($\times 10^8$ m³)					
	黄河沿	吉迈	门堂	玛曲	军功	唐乃亥
1988	2.87	23.8	52	121	144	166
1989	20.8	70	131	223	282	329
1990	11.1	37.2	64	133	158	170
1991	3.88	29	74.1	109	131	148
1992	4.34	32.5	56.6	138	173	201
1993	11	57.2	81.6	170	198	220
1994	6.37	30.2	42.4	120	138	164
1995	2.29	25.1	43.3	112	135	157
1996	1.92	22.3	36	96	120	141
1997	2.45	24.3	36.3	94.1	116	143
1998	3.52	37.7	47.8	133	159	184
1999	3.17	46.8	73.5	175	206	244
平均年径流量($\times 10^8$ m³)	6.143	36.34	61.55	135.34	163.3	189.0
变差系数 C_v	0.910	0.407	0.433	0.276	0.287	0.287
集水面积(km²)	20 930	45 019	59 655	86 048	98 414	121 972
分段河长(km)		325	251	334	227	146

21.3.1.1　按线性内插精度要求检验设站数

一条河流沿途测站的同类水文特征值之间一般都存在线性相关关系,由此可以建立在上、下游两个测站中间位置上的测站与上、下游相邻测站同类流量特征值之间的线性回归方程

$$Q_2(t) = AQ_1(t) + BQ_3(t) + C \qquad (21\text{-}1)$$

式中　$Q_1(t)$、$Q_3(t)$——上、下游站流量特征系列;

$Q_2(t)$——相邻两站间需要进行内插的流量特征系列;

A、B、C——经验系数。

根据有关误差理论,对式(21-1)进行推演,最后可得出在长度为 L 的河道上布设流量站数目 n。

$$n \geqslant 1 + \frac{L}{L_0 \ln \left| \dfrac{C_v^2 + \varepsilon^2}{C_v^2 - \varepsilon^2} \right|} \qquad (21\text{-}2)$$

式中　n——应布设在长度为 L 河道上的流量站数;

L——河道的长度;

C_v——内插系列的变差系数;

ε——允许内插误差的相对值;

L_0——相关半径,描述相关系数随间距变化的灵敏度,可用下列公式计算

$$L_0 = -\frac{\sum \Delta L}{\sum \ln r} \qquad (21\text{-}3)$$

也可用更安全的方法求得:将每两个站间的径流相关系数与距离点图,定出经验下包线,按 $r = \mathrm{e}^{-\frac{\Delta L}{L_0}}$ 反求出 L_0,计算黄河沿—唐乃亥水文站任两站间的相关系数 r_{ij}、河段距离 L_{ij},见表21-5。

表21-5　黄河干流黄河沿—唐乃亥 r_{ij}、L_{ij} 计算

项目		黄河沿	吉迈	门堂	玛曲	军功
吉迈	r_{ij}	0.850 057				
	L_{ij}	325				
门堂	r_{ij}	0.857 224	0.896 771			
	L_{ij}	576	251			
玛曲	r_{ij}	0.797 573	0.959 962	0.896 409		
	L_{ij}	910	585	334		
军功	r_{ij}	0.812 452	0.948 167	0.909 838	0.992 837	
	L_{ij}	1 137	812	561	227	
唐乃亥	r_{ij}	0.777 05	0.927 115	0.886 793	0.982 223	0.993 813
	L_{ij}	1 283	958	707	373	146

注:表中小于1的数字是两站间年径流相关系数,大于1的整数是两站间的河段长度。

用表 21-5 中相关系数和河段长度,可计算相关半径 L_0,$L_0 = -\dfrac{\sum \Delta L}{\sum \ln r} = -\dfrac{9\,185}{1.62} =$
5 670,C_v 取 6 站的平均值 0.434,取内插误差相对值 $\varepsilon = 0.05$,黄河沿—唐乃亥河段长度
$L = 1\,283$ km,用式(21-2)计算应设站数 n,即

$$n \geq 1 + \frac{L}{L_0 \ln \left| \dfrac{C_v^2 + \varepsilon^2}{C_v^2 - \varepsilon^2} \right|} \geq 1 + \frac{1\,283}{150} = 10$$

21.3.1.2　按径流递增率要求检验设站数

一条河流的干流上布设的任何相邻的两个测站,下游站与上游站流量特征值的比例
应大于一定的递增率,即第二个站的流量特征值应满足下面不等式

$$Q_2 \geq (1 + \lambda) Q_1$$

显然,第 n 个流量站的特征值应满足下面不等式

$$Q_n \geq (1 + \lambda)^{n-1} Q_1$$

对上式整理,可得到大河干流站布设流量站的数目应满足的不等式

$$n \leq 1 + \frac{\ln Q_n - \ln Q_1}{\ln(1 + \lambda)} \qquad (21\text{-}4)$$

式中　n——干流站的布站上限;

　　　Q_n——最下游站的流量特征值;

　　　Q_1——上游第一个站的流量特征值;

　　　λ——相邻测站特征值的递增率,用 $\lambda = \dfrac{\ln p_1}{\ln p_0} \eta$ 公式计算。

现利用有关测站的实测资料进行计算:

取 $p_1 = 0.1$,$p_0 = 0.5$,$\eta = 0.07$,则 $\lambda = \dfrac{\ln p_1}{\ln p_0} \eta = \dfrac{\ln 0.1}{\ln 0.5} \times 0.07 = 0.233$。

再取 $Q_n = 189$(唐乃亥站年径流量),$Q_1 = 6.14$(黄河沿站年径流量),则计算唐乃亥
站以上干流河段布站数上限

$$n \leq 1 + \frac{\ln Q_n - \ln Q_1}{\ln(1 + \lambda)} = \frac{\ln 189 - \ln 6.14}{\ln(1 + 0.233)} = 17$$

由上计算看出,唐乃亥以上黄河干流站的布站数目应为 10～17,而现仅有 6 处水文
站,说明现流量站偏少,应适当增设水文站。

21.3.2　唐乃亥水文站(龙羊峡)—利津站区间

选取黄河干流唐乃亥—利津区间唐乃亥、贵德、兰州、石嘴山、头道拐、龙门、三门峡、
花园口、利津等 9 处站的 1956～2000 年年径流量系列资料。因这个河段工农业生产、经
济比较发达,河段水量消耗比较多,各站实测年径流量已不能完全代表天然年径流状况,
故选用的资料是经过还原计算的天然年径流系列资料。各站年径流量的多年平均值为
$205 \times 10^8 \sim 535 \times 10^8$ m^3,多年平均 C_v 为 0.2～0.3。各站之间年径流相关系数及河段长
见表 21-6。点绘任两站间年径流相关系数(r_{ij})—分段河长(L_{ij})相关线见图 21-2。通过
图 21-2 的下包线,可求得河长 $\approx 4\,900$。

表 21-6　黄河干流唐乃亥—利津间 $r_{ij} \sim L_{ij}$ 计算表

唐乃亥	贵德	兰州	石嘴山	头道拐	龙门	三门峡	花园口	
0.993 815								贵德
189								
0.934 161	0.942 185							兰州
566	377							
0.927 87	0.938 552	0.997 177						石嘴山
1 246	1 057	680						
0.921 8	0.932 1	0.992 37	0.996 224					头道拐
1 909	1 720	1 343	663					
0.859 115	0.873 789	0.972 766	0.979 928	0.985 49				龙门
2 642	2 453	2 076	1 396	733				
0.780 213	0.808 026	0.918 527	0.927 467	0.931 677	0.954 963			三门峡
2 886	2 697	2 320	1 640	977	244			
0.731 329	0.758 302	0.868 263	0.875 576	0.879 881	0.903 536	0.981 902		花园口
3 153	2 964	2 587	1 907	1 244	521	267		
0.688 396	0.716 871	0.834 46	0.842 166	0.843 924	0.872 581	0.963 739	0.993 733	利津
3 797	3 608	3 231	2 551	1 888	1 165	911	644	

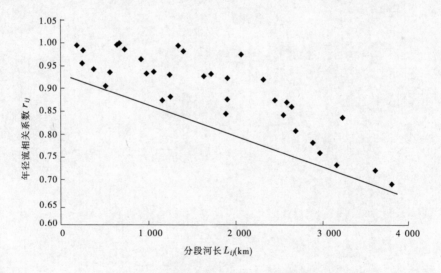

图 21-2　唐乃亥—利津 $r_{ij} \sim L_{ij}$ 相关图

按线性内插精度公式: $n \geqslant 1 + \dfrac{L}{L_0 \ln \left| \dfrac{C_v^2 + \varepsilon^2}{C_v^2 - \varepsilon^2} \right|}$ 计算黄河干流唐乃亥—利津区间的布站

数。取 $C_v = 0.3$, $\varepsilon = 0.05$, $L_0 = 4\ 990$, $L = 3\ 797$, 则 $n \geqslant 1 + \dfrac{L}{L_0 \ln \left| \dfrac{C_v^2 + \varepsilon^2}{C_v^2 - \varepsilon^2} \right|} = 1 +$

$$\frac{3\ 797}{4\ 990 \times \ln\left|\frac{0.3^2 + 0.05^2}{0.3^2 - 0.05^2}\right|} = 15。$$

实际上现有干流水文站为 26 处,仅从线性内插精度来看,设站数已能满足要求。

21.3.3 黄河干流站密度评价

从上面分析可以看出,黄河唐乃亥以上河段现有干流站偏少,应于适当时期增设水文站。黄河唐乃亥以下河段干流站从控制径流递增率、保证线性内插精度方面能满足要求。

第 22 章　中小河流水文站设站年限分析

22.1　设站年限分析的目的和意义

在水文测验工作中,及时地撤销或停止一些满足生产需要的水文测站或观测项目,可以有效地腾出人力、物力,转移到其他需要设站的地点,发展水文站网,扩大资料收集范围。反之,不适当地撤销水文测站,则会造成连续记录的中断,影响水文站网的整体性功能。因此,必须适时地对水文测站进行设站年限的分析检验。通过检验,有计划地转移、调整达到设站年限的水文站,逐步提高站网密度,实现对基本水文要素在时间上和空间上的全面控制,是设站年限检验的最终目的。

确定现有水文测站的观测年限,需要综合考虑设站目的、单站对站网整体功能的影响、样本的代表性和对样本统计量的精度要求。

根据水文站网的站类划分和测站功能,大河控制站、基准站、报汛站及对江河治理极其重要作用的水文站,都是站网中的骨干,只要不是测验条件太差,或者情况发生了变化,达不到设站目的者,一般都要连续地、长期地,甚至无限期地积累实测水文资料。为水利工程的调度运用与水资源的合理分配,收集实时资料的水文测站,其观测工作与其服务对象协同运转,一般也不考虑设站年限问题。根据《水文站网规划技术导则》(SL 34—92),设站年限的检验主要针对集水面积为 1 000 km² 以下的区域代表站和小河站进行。

水文站网密度的提高必定伴随着运行负担的增加,因此及时地撤销已达到设站目的的测站并搬迁到新的地址进行观测是站网保持可持续发展的一个重要方法。

22.2　确定长期站和短期站

根据《水文站网规划技术导则》(SL 34—92),水文站按观测年限分为长期站和短期站两种。长期站应系统收集长系列样本,探索水文要素在时间上的变化规律;短期站能依靠与邻近长期站同步系列间的相关关系,或者依靠与长系列资料建立转换模型,展延自身的系列。应通过有计划地转移短期站的位置,逐步提高站网密度,适时对基本水文要素在时间和空间上的全面控制。

黄河流域大河控制站、$F \geq 1\ 000$ km² 区域代表站和有重要作用的小河站(除个别达不到设站目的者(如受水利工程影响显著))全部列入长期站。很多中小区域代表站和小河站还承担着报汛任务,一些站甚至还承担着中央报汛任务,为国家和很多兄弟单位提供着宝贵的水文资料。根据《水文站网规划技术导则》(SL 34—92),有重要作用的小河站和集水面积在 1 000 km² 的区域代表站,也可以列入长期站。而对于没有报汛任务且 $F <$ 1 000 km² 的区域代表站和小河站,列入短期站。

22.3 设站年限分析方法

22.3.1 按样本均值的精度要求,确定观测年限

生产上常用的样本统计量是多年平均值与方差(如年降水量、蒸发量、径流量、输沙量等)。

设一个水文站实测的样本系列为 $X_i(i=1,2,3,\cdots,m)$,要求有 $1-\alpha$ 的保证率,使样本的均值 $\overline{X}$ 与系列总体均值 μ 的差异,满足不等式 $|\overline{X}-\mu|\leqslant\varepsilon\overline{X}$。其中,$\varepsilon$ 为允许误差的相对值;α 称为显著性水平,$0\leqslant\alpha\leqslant1$;$m$ 是样本系列长度。

按照 t 检验原理,可导出满足对样本均值要求的设站年限计算公式

$$N = 1 + \left(\frac{C_v t_\alpha}{\varepsilon}\right)^2 \tag{22-1}$$

公式的意义是:对于已知样本变差系数 C_v 的水文系列,若进行 N 年观测,则有 $1-\alpha$ 的保证率,使样本与总体均值之间的相对误差不超过事先指定的相对误差 ε。式中,t_α 是自由度为 $N-1$,显著性水平为 α 的 t 分布积分下限,其数值随 N 的增大而减小。该公式是一个需要通过试算才能得出 N 的超越方程。不过,当 N 较大时($N>10$),t_α 值已接近常数,因此给计算工作带来了方便。

22.3.2 考虑样本变差系数变化时的设站年限公式

设总体标准差 σ 已知,但均值 μ 未知,这时应该用 U 检验的原理来讨论样本均值 $\overline{X}$ 的抽样误差 $\varepsilon\overline{X}$,用 H_1 表示不等式(22-2),即

$$H_1: |\overline{X}-\mu| \leqslant \varepsilon\overline{X} \tag{22-2}$$

当 H_1 成立时,其概率为 $1-\alpha$,则

$$P(H_1) = P(|\overline{X}-\mu| \leqslant \varepsilon\overline{X}) = 1-\alpha \tag{22-3}$$

令

$$U = (\overline{X}-\mu)\frac{\sqrt{N}}{\sigma} \tag{22-4}$$

$$U_\alpha = \varepsilon\overline{X}\frac{\sqrt{N}}{\sigma} \tag{22-5}$$

于是,概率等式(22-3)又可以表达成下面的等价形式

$$P(H_1) = P(-U_\alpha \leqslant U \leqslant U_\alpha) = 1-\alpha \tag{22-6}$$

由于统计量 U 服从标准正态分布 $N(0,1)$,因此 $\pm U_\alpha$ 是相应于保证率 $1-\alpha$ 的概率积分的上限和下限,只要给定 α,就可以利用正态分布函数表,查读出 U_α 的数值。这样,在式(22-5)中,如果再设法估计出总体 σ 的置信区间,就可以进一步求出设站年限 N 的置信区间。为此,用 H_2 表示下面不等式

$$H_2: \frac{DN \cdot S^2}{\chi^2_{\beta/2}} \leqslant \sigma^2 \leqslant \frac{DN \cdot S^2}{\chi^2_{1-\beta/2}} \tag{22-7}$$

其中
$$S = \sqrt{\frac{\sum (X_i - \overline{X})^2}{DN - 1}} \qquad (22\text{-}8)$$

S 代表容量为 DN 的样本标准差。

按照 χ^2 分布的性质,条件 H_2 成立的保证率为 $1 - \beta$,即

$$P(H_2) = 1 - \beta \qquad (22\text{-}9)$$

式(22-7)中,$\chi^2_{\beta/2}$ 和 $\chi^2_{1-\beta/2}$ 是当保证率为 $1 - \beta$ 时,χ^2 分布积分的上限和下限,可从 χ^2 分布分位数表中查读。

数理统计的理论业已证明,S^2 和 $\overline{X}$ 是相互独立的随机变量,因此条件 H_1 和 H_2 同时成立的概率就是式(22-10)中的联合概率

$$P(H_1, H_2) = (1 - \alpha)(1 - \beta) \qquad (22\text{-}10)$$

如果等式(22-9)成立,就意味着总体标准差 σ^2 将以 $1 - \beta$ 的概率出现在不等式(22-7)界定的上下限之间。因此,不等式(22-7)的右端和左端又可称做总体标准差置信区间的下限和上限,于是让 σ^2 分别等于其置信区间的下限和上限,并代入式(22-5),导出设站年限的下限 N_1 和上限 N_2

$$N_1 = DN \cdot \frac{U_\alpha^2 \cdot C_v^2}{\varepsilon^2 \cdot \chi^2_{\beta/2}} \qquad (22\text{-}11)$$

$$N_2 = DN \cdot \frac{U_\alpha^2 \cdot C_v^2}{\varepsilon^2 \cdot \chi^2_{1-\beta/2}} \qquad (22\text{-}12)$$

式(22-11)和式(22-12)的右端,只要给定出 ε、α、β,就可以根据容量为 DN 的样本,计算出设站年限的置信区间。从而判知,对于样本容量为 DN、变差系数为 C_v 的系列,使 H_1 和 H_2 同时成立的设站年限 N,将以 $(1 - \alpha)(1 - \beta)$ 的保证率,出现在不等式(22-13)界定的区间之内

$$N_1 \leqslant N \leqslant N_2 \qquad (22\text{-}13)$$

22.4 方法应用

下面仅从设站目的、样本统计量的精度要求出发,对黄河流域(花园口水文站以上)144 处区域代表站(汛期站除外)、36 处小河站(1966 年以前所设)的设站年限进行分析。

(1)依据世界气象组织《水文实践指南》的建议,每个国家或大国的每个自然区,都应该有一个基准站,进行水文的和有关气候资料的连续观测。黄河流域花园口水文站以上的集水面积 $73 \times 10^4 \ km^2$,水文分区有湿润、过渡、干旱三个主区,有沼泽丘陵草地、秦岭主峰、河源、石山林、异常强烈侵蚀、甚强侵蚀、强侵蚀、中度侵蚀、低丘阶地平原、林区、风沙、片沙等 12 个子区。因此,有必要选择一批基准站和长期站。

经初步选定,黄河流域的长期站、参证站及有重要作用的水文站 54 处(见表 22-1)。这些站,在通过实践论证后,符合选择标准,建议作为水文站网的骨干,长期保留下来。

(2)除去上述 54 处水文站,其余各站均依据式(22-1)、式(22-11)、式(22-12),按表 22-2 适当选择 α、β、ε 值,计算设站年限及置信区间。

表 22-1　黄河流域基准站、长期站、重要站初选

水文分区		站名		
主区	子区	基准	长期	重要
湿润区	秦岭主峰区	益门镇	鹦鸽、多坝、夏河、海晏、武胜铎、石崖庄、灵口、三关口、高石崖、志丹、林家坪、殿市、杨间、旧县、泾川、会宁、三甲集、陈梨夭、静乐、飞岭、黄陵、临镇、塔儿湾、店上村、鸣沙洲、拉曲	马渡王、黄甫川、王道恒塔、后大成、绥德、挡阳桥、会宁、东湾、大村、山路平、美岱、哈拉沁
湿润区	沼泽丘陵草地区	若尔盖		
湿润区	河源区	同仁		
过渡区	石山林区	大峪		
过渡区	异常强烈侵蚀区	申家湾		
过渡区	甚强侵蚀区	沙圪堵		
过渡区	强侵蚀区	悦乐		
过渡区	中度侵蚀区	淳化		
过渡区	低丘阶地平原区	潭头		
过渡区	林区	岔口		
干旱区	风沙区	高家堡		
干旱区	片沙区	龙头拐		

表 22-2　计算设站年限时精度和显著性水平选用

变差系数 C_v	湿润区			过渡区			干旱区		
	ε	α	β	ε	α	β	ε	α	β
$C_v \leq 0.5$	0.10	0.20	0.20	0.10	0.20	0.20	0.10	0.20	0.20
$0.5 < C_v \leq 1.0$				0.15	0.20	0.20	0.15	0.20	0.20
$C_v > 1.0$							0.15	0.30	0.30

表 22-2 经实践论证、修改后,可推荐使用。笔者用式(22-1)试算编制了观测年限查算表(见表 22-3),以供查阅。

(3)黄河流域各水文分区中小河代表站设站年限估算如下:

①黄河流域的湿润区,共设有 7 个区域代表站、3 个小河站,它们的实测水文系列都比较长(若尔盖除外),年径流变差系数 C_v 值在 0.4 ~ 0.45 范围内变化(多坝站除外)。经计算,该区水文站的流量观测年限平均为 32 年,与世界气象组织《水文实践指南》中提出的"为要取得湿润地区河流可靠的平均流量,需要观测 30 ~ 40 年以上"的结论基本相符。

②干旱区内的 24 处区域代表站和 4 处小河站,于 20 世纪 60 年代以前设立的只有 15 处,其余的实测系列均较短。计算的径流变差系数 C_v 最小的只有 0.12(年径流受沙漠地下水补给),最大的达 1.20,大多数为 0.70 ~ 0.80。

干旱区降雨少而集中,蒸发量大,气候干燥。大片沙漠,人烟稀少,水资源利用程度低,又没有大型水利工程建设规划。因此,估算时,对于 $0.5 < C_v \leq 1.0$,取 $\varepsilon = 0.15$,$\alpha = \beta = 0.20$;如果 $C_v > 1.0$,取 $\varepsilon = 0.15$,$\alpha = \beta = 0.30$。估算后该区范围内水文测站的流量观测年限为 30 ~ 60 年。

表 22-3　观测年限查算表

$(1-\alpha)\%$					
70		80			
ε					
0.15		0.10		0.15	
C_v	N	C_v	N	C_v	N
1.05	55	0.15	5	0.55	24
1.10	60	0.20	9	0.60	29
1.15	65	0.25	12	0.65	33
1.20	71	0.30	17	0.70	38
1.25	77	0.35	22	0.75	43
1.30	83	0.40	29	0.80	49
1.35	89	0.45	36	0.85	55
1.40	96	0.50	43	0.90	61
				0.95	68
				1.00	75

③过渡区的水分条件介于干旱、湿润之间,其西部、东南部偏亚湿润,北部偏亚干旱。由于分布范围广,年径流变差系数 C_v 值有着明显的地区规律:河源区 $C_v<0.40$;石山林区计算 C_v 为 $0.4\sim0.6$;异常强烈侵蚀区、甚强侵蚀区、强侵蚀区和中度侵蚀区(除去最大、最小 C_v),C_v 变化为 $0.4\sim0.6$;低丘阶地平原区的 C_v 为 $0.5\sim0.65$;林区 C_v 介于 $0.5\sim0.7$(除去 2 处小于 0.4 的)。所以,过渡区中,设在河源区的水文站,一般只需要设 $20\sim30$ 年;林区内水文站需观测 $25\sim45$ 年;其余各子区支流代表站的流量观测年限为 $20\sim45$ 年。

如取用各水文分区的平均变差系数,估算出的设站年限一般同上,见表 22-4。

表 22-4　黄河流域中小支流代表站设站年限分区平均值

分区名称	统计站数	$\overline{C_v}$	设站年限平均值(年)		
			$\overline{N_1}$	$\overline{N}$	$\overline{N_2}$
秦岭主峰、沼泽丘陵草地区	5	0.424	21	32	45
河源区	12	0.304	12	19	25
石山林区	7	0.546	19	29	41
异常强烈、甚强侵蚀区	15	0.484	21	31	44
强侵蚀区	25	0.504	21	31	44
中度侵蚀区	9	0.469	16	25	34
低丘阶地平原区	13	0.562	23	34	48
林区	20	0.567	22	32	46
风沙区、片沙区	19	0.723	28	40	56

注:$\alpha=0.2\sim0.3$,$\beta=0.2\sim0.3$,$\varepsilon=0.1\sim0.150$。

按上述估算,黄河流域只有秦岭主峰区内已设水文站的观测年限,基本上满足年径流均值和变差系数的精度要求。所以,在目前,黄河流域的水文站网应保持相对稳定。

黄河流域中小河流测站设站年限检验成果见表 22-5。

表 22-5 集水面积 ≤1 000 km² 的水文站设站年限检验成果

序号	流域	单位名称	站名	测站集水面积 (km²)	设站年份 (年-月)	分析方法					实际设站年限 (年)	已测多少年一遇洪水	调整方案
						抽样误差分析法设站年限 (年)	产汇流参数分析法设站年限 (年)	设计洪水设站年限 (年)	设计枯水设站年限 (年)	综合计算年限 (年)			
1	黄河上游区上段	青海省	化隆	217	1979					10.46	26		
2	黄河上游区上段	青海省	清水	689	1979					7.71	26	27	保留
3	湟水	青海省	海晏(湟)	715	1954					7.01	51	24	保留
4	湟水	青海省	海晏(哈二)	662	1954					4.95	51		保留
5	湟水	青海省	董家庄(三)	636	1958					11	35		保留
6	湟水	青海省	西纳川(二)	809	1957					11	48		保留
7	湟水	青海省	牛场	830	2001						5		保留
8	湟水	青海省	黑林(二)	281	1958					6.93	30		保留
9	湟水	青海省	南川河口(二)	398	1985					7.54	20		保留
10	湟水	青海省	王家庄	370	1971					10	35	61	保留
11	湟水	青海省	八里桥(二)	464	1966					5.83	39		保留
12	湟水	青海省	吉家堡	192	1958					12.47	47		保留
13	黄河	黄委	悦乐	528	1958-06	31					48		建议保留
14	黄河	黄委	板桥	807	1958-05	57					48		建议保留
15	黄河	甘肃	乱藏	46.6	1984-07	16					22		建议保留

· 214 ·

续表 22-5

序号	流域	单位名称	站名	测站集水面积（km²）	设站年份（年-月）	分析方法					实际设站年限（年）	已测多少年一遇洪水	调整方案
						抽样误差分析法设站年限（年）	产汇流参数分析法设站年限（年）	设计洪水设站年限（年）	设计枯水设站年限（年）	综合计算年限（年）			
16	黄河	甘肃	王家磨	464	1977-07	18					29		建议保留
17	黄河	甘肃	康乐	330	1980-01	24					26		建议保留
18	黄河	甘肃	何家坡	100	1977-01	24					29		建议保留
19	黄河	甘肃	窑峰头	219	1975-07	18					31		建议保留
20	黄河	甘肃	蔡家庙	270	1980-06	37					26		建议保留
21	黄河	甘肃	王家川	233	1982-06	计算资料未收集到							建议保留
22	黄河	宁夏	三岔	803	1992						13	20	专用站
23	黄河	内蒙古	哈拉沁（二）	706	1956					70	50	50	保留
24	黄河	内蒙古	清水河	541	1970					80	70	50	保留
25	黄河	内蒙古	阿塔山（四）	880	1954						51	30	保留
26	黄河	内蒙古	东园（四）	886	1952						53	30	保留
27	黄河	内蒙古	红砂坝（三）	377	1959						46	30	保留
28	黄河	内蒙古	大脑包（四）	891	1952						53	30	保留
29	黄河	内蒙古	红山口（三）	59.7	1978					80	35	30	保留
30	黄河	内蒙古	陈梨天（二）	185	1959					70	42	50	保留
31	黄河	内蒙古	哈德门沟（五）	106	1954						51	50	保留

续表 22-5

序号	流域	单位名称	站名	测站集水面积 (km²)	设站年份 (年-月)	分析方法					实际设站年限 (年)	已测多少年一遇洪水	调整方案
						抽样误差分析法设站年限 (年)	产汇流参数分析法设站年限 (年)	设计洪水设站年限 (年)	设计枯水设站年限 (年)	综合计算年限 (年)			
32	黄河	内蒙古	卓资山(大)	382	1986					20	20	20	保留
33	黄河	陕西	朱园	402	1974	30		30	20	30	33	40	撤销
34	黄河	陕西	大峪	53.9	1955	40		20	40	40	42	50	停测流量
35	黄河	山西省	苛岚	476	1958						47		需要保留
36	黄河	山西省	圪洞	749	1957						48		需要保留
37	黄河	山西省	万年饱(二)	286	1956						49		需要保留
38	黄河	山西省	乡宁(二)	328	1980						25		需要保留
39	黄河	山西省	冷口	76	1976						29		需要保留
40	黄河	山西省	吕庄水库	864	1955						50		需要保留
41	黄河	山西省	大庙	55.9	1977						28		需要保留
42	黄河	山西省	凤伯峪	13.9	1976						29		可以撤销
43	黄河	山西省	岔上(三)	31.7	1958						47		需要保留
44	黄河	山西省	娄烦	578	1993						12		需要保留
45	黄河	山西省	董茹(二)	18.9	1956						49		需要保留
46	黄河	山西省	店头	33.9	1975						30		可以撤销
47	黄河	山西省	盘陀(三)	533	1954						51		需要保留
48	黄河	山西省	岔口	492	1965						40		需要保留

续表 22-5

序号	流域	单位名称	站名	测站集水面积（km²）	设站年份（年-月）	分析方法					实际设站年限（年）	已测多少年一遇洪水	调整方案
						抽样误差分析法设站年限（年）	产汇流参数分析法设站年限（年）	设计洪水设站年限（年）	设计枯水设站年限（年）	综合计算年限（年）			
49	黄河	山西省	灵石	287	1992						13		需要保留
50	黄河	山西省	东庄	987	1965						40		需要保留
51	黄河	山西省	大交（续）	347	1983						22		可以撤销
52	黄河	山西省	泗交	13.9	1973						32		可以撤销
53	黄河	山西省	油房（二）	414	1956						49		需要保留
54	黄河	黄委	兴县（二）	650	1986						19		需要保留
55	黄河	黄委	杨家坡（二）	283	1956						49		需要保留
56	黄河	黄委	吉县	436	1958						47		需要保留
57	黄河	黄委	枣落	145	1996						9		需要保留
58	黄河	黄委	桥头	335	1996						9		需要保留
59	大汶河	山东省	莱芜	763	1960					37	45	30	保留
60	大汶河	山东省	白楼	426	1977					43	28		保留
61	大汶河	山东省	瑞谷庄	200	1982					64	23		保留
62	大汶河	山东省	崮山	373	1979					50	26	40	保留
63	大汶河	山东省	下港	145	1981					36	24	35	保留

22.5 小　结

（1）由于对全河站网情况掌握得不够全面,探讨基准站、长期站、重要站选定方案时难免有主观性。本次评价想综合各方面的意见,研究出有效的、切合实际的选择方法,指导今后的站网管理工作。

（2）有些测站的 C_v 值很大或很小,按式(22-1)计算的设站年限也就过长或过短,因此仅考虑系列统计特征值的精度要求,来决定设站年限是不够的。如能把精度要求和社会经济效益结合起来,那么,确定出的设站年限会更加合理。

（3）组成一个系统的各个组成部分处于最佳状态,并不等于系统的整体功能也一定处于最佳状态。只有对系统整体功能作好分析,才能求出真正的最优的设站年限。因此,决定水文测站的撤留或转移,需要综合考虑实际情况。

第23章 水文站网发展建议

23.1 站网密度稀疏地区的布局评价

(1)从流域平均来看,黄河流域水文站网平均密度基本上满足世界气象组织(WMO)和《水文站网规划技术导则》(SL 34—92)规定的最稀站网密度要求,大部分地区站网密度高于标准要求,而个别地区特别是西部及边远地区(青海、甘肃、内蒙古等)站网密度则较低。从地域分布来看,站点分布不合理,部分水系测站集中,局部地区站点较稀,少部分地区还存在空白区,由此计算的平均密度不具参考价值。按观测项目分,除流量站稍能满足基本功能外,雨量站、蒸发站存在大量空白区,且站点分布不合理,不能很好地控制降水、蒸发的时空变化,不能完全满足降水、蒸发量观测和控制面上量的要求;泥沙站除干流外,其余大部分水系还不能完全控制各河道的沙量变化,尤其在强侵蚀地区,按60%～90%的流量站作为泥沙站的标准要求,现有泥沙站数量偏少,不能满足沙量计算和绘制悬移质泥沙侵蚀模数等值线图的需要,因此在地区分布上必须加以调整,应根据侵蚀模数变化,对水土流失严重地区的主要河流及站点稀少地区的水文站网进行补充、调整,并增加泥沙观测项目。

(2)黄河流域水环境监测工作起步晚,现有水质站稀少,缺少进、出入大中城市的河流及入河排污口控制断面;地下水水质监测站稀,不具备水质现场监测能力和移动监测能力;监测方法落后,监测站点集中,不能全面反映地表水、地下水、入河排污口的水质情况,无法应对突发性水污染事件和水功能区管理的需要。

现有的地下水站点主要为浅层地下水监测井,只有少部分深层地下水监测井,在大型水源地、大中城市、深层地下水开采区以及部分地下水超采区缺少地下水监测站网,现有监测井绝大多数为民用生产井,无法完整地掌握流域地下水运动规律。因此,必须调整和优化站网,增配先进的监测设备,建立与完善国家级和省级监测站网。

(3)从测站性质划分来看,除基本站数量稍能满足主要功能,需局部增设外,其余无论是辅助站对基本站资料的补充、水量平衡算水账、专用站的特定对象水文资料服务和社会需求,以及实验站的专项研究需要,数量都明显偏少,随着水资源管理、水环境保护和社会各有关部门对水文资料需求的不断扩大,应在稳定发展基本站的基础上,扩大辅助站,特别是专用站和实验站,以满足水利工程建设、水资源管理和社会对水文资料的需求。

(4)按河道性质划分来看,测站布局有待调整。黄河流域复杂的自然地理特征和多种不同的河道性质,除大河布站数基本满足《水文站网规划技术导则》(SL 34—92)的指标要求外,区域代表站密度低于容许最稀站网密度,还有部分地区为水文空白区,平原地区受水利工程影响严重,流域之间互通,近年来引水量加大,主客水分不清,目前没有足够的站点控制,基本要靠水文调查取得资料,资料精度不能完全满足计算要求,需增加布站和进行调整。小河站仅占站网的 14%，远远低于我国 35% 的比例要求，不能满足收集小面积暴雨洪水资料，探索产汇流参数在地区上和下垫面变化的要求。根据流域防汛及水资源管理的要求，依据现状，急需在以后的水文站网规划中逐步补充站网，增加一些区域代表站和小河站数量，以探求流域产汇流特性，更好地为水资源利用服务。

（5）按测站的重要性布站原则，黄河流域水文站网经过历次调整，布局基本合理，但由于水利工程不断兴建，整个社会对水文工作要求越来越高，流域内大部分区域的国家重点站和省级重点站布设数量偏低，部分重要防洪区水文站不足，报汛站点稀少，不能满足防洪要求。因此，站网中国家重要水文站和省级重要水文站需进一步发展，或进行级别调整，才能使水文站网的布设较为科学合理，满足生态环境保护及水资源开发利用等经济和社会发展对水文的需求。

（6）新设水文站越来越少，中短期站网得不到更新和调整，站网发展迟滞不前，现有水文站网基本靠老水文站维持，导致流域水文信息的采集面难以扩大。近十几年以及未来几年经济的快速发展，人类活动的加剧，以及土地利用系数的提高，都需要更密空间尺度上的水文信息的提供，所以应该对老水文站进行检验，再根据检验的结果，对老水文站的裁撤与否进行判定。

（7）水文信息采集、传输和记录自动化程度低。目前，黄河流域信息主要的采集、传输与分析处理方式主要的信息采集方式还是以最简单、最原始的人工采集方式为主，尤其是水位站和雨量站的自动测报率就更低，不利于黄河流域水文信息的采集与获取，不能及时地对所发生的情况作出判断，时效性差，水质和地下井的自动化程度更低，对流域测洪、防洪工作有一定的制约。因此，加快黄河流域信息采集、传输与分析处理的自动化程度，尤其对流域防汛工作是至关重要的，具有报汛任务的关键站应率先实现自动化测报。

（8）站队结合工作进展缓慢，不能满足新时期水文工作的需要。由于水文经费投入不足，现有的水文基地的基础设施达不到国家要求的标准，测验设备、仪器和方法落后，信息的收集、传递、管理等工作自动化程度低。部分地区巡测基地由于经费等问题尚未完全建成，进行水文巡测所必需的通信设备、交通工具和巡测设备达不到要求，直接影响水文巡测工作的开展，不能满足水文工作为社会经济服务的需要。

23.2　河流流域水量控制方面的布局评价

水文站网最基本的追求目标就是能够覆盖大多数河流，分析评价河流水资源的时空分布特点，为合理开发和保护水资源提供有价值的信息。该指标即前面评价中所提出的河流水文控制率。黄河流域共有 500 km² 以上的河流 341 条，流域水量计算控制的目标满足率仅为 32.6%，其中在 1950 ~ 1985 年增长比较明显，但总体水平较低，追求 100% 的目标在大部分地区是不现实也是不需要的，但对无水文站控制的河流提出一个合理的增设测站方案，为较低的流域水量计算满足率拟定一个提高的方案，则是需要的。

其他方面的水文控制情况也有待加强。

23.3 行政区界水资源控制方面的布局评价

与土地、矿产等资源不同,水资源具有流动性,其开发利用讲求共有性,在权属管理上难以运用排他原则,在使用上具有竞争特性。正是由于共有资源可公开获取,如果对水资源缺乏有效管理,必将导致用户之间的竞争博弈,造成水资源的过度使用,出现所谓的"公地悲剧"。基于我国水资源短缺,与经济社会发展需求矛盾突出的状况,为了避免落入"公地悲剧",必须对水资源进行量化管理。

跨省河流和省际边界河流水量的监测主要依靠临近或位于边界断面的水文站,因此建立一个能覆盖大多数主要省际河流断面的水文站网,是实现新时期按水量(水权)分配原则对水资源进行管理的理念的重要基础。

黄河流域共有 1 000 km^2 以上的省界河流 33 条,流域内各省(区)追求的省界河流控制最终目标是 100%,而现状不满足率为 18.2%,即有 13 条河流今后需要控制。

总体上看,要满足今后制订省级行政区域水量分配方案并进行水量水质的监测,现行站网仅能满足一半略强的目标需求。今后在水文站网建设过程中,应优先补充建设省界断面的水文站。

在建设行政区界水文站时,尤其要注意水量、水质的同步监测。近两年,国家为保障可持续发展,已在多地开展生态补偿试点工作,在流域水环境保护生态补偿方面,行政区界的跨界上下游水质补偿是重点内容。通过定期监测行政区界的水量、水质,测算上游排放到下游的污染物,根据每吨单因子污染物的补偿资金标准,上游行政区政府向下游行政区政府缴纳罚款。当试点经验成熟之后,黄河流域应借鉴其经验,在全流域范围内推行。因此,加强行政区界水文、水质站建设是未来站网发展重点方向之一。

23.4 防汛测报方面的布局评价

新中国成立以来,每年汛期黄河流域报汛站网为江河湖库安全度汛提供了大量实时更新的数据,为流域防洪管理作出了卓越贡献。防洪安全管理是社会公共安全管理的重要组成部分,并且具有以年度为周期、周而复始长期进行的特点,因此实时汛情的采集和送达,是水文站网所承担的压力最大的一项职能,工作量、工作频次和风险概率都比较大。

目前,黄河流域报汛站网已基本控制了黄河干流及其主要支流的洪峰流量,在干流沿程、大支流汇入处、重要水利枢纽上下游都设有水文站,基本满足重要城镇、重要经济区的防洪需求。但是站网密度还不够,对进一步提高洪水预见期形成障碍。近年来,随着民生社会的建设和发展,国家对山区中小河流防洪安全日益关注,报汛站网的一个薄弱环节也随之暴露。由于站网规模总体偏小,黄河流域报汛站主要布设在重要江河干流和主要支流,山区河流站网稀疏,存在大量水文空白区。大江大河的一个特点是,洪水演进路程长,河道调蓄作用明显,现有站网虽密度不高,但是通过河道流量滚动预报,能够实现一定的预见期。相反,山区中小河流的特点是,往往处于局地暴雨中心,降雨产汇流速度快,短时形成暴发性洪水并伴有地质灾害,常常造成山区人民的生命财产损失。对于山洪,预报难度往往较大,多数情况下是通过加密站网及时预警,但是站网资源不均导致这一目标在目前阶段难以实现。

黄河流域共有 484 条河流需要进行防汛测报评价,在 236 条参与防汛测报评价的河流中,满足率在 70% 以上的河流仅有 57 条,占 24.2%;满足率在 50% 以下的河流有 138 条,占 58.5%,其中尚未开展预测预报的有 35 条,占 14.8%。

虽然在现行站网中报汛功能一直被作为重中之重来抓,但上述数据表明,对于流域内参与防汛测报评价的河流,报汛站网功能还是明显不足的。报汛与洪水预报事关社会公共安全,必须提出较高的目标。对于黄河流域及黄河上游等地区,调整的主要任务是增加报汛站网密度,提高报汛的时效性及报汛的准确性等。对于山洪易发地区,需大量增建雨量站。在城市附近要加强城市防洪站点的建设。

23.5 水质监测方面的布局评价

黄河流域水功能区水质站网满足率平均为 32.3%,整体水平偏低。满足率水平较高的有"饮用水源区"(44.4%)和"其他开发利用区"(39.9%),说明对水源近端的水质监测工作已开始重视,但对水源远端的水质监测工作力度还很弱,统计图表中水质站网满足率最低的就是"保护区"(11.3%)。所以,通过水资源监测站网体系的建立,将全面提升黄河流域的水资源监测能力,实现对黄河流域重点、敏感的主要水体区域水资源的实时监测、评价和预警,满足统一管理和调度、优化配置水资源对水资源监测信息的需要,使有限的水资源发挥更大的使用效率。

23.6 水资源管理监测方面的布局评价

在现有各类水资源分配工程已设的 164 处监测断面中,水文部门介入程度为 72%,但相对于需要监测的 278 处断面,尤其是在建和拟建的各类水资源分配工程,水文部门所占比例较弱,说明社会还有很大的服务需求,水文部门还需要加大力度,争取承担更多的服务项目。按工程类型统计,水文部门在调水工程中的介入程度超过 80%,而在生态改造输水工程和其他水资源分配水利工程中却完全没有介入,管理上的条块分割现象十分明显。

23.7 客观面对水利工程影响,积极调整工作思路

黄河流域共有水文站 381 处,其中大河站 103 处,受水利工程建设影响的大河站 45 处,占大河站总数的 43.7%;区域代表站 154 处,受水利工程影响的区域代表站 48 处,占区域代表站总数的 31.2%;小河站 124 处,受水利工程影响的小河站 13 处,占小河站总数的 10.5%。

水文站与水利工程的上述矛盾关系是非常自然和无可避免的,并且在今后一段时期内会继续发展,对此必须调整观念,积极面对。

真正需要关注的是受水利工程影响显著或严重影响的水文站,轻微影响或中等影响的水文站大多可以通过有效手段加以排除或减小影响。

　　当水利工程影响水文站时,应根据水文站的功能类别区别对待,凡为了满足当前实时水情需求的水文站,不需要考虑水利工程对水文资料连续性和一致性的影响问题,因为这类站收集水文资料的目的,本身就是为了反映在现状水利工程运行条件下河道水、流、沙的变化情况,工情发生变化,资料系列也自然随之变化。凡为了满足将来应用需求的测站,即在设站初期,遵循流域代表性原则和均匀布设原则设立的水文站,应考虑水文资料的连续性和一致性,尽可能通过设辅助断面等手段避免或减小水利工程的影响。无论何种情况,对工程影响前的水文站资料必须妥善保管,以作为分析天然水文特性的基础资料。

　　中小河流较易受水利工程影响,区域代表站和小河站水文资料一致性容易受到破坏。大河站在遭受水利工程影响后,资料一致性问题不如中小水文站突出,但需采取措施避开或减少工程对测验断面正常工作造成干扰或破坏。

　　针对水利工程对水文测站造成的影响,应采取以下措施:

　　(1)保持水文站网稳定发展。黄河流域水文站总体上数量偏少,对受水利工程影响的测站,要以调整为主,尽可能避免撤站,以保持水文站网稳定发展。对受轻度或中度水利工程影响的测站,原则上保持不动;对受显著影响的水文站,尽可能通过增加辅助断面和引用新型测验设备来解决问题,确实不能抵消影响的,可调整测站任务,使之成为为水利工程调度服务的测站,对工程影响前的水文站资料妥善保管,作为分析天然水文特性的基础资料;不得不撤销的水文站,要尽可能考虑在其他合适的地方补设水文站,避免出现人为造成的水文空白区。对那些上下游受梯级水利水电工程建设影响,测站断面几乎无处可迁,但该影响区域范围内水文资料仍需收集的,要考虑调整设站方式和测验方式,改变传统设站模式,尽可能与工程结合,利用水工建筑物进行测流,或利用水库水位库容曲线及其他方法推流,加强和扩大降雨、水位观测资料收集面。

　　(2)结合社会需求,增加辅助断面。对受到水利工程影响但需保留的重要站,要注重开展还原计算。可采取增设辅助站和调查点,并收集流域内雨量、蒸发配套资料。如在较大灌区和引水渠道,必须选择引水量对主河道断面水量有较大影响的渠道,建立辅助站纳入定期观测,参加区域水量平衡。对还原计算影响较小的引水渠道,可考虑设立相对固定的水文调查点,在每年汛后引水季节开展定期水文调查。对测站下游受轻微影响的水文站,可增设枯水测验断面,以提高测验精度。通过增设辅助站和调查点,一方面保持了重要基本测站的相对稳定和继续长期积累序列水文资料,另一方面在实现自身水文资料收集任务的同时开展了水资源管理、水利工程调度等向社会的信息服务工作。

　　(3)加强勘测基地建设,提高巡测能力。大量的水利工程建设,使得河流水文情势十分复杂,必须改革过去那种固守断面的工作模式,加强勘测基地建设,提高巡测能力,依据基本水文站,以"点"带"面",注重水文观测区域面上资料的收集,通过拓展信息来弥补或减小单点信息受水利工程影响产生的损失。

　　(4)引进新仪器、新设备,确保测验质量。现在受水利水电工程影响的测站越来越多,由于水利水电工程蓄水、放水及引水多种因素影响,测验河段内水位、流速变化频繁,原稳定的水、流、沙关系被破坏,现有常规仪器设备对受影响的测站的水文要素难以施测,测验精度达不到规范要求。为了尽量减少水文站的搬迁和保持水文站网的稳定,需要大力引进新仪器、新设备,如 ADCP、电波流速仪、雷达式测速仪、OBS 现场测沙仪等,以适应受水利工程影响的测站水沙情势变化需要。同时,加强受水利水电工程影响水文测验及资料整编的方法研究,探索工程影响条件下水文测报的新技术、新方法。

23.8　区域代表站调整评价

(1)由于本次站网评价黄河流域各省水文分区工作大多沿用以前的水文分区,工作相对简化,且各省对水文分区内区域代表站进行了相关评价。但由于基础不一,方法各异,结论迥然。从总体上来看,在各水文分区内各面积级上都存在水文空白区,比较典型的是雨量站偏少,经济欠发达的黄土高原区和青海省部分地区。面积小于 200 km^2 的河流,设站比不足 6%,分区面积在 200 ~ 500 km^2 之间的河流,设站比仅为 8%。建议各省(区)根据工作需要,在经济状况许可条件下,实时在站网空白区和部分小河上增设测站,为当地经济发展、防汛、水资源管理、生态建设及水利工程建设管理提高水情服务。

(2)本次站网评价,部分省(区)按要求对没有报汛任务且集水面积小于 1 000 km^2 的测站进行了设站年限检验,从了解的情况看,在用抽样误差检验时,由于采用参数不同(如径流深、输沙模数等),计算的设站年限差别较大,得出的结论也就不一致。如何科学地选定计算参数是影响评价成果的关键点。

(3)由于对全河站网情况掌握得不够全面,探讨基准站、长期站、重要站选定方案时难免有主观性。本次评价想综合各方面的意见,研究出有效的、切合实际的选择方法,指导今后的站网管理工作。有些测站的 C_v 值很大或很小,计算得出的设站年限也就过长或过短,因此仅考虑系列统计特征值的精度要求,来决定设站年限是不足的。如能把精度要求和社会经济效益结合起来,那么,确定出的设站年限会更加合理。

(4)组成一个系统的各个组成部分处于最佳状态,并不等于系统的整体功能也一定处于最佳状态。只有对系统整体功能作好分析,才能求出真正的最优的设站年限。因此,决定水文测站的撤留或转移需要综合考虑实际情况。

23.9　水文站网在城市服务方面的布局评价

随着经济社会的发展和进步,城市规模也不断扩大,城市防洪、城市水资源问题日显突出,城市水文信息已引起各级政府和民众的深切关注。由于城市水文条件复杂,影响因素众多,空间尺度小,下垫面变化大,常规水文测报与信息服务方式已经不能适应社会对城市水文信息的需求。因此,建设城市雨洪、水资源信息自动采集监测站网和建立城市水文水资源信息服务体系,满足城市防洪、水资源开发利用、水环境保护工作是非常必要的。

根据城市防汛、城区雨洪预报、保证城市供水以及城区河段生态保护与修复的需要,在充分利用已有水文监测站网基础上,增设、调整城区雨量站、水文站,增设城市供水、取水口河道断面监测站,以及城区河段和取、退水水质监测站,实现监测水文站网的实时监测与信息传输,建成水情、水量、水质相互配套,具有较强功能性、时效性的城市水文监测站网体系。全面提升对城市、城区防汛能力,提高城市供水的保证程度,促进城区河段生态保护与修复。

黄河流域现有水文站381处,其中城市段水文站32处,受城市段新建水利工程影响(如景观建设中的拦河闸、橡胶坝等),应按新承担的城市防洪任务对基础设施、观测设备、测洪能力进行调整。

23.10　加强生态水文监测

地球表面由海洋、河流、湖泊、山地、森林、湿地、沼泽、沙漠、绿洲等各类生态系统组成,生态系统的平衡稳定是人类可持续发展的必要条件。水文循环与生态系统具有相互依存、相互影响的伴生关系。没有水文循环,陆地及水生生态系统将无法生存,所以水文循环对生态系统起支撑作用。对于水文循环,借助于各种类型的生态系统,将来自大气的降水转化为进入大气的蒸散和进入地表、地下的径流,可见水文循环借助生态系统才能运转起来。水资源的过度利用会改变生态系统的水文循环,引起生态退化,持续的生态退化经累积、蠕动,反过来进一步加剧地球水文循环的改变,造成大范围的环境影响。近50年的观测表明,随着人类活动、全球变暖、土地覆盖状态改变,已经引起了黄河流域生态环境的明显退化,一些地区水资源的过度开发已经超出了水文循环的再生能力,延迟了水资源的再生周期,造成了生态的不可修复,如胡杨林枯死、内陆河尾闾湖泊消失、沙漠化发展、沼泽湿地消失、生物栖息地改变等。生态环境的恶化首先在干旱半干旱地区和内陆河地区形成灾难,引发了全社会的环保意识,如果没有一个健康的生态系统与人类相伴,社会的可持续发展就不可能实现。

未来20~30年内,应在青海、甘肃、内蒙古、山东等省(区)的重点生态敏感区,如重要的高原湖泊、沼泽湿地、生物栖息地等,针对生态保护目标设立各类水文测站,开展水文观测。研究生态敏感区所依赖的水文循环,如维持系统的健康生态需水量和最小生态需水量,监测河道流量、水质、地下水位、降水、入渗、蒸发、蒸腾等。当水文循环向不利方向发展时,及时发出预警。

近年来,黄河流域部分湖泊、水库与河流的污染和生态问题突出,严重影响到人民群众的生产和生活,受到各级政府和社会各界的广泛关注。对这一类湖泊富营养化导致的水生态恶化,水文部门已经结合水质监测,有针对性地进行监测试验,取得了初步成果。今后应在总结推广的基础上,进一步扩大水生态监测项目,为预防和减少湖泊、水库发生水生态灾害提供预警,适应水资源管理与水生态保护工作的需要。

附表 1 全国内陆河湖国家基本水文站和水文部门辅助站、实验站、专用水文站调查表

序号	测站名称	水系	河流	集水面积（km²）	设站/断面年份	国家重要站	省级重要站	一般站	站/断面地址	领导机关	流量	水位	降水	蒸发	水质	输沙率	颗粒分析	水温	辅助气象	地下水情	常年驻测	汛期驻测	巡测
1	南湾	新疆额尔齐斯河流域	额尔齐斯河	53 800	1985	1			新疆哈巴河县莎尔布拉克乡奎干村	新疆水文局	1	1	1		1	1	1	1	1		1		
2	保塔美	新疆额尔齐斯河流域	哈巴河	5 472	2003	1			新疆哈巴河县铁列列克乡齐巴希力克村	新疆水文局	1	1	1			1	1	1	1		1	1	
3	哈龙滚	新疆额尔齐斯河流域	别列则克河	760	2003	1			新疆哈巴河县莎尔布拉克乡哈龙滚村	新疆水文局	1	1						1	1		1		
4	克拉他什（四）	新疆额尔齐斯河流域	哈巴河	6 111	1956	1			新疆哈巴河县齐巴尔乡克拉他什村	新疆水文局	1	1	1			1	1	1	1				
	克拉他什（四）（河道）	新疆额尔齐斯河流域	哈巴河								1	1											1
	克拉他什（四）（沙布拉克渠）	新疆额尔齐斯河流域	哈巴河								1												1
	克拉他什（四）（东风大渠）	新疆额尔齐斯河流域	哈巴河								1	1											1
5	布尔津	新疆额尔齐斯河流域	额尔齐斯河	24 246	1953	1			新疆布尔津县布尔津镇	新疆水文局	1	1	1		1	1	1	1	1		1		
6	群库勒（二）	新疆额尔齐斯河流域	布尔津河	8 422	1956	1			新疆布尔津县冲乎尔乡	新疆水文局	1	1	1			1	1	1	1		1		
7	福海（二）	新疆额尔齐斯河流域	乌伦古河	33 589	1956		1		新疆福海县福海镇	新疆水文局	1	1	1		1	1	1	1	1		1		
8	阿勒泰	新疆额尔齐斯河流域	克兰河	1 655	1958		1		新疆阿勒泰市阿勒泰镇小巴区	新疆水文局	1	1			1			1	1		1		
	阿勒泰（河道）	新疆额尔齐斯河流域	克兰河									1											1
	阿勒泰（小河）	新疆额尔齐斯河流域	克兰河									1											1
9	304大桥	新疆额尔齐斯河流域	喀拉额尔齐斯河	4 840	2000				新疆富蕴县巴拉额尔齐斯	新疆水文局	1	1	1		1	1	1	1	1			1	
10	阿克哈仁	新疆额尔齐斯河流域	巴拉额尔齐斯河	915	2000				新疆富蕴县巴拉额尔齐斯	新疆水文局	1	1						1	1			1	

续附表 1

序号	测站名称	水系	河流	集水面积 (km²)	设站/断面年份	基本站站级			站、断面地址	领导机关	测验项目											测验方式		
						国家重要站	省级重要站	一般站			流量	水位	降水	蒸发	水质	输沙率	颗分	水温	冰情	辅助气象	地下水	常年驻测	汛期驻测	巡测
11	富蕴县城大桥	新疆额尔齐斯河流域	额尔齐斯河	4 790	2000				新疆富蕴县县城	新疆水文局	1	1											1	
12	库威	新疆额尔齐斯河流域	卡依尔特斯河	2 494	1956	1			新疆富蕴县铁买克乡大桥村	新疆水文局	1	1	1	1				1	1			1		
13	富蕴(二)	新疆额尔齐斯河流域	库依尔特斯河	1 965	1956			1	新疆富蕴县可可托海镇	新疆水文局	1	1	1	1				1	1			1		
14	二台(二)	新疆额尔齐斯河流域	乌伦古河	18 375	1956	1			新疆青河县莎尔托海乡二台村	新疆水文局	1	1	1	1				1	1			1		
15	大青河	新疆额尔齐斯河流域	青格里河	1 702	1960				新疆青河县青河镇	新疆水文局	1	1	1	1				1	1			1		
16	小青河	新疆额尔齐斯河流域	基什可苏青格里河	1 326	1960			1	新疆青河县青河镇	新疆水文局	1	1	1	1				1	1			1		
17	塔克什肯(三)	新疆额尔齐斯河流域	布尔根河	10 300	1987	1			新疆青河县塔克什肯镇		1	1	1	1	1			1	1					
	塔克什肯(三)(河道)	新疆额尔齐斯河流域	布尔根河								1	1												1
	塔克什肯(三)(电站引水灌溉渠)	新疆额尔齐斯河流域	布尔根河								1	1												1
	塔克什肯(三)(灌溉水渠)	新疆额尔齐斯河流域	布尔根河								1	1												1
18	阿克其(二)	额敏河区	依克其河	16 559	1979	1			新疆塔城市塔裕大桥	新疆水文局	1	1	1	1	1			1	1			1		
19	哈拉依敏(六)	额敏河区	哈拉依敏河	252	1959		1		新疆额敏县玉什哈拉苏乡哈拉屯门村	新疆水文局	1	1	1	1				1	1			1		
	哈拉依敏(六)(河道)	额敏河区	哈拉依敏河								1	1						1						1
	哈拉依敏(六)(左串沟)	额敏河区	哈拉依敏河								1	1												1
	哈拉依敏(新龙渠)(二)	额敏河区	哈拉依敏河								1	1												1

· 227 ·

续附表 1

序号	测站名称	水系	河流	集水面积（km²）	设站/断面年份	国家重要站	省级重要站	一般站	站/断面地址	领导机关	流量	水位	降水	蒸发	输沙率	水质	颗分	水温	辅助气象	地下水	墒情	常年驻测	汛期驻测	巡测
	哈拉依依敏（电站渠）	额敏河区	哈拉依依天勤河								1													1
20	卡琅古尔（二）	额敏河区	卡琅古尔河	349	1957		1		新疆塔城市阿西尔达斡尔民族乡斡尔达别克村	新疆水文局	1	1	1	1		1		1				1		
21	解放大桥（二）	伊犁河区	特克斯河	8 635	1985	1			新疆昭苏县解放大桥	新疆水文局	1	1	1	1		1	1	1	1			1		
22	木扎特	伊犁河区	木扎特河	651	2002		1		新疆昭苏县 74 团 1 连	新疆水文局	1					1		1	1	1				1
23	夏塔	伊犁河区	夏塔河	739	2002		1		新疆昭苏县夏塔乡	新疆水文局	1					1		1	1					1
24	特克斯庄	伊犁河区	特克斯河	6 293	2002		1		新疆昭苏县 76 团 6 连	新疆水文局	1	1				1		1	1					1
25	哈桑	伊犁河区	哈桑河	389	2002		1		新疆昭苏县 77 团 9 连	新疆水文局	1	1				1		1						1
26	阿合牙孜	伊犁河区	阿合牙孜河	2 651	1979		1		新疆昭苏县哈夏加尔乡牧业队	新疆水文局	1	1	1			1		1						1
	阿合牙孜（河道）	伊犁河区									1													
	阿合牙孜（电站渠）	伊犁河区			1980						1													
27	库克苏	伊犁河区	库克苏河	5 379	1958	1			新疆特克斯县牟苏木场	新疆水文局	1	1				1		1	1			1		
28	卡甫其海（二）	伊犁河区	特克斯河	27 402	1956	1			新疆新源县哈拉布特乡克孜塔乌尔村	新疆水文局	1	1	1			1		1	1	1		1		
29	恰甫（四）	伊犁河区	恰甫河	1 307	1956		1		新疆新源县恰甫河三级水电站	新疆水文局	1	1	1			1		1	1			1		
	恰甫（四）（河道）	伊犁河区									1					1		1						1
	恰甫（四）（电站渠）	伊犁河区			1980						1					1		1						1

续附表 1

序号	测站名称	水系	河流	集水面积(km²)	设站/断面年份	国家重要站	省级重要站	一般站	站-断面地址	领导机关	流量	水位	降水	蒸发	水质	输沙率	颗粒分析	水温	冰情	辅助气象	地下水	墒情	常年驻测	汛期驻测	巡测
30	则克台(二)	伊犁河区	巩乃斯河	4 123	1960	1			新疆新源县71团巩乃斯河大桥	新疆水文局	1	1	1	1	1	1		1	1				1		
31	乌拉斯台(三)	伊犁河区	哈什河	5 081	1957	1			新疆尼勒克县79团农四连	新疆水文局	1	1	1	1	1	1		1	1				1		
32	托海	伊犁河区	哈什河	8 656	1953			1	新疆伊宁市墩马扎镇托海村	新疆水文局	1	1	1	1	1	1		1	1				1		
33	雅马渡(三)	伊犁河区	伊犁河	49 186	1953	1			新疆巩留县七乡雅马渡村	新疆水文局	1	1	1	1	1	1		1	1				1		
34	匹里青(二)	伊犁河区	匹里青河	794	1956		1		新疆伊宁市喀拉亚孜奇乡喀拉亚孜奇村	新疆水文局	1	1	1	1	1	1		1	1				1		
35	切德克(二)	伊犁河区	切德克河	291	1956			1	新疆霍城县大西沟乡首蓿台子村	新疆水文局	1	1	1	1	1	1		1	1				1		
	切德克(二)(河道)	伊犁河区	切德克河								1														1
	切德克(二)(电站渠)	伊犁河区	切德克河		1990						1														1
36	三道河子	伊犁河区	伊犁河	61 640	1985	1			新疆霍城县三道河子乡边防连	新疆水文局	1	1	1	1				1	1				1		
37	会晤桥	伊犁河区	霍尔果斯河	1 160	2003	1			新疆霍城县霍尔果斯河水电站村	新疆水文局	1	1	1	1				1	1				1		
38	军马场	伊犁河区	特克斯河		2003				新疆特克斯县特克斯军马场六连	新疆水文局	1	1	1	1				1	1				1		
39	萨热格西	伊犁河区	库克苏河		2003				新疆特克斯县乔尔拉克铁列克乡萨热热海村	新疆水文局	1	1	1	1				1	1		1		1		
40	恰甫其海	伊犁河区	特克斯河	25 029	1999				新疆巩留县吉尔格朗乡恰甫其海村	新疆水文局	1	1	1	1				1	1		1		1		
41	东根马利	伊犁河区	小吉尔尕浪河	1 024	2003				新疆巩留县吉尔格朗乡沙尔村	新疆水文局	1	1	1	1				1	1				1		
42	将军庙(二)	博尔塔拉、玛纳斯河区	奎屯河	1 900	1987			1	新疆乌苏市独车公路56千米处	新疆水文局	1	1	1	1				1	1				1		

· 229 ·

序号	测站名称	水系	河流	集水面积(km²)	设站/断面年份	国家重要站	省级重要站	一般站	站/断面地址	领导机关	流量	水位	降水	蒸发	水质	输沙率	颗分	水温	辅助气象	地下水情	常年驻测	汛期驻测	巡测
43	吉勒德(三)	博尔塔拉、玛纳斯河区	四棵树河	921	1954		1		新疆乌苏市西大沟乡	新疆水文局											1		
	吉勒德(河道)(二)	博尔塔拉、玛纳斯河区	四棵树河																1				1
	吉勒德(七-大渠)(二)	博尔塔拉、玛纳斯河区	四棵树河																				1
44	喀嚓庙(三)	博尔塔拉、玛纳斯河区	八音沟河	1 092	1981			1	新疆沙湾县八音沟牧场向阳村	新疆水文局	1	1				1	1	1			1		
45	温泉	博尔塔拉、玛纳斯河区	博尔塔拉河	2 206	1979		1		新疆温泉县博格达镇	新疆水文局	1	1	1	1	1	1	1	1	1		1		
46	博乐	博尔塔拉、玛纳斯河区	博尔塔拉河	6 627	1963			1	新疆博乐市市南郊	新疆水文局	1	1	1	1		1	1	1			1		
	博乐(河道)	博尔塔拉、玛纳斯河区	博尔塔拉河																				1
	博乐(星火干渠)(三)	博尔塔拉、玛纳斯河区	博尔塔拉河																				1
47	精河山口村(三)	博尔塔拉、玛纳斯河区	精河	1 419	1956		1		新疆精河县托里乡山口村	新疆水文局	1	1			1	1	1	1			1		
48	沙尔托海(二)	博尔塔拉、玛纳斯河区	大河沿子河	1 697	1987			1	新疆精河县大河沿子渠首	新疆水文局	1	1			1	1	1	1				1	
49	八家户	博尔塔拉、玛纳斯河区	金沟河	1 400	1983			1	新疆沙湾县八家户乡上八家户村	新疆水文局	1	1				1	1	1			1		
50	煤窑(四)	博尔塔拉、玛纳斯河区	红沟沟	3 902	1980		1		新疆沙湾县东湾乡	新疆水文局	1	1				1	1	1			1		
51	肯斯瓦特(三)	博尔塔拉、玛纳斯河区	玛纳斯河	4 637	1955			1	新疆玛纳斯县清水河乡坎苏瓦特村	新疆水文局	1	1			1	1	1	1			1		
52	清水河子(二)	博尔塔拉、玛纳斯河区	清水河	437	1980			1	新疆玛纳斯县清水河乡解放台子村	新疆水文局	1	1				1	1	1			1		
53	石门子(三)	博尔塔拉、玛纳斯河区	塔西河	632	1962		1		新疆玛纳斯县塔西河沟乡	新疆水文局	1	1			1	1	1	1			1		

续附表 1

序号	测站名称	水系	河流	集水面积(km²)	设站/断面年份	国家重要站	省级重要站	一般站	站/断面地址	领导机关	流量	水位	降水	蒸发	水质	输沙率	颗分	水温	冰情	辅助气象	地下水	墒情	常年驻测	汛期驻测	巡测
54	石门	天山北坡呼图壁河以东地区	呼图壁河	1 840	1977		1		新疆呼图壁县雀尔沟镇106煤矿	新疆水文局	1		1					1	1					1	
55	碱盘庄(三)	天山北坡呼图壁河以东地区	三屯河	1 636	1976		1		新疆昌吉市阿什里乡二道水	新疆水文局	1		1					1	1				1		
56	制材厂(五)	天山北坡呼图壁河以东地区	头屯河	840	1957		1		新疆乌鲁木齐县小渠子乡谢家沟口	新疆水文局	1		1					1	1				1		
57	白杨河(二)	天山北坡呼图壁河以东地区	白杨河	252	1962			1	新疆阜康市大黄山煤矿一分厂	新疆水文局	1		1					1	1				1		
58	东大龙口(三)	天山北坡呼图壁河以东地区	东大龙口河	163	1956		1		新疆吉木萨尔县泉子街镇上九户村	新疆水文局	1		1					1	1				1		
59	五圣宫	天山北坡呼图壁河以东地区	白杨河	162	1980			1	新疆吉木萨尔县泉子街镇公圣村	新疆水文局	1		1					1	1				1		
60	开垦河(三)	天山北坡呼图壁河以东地区	开垦河	371	1956		1		新疆奇台县老奇台镇七户乡二道沟	新疆水文局	1		1					1	1				1		
	开垦河(三)(河道)	天山北坡呼图壁河以东地区																							1
	开垦河(三)(电站渠)	天山北坡呼图壁河以东地区			1975							1													1
61	跃进水库进库(五)	天山北坡呼图壁河以东地区	木垒河	461	1963			1	新疆木垒县照壁山乡南闸村	新疆水文局	1		1					1	1				1		
	跃进水库进库(五)(河道)	天山北坡呼图壁河以东地区			1988						1	1													1
	跃进水库进库(五)(电站渠)	天山北坡呼图壁河以东地区						1			1	1													1
62	跃进桥	天山北坡呼图壁河以东地区	乌鲁木齐河	310	1982			1	新疆乌鲁木齐县板房沟乡	新疆水文局	1	1	1					1	1				1		
63	英雄桥	天山北坡呼图壁河以东地区	乌鲁木齐河	924	1959	1			新疆乌鲁木齐县板房沟乡	新疆水文局	1	1	1					1	1				1		
64	板房沟	天山北坡呼图壁河以东地区	板房沟	361	1979			1	新疆乌鲁木齐县板房沟乡	新疆水文局	1														1

续附表 1

序号	测站名称	水系	河流	集水面积（km²）	设站/断面年份	国家重要站	省级重要站	一般站	站/断面地址	领导机关	流量	水位	降水	蒸发	水质	输沙率	颗粒分析	水温	冰情	辅助气象	地下水	墒情	常年驻测	汛期驻测	巡测
65	乌拉泊水库图	天山北坡呼图壁河以东地区	乌鲁木齐河	2 596	1962		1		新疆乌鲁木齐市天山区	新疆水文局		1	1	1	1			1	1	1				1	
	乌拉泊水库（五道地）	天山北坡呼图壁河以东地区	乌鲁木齐河																						1
	乌拉泊水库（青年渠）	天山北坡呼图壁河以东地区	乌鲁木齐河		1962						1	1						1					1		
	乌拉泊水库（放水渠）	天山北坡呼图壁河以东地区	乌鲁木齐河								1	1						1							
	乌拉泊水库（北沟）	天山北坡呼图壁河以东地区	乌鲁木齐河																						1
	乌拉泊水库（小水库）	天山北坡呼图壁河以东地区	乌鲁木齐河								1	1													1
66	阿拉沟（二）	哈密、吐鲁番地区诸河	阿拉沟	1 961	1956		1		新疆乌鲁木齐市南山矿区	新疆水文局	1	1	1					1						1	
67	煤窑沟	哈密、吐鲁番地区诸河	煤窑沟	481	1955		1		新疆吐鲁番市七泉湖镇	新疆水文局	1	1	1					1						1	
68	大河沿	哈密、吐鲁番地区诸河	大河沿	738	1996		1		新疆吐鲁番市大河沿镇	新疆水文局	1	1	1					1						1	
69	二塘沟	哈密、吐鲁番地区诸河	二塘沟	344	1992				新疆鄯善县恰勒坎	新疆水文局	1	1						1						1	
70	头道沟	哈密、吐鲁番地区诸河	头道沟	371	1955			1	新疆哈密市天山乡	新疆水文局	1	1						1					1		
71	白杨	哈密、吐鲁番地区诸河	故乡河	431	1955		1		新疆哈密市天山乡	新疆水文局	1	1						1						1	
72	榆树沟	哈密、吐鲁番地区诸河	榆树沟	308	1979		1		新疆哈密市天山乡	新疆水文局	1	1						1						1	
73	苇子峡	哈密、吐鲁番地区诸河	伊吾河	1 057	1956				新疆伊吾县苇子峡乡	新疆水文局	1	1						1						1	
74	三道沟	哈密、吐鲁番地区诸河	三道沟	98	2001				新疆哈密市德外里克乡	新疆水文局	1	1						1					1		

续附表 1

序号	测站名称	水系	河流	集水面积 (km²)	设站/断面年份	基本站站级			站/断面地址	领导机关	测验项目									测验方式		
						国家重要站	省级重要站	一般站			流量	水位	降水	蒸发	水质	输沙率	水温	辅助气象	地下水	常年驻测	汛期驻测	巡测
75	四道沟	哈密、吐鲁番地区诸河	四道沟	100	2000				新疆哈密市德外里克乡	新疆水文局	1	1	1	1			1					1
76	库鲁克栏干(二)	叶尔羌河、塔里木河	叶尔羌河	32 880	1959	1			新疆塔什库尔干县大同乡库鲁克栏干村	新疆水文局	1	1	1	1			1	1		1		
77	卡群(二)	叶尔羌河、塔里木河	叶尔羌河	50 248	1953	1			新疆莎车县卡群乡	新疆水文局	1	1	1							1		
78	衣干其渡口	叶尔羌河、塔里木河	叶尔羌河		1967				新疆莎车县哈尔巴格乡库其其特村	新疆水文局	1	1	1							1		
79	四十八团渡口(二)	叶尔羌河、塔里木河	叶尔羌河		1972		1		新疆巴楚县阿克萨克毛拉乡	新疆水文局	1	1	1								1	
80	伊尔列黑	塔什库尔干河、塔里木河	塔什库尔干河	7 780	2000				新疆塔什库尔干县齐满乡齐满村	新疆水文局	1	1	1							1		
81	玉孜门勒克(二)	叶尔羌河、塔里木河	提兹那甫河	5 389	1974	1			新疆叶城县沙衣瓦克乡江卡村	新疆水文局	1	1	1							1		
82	克孜勒塔克	叶尔羌河、塔里木河	艾格孜牙河	1 340	1980				新疆阿克陶县改勒塔克乡	新疆水文局	1	1	1							1		
83	沙曼	叶尔羌河、塔里木河	库山河	2 169	1956				新疆阿克陶县巴仁乡	新疆水文局	1	1	1							1		
84	喀拉库里(二)	叶尔羌河、塔里木河	喀拉库里河	2 170	1959			1	新疆阿克陶县布伦口乡	新疆水文局	1	1	1							1		
85	盖孜	叶尔羌河、塔里木河	盖孜河	9 753	1958	1			新疆阿克陶县布伦口乡盖孜农村	新疆水文局	1	1	1					1		1		
86	维他克(三)	叶尔羌河、塔里木河	维他克河	497	1956			1	新疆阿克陶县维他克镇	新疆水文局	1	1	1							1		
87	斯木哈纳	叶尔羌河、塔里木河	克孜河	3 700	2003	1			新疆乌恰县吉根乡斯木哈纳村	新疆水文局	1	1	1			1	1			1		
88	牙师(二)	叶尔羌河、塔里木河	克孜河	5 196	1958	1			新疆乌恰县乌鲁克恰乡	新疆水文局	1	1	1			1	1			1		
89	卡拉贝利(四)	叶尔羌河、塔里木河	克孜河	13 700	1958	1			新疆乌恰县博坎卡托依依乡	新疆水文局	1	1	1							1		

· 233 ·

续附表 1

序号	测站名称	水系	河流	集水面积(km²)	设站/断面年份	基本站站级			站/断面地址	领导机关	测验项目											测验方式		
						国家重要站	省级重要站	一般站			流量	水位	降水	蒸发	水质	输沙率	颗粒分析	水温	水情	辅助气象	地下水	常年驻测	汛期驻测	巡测
90	卡浪沟吕克	叶尔羌河、塔里木河区	卡浪沟吕克河	1 954	1958			1	新疆疏附县首什乡	新疆水文局	1	1	1	1	1									
91	恰其嘎	叶尔羌河、塔里木河区	恰克马克苏河	3 788	1976			1	新疆阿图什市上阿图什乡恰其嘎村	新疆水文局	1	1	1	1	1	1				1		1		
	恰其嘎(河道)	叶尔羌河、塔里木河区	恰克马克苏河								1	1						1						1
	恰其嘎(电站引水渠)	叶尔羌河、塔里木河区	恰克马克苏河								1	1						1						
92	契恰尔	叶尔羌河、塔里木河区	托什干河	8 727	1986	1			新疆阿合奇县哈拉布拉克乡	新疆水文局	1	1	1	1	1	1	1	1	1			1		
93	沙里桂兰克	叶尔羌河、塔里木河区	托什干河	19 166	1956	1			新疆阿合奇县色帕巴依乡	新疆水文局	1	1	1	1	1	1	1	1	1			1		
94	西大桥(新大河)	叶尔羌河、塔里木河区	阿克苏河	43 123	1951	1			新疆阿克苏市阿音柯乡	新疆水文局	1	1	1	1	1	1	1	1	1					
95	西大桥(老大河合成)	叶尔羌河、塔里木河区	阿克苏河		1985	1			新疆阿克苏市阿音柯乡		1	1			1									
	西大桥(老大河)	叶尔羌河、塔里木河区	阿克苏河		1985						1	1												1
	西大桥(胜利渠)	叶尔羌河、塔里木河区	阿克苏河		1985						1	1												
	西大桥(二级电站)	叶尔羌河、塔里木河区	阿克苏河		1985						1	1												
	西大桥(沙克沙克)	叶尔羌河、塔里木河区	阿克苏河		1985						1	1												
	西大桥(东岸大渠)	叶尔羌河、塔里木河区	阿克苏河		1985						1	1												
96	协合拉	叶尔羌河、塔里木河区	库玛拉克河	12 816	1956	1			新疆温宿县吐木休克乡	新疆水文局	1	1	1	1	1	1	1					1		
97	多浪渠(五)	叶尔羌河、塔里木河区	库玛拉克河		1954			1	新疆阿克苏市红桥区	新疆水文局	1	1	1	1	1		1					1		

続附表 1

序号	测站名称	水系	河流	集水面积（km²）	设站/断面年份	基本站站级			站/断面地址	领导机关	测验项目											测验方式		
						国家重要站	省级重要站	一般站			流量	水位	降水	蒸发	水质率	输沙率	颗分率	水温	辅助气象	地下水	水情	常年驻测	汛期驻测	巡测
98	阿拉尔	叶尔羌河、塔里木河区	塔里木河		1958	1			新疆阿拉尔市九团	新疆水文局	1	1	1		1	1	1	1	1			1		
99	新渠满（二）	叶尔羌河、塔里木河区	塔里木河		1956	1			新疆沙雅县托依堡乡	新疆水文局	1	1	1		1	1	1	1	1			1		
100	台兰（四）	叶尔羌河、塔里木河区	台兰河	1 324	1956		1		新疆温宿县台兰河龙口	新疆水文局	1	1	1		1	1	1	1	1			1		
101	巴音布鲁克	叶尔羌河、塔里木河区	开都河	6 833	1956		1		新疆和静县巴音布鲁克	新疆水文局	1	1	1		1	1	1	1	1			1		
102	大山口	叶尔羌河、塔里木河区	开都河	19 022	1972	1			新疆和静县南哈尔莫墩乡	新疆水文局	1	1	1		1	1	1	1	1			1		
103	焉耆	叶尔羌河、塔里木河区	开都河	22 516	1947	1			新疆焉耆县焉耆镇	新疆水文局	1	1	1		1	1	1	1	1			1		
104	黄水沟	叶尔羌河、塔里木河区	黄水沟	4 311	1955			1	新疆和静县和静镇黄水沟水沟山口	新疆水文局	1	1	1		1	1	1	1	1				1	
105	克尔古提	叶尔羌河、塔里木河区	清水河	1 016	1956		1		新疆和硕县塔哈其乡	新疆水文局	1	1	1		1	1	1	1	1			1		
106	他什店（五）	叶尔羌河、塔里木河区	孔雀河	44 100	1956		1		新疆库尔勒市塔什店区	新疆水文局	1	1	1		1	1	1	1	1			1		
107	英巴扎	叶尔羌河、塔里木河区	塔里木河		2001			1	新疆轮台县轮台南镇	新疆水文局	1	1										1		
108	乌斯曼河河口	叶尔羌河、塔里木河区	塔里木河		2001			1	新疆尉犁县塔尔曲尕乡	新疆水文局	1	1										1		
	乌斯曼河断面	叶尔羌河、塔里木河区	塔里木河								1	1												1
109	恰拉	叶尔羌河、塔里木河区	塔里木河		2002			1	新疆尉犁县恰拉	新疆水文局	1	1												1
	恰拉（渠道）	叶尔羌河、塔里木河区	塔里木河								1	1												1
	恰拉（河道）	叶尔羌河、塔里木河区	塔里木河								1	1												1

续附表 1

序号	测站名称	水系	河流	集水面积（km²）	设站/断面年份	基本站站级			站/断面地址	领导机关	测验项目												测验方式		
						国家重要站	省级重要站	一般站			流量	水位	降水量	蒸发	水质	输沙率	颗粒分析	水温	冰情	辅助气象	地下水	墒情	常年驻测	汛期驻测	巡测
110	黑山（三）	叶尔羌河、塔里木河区	玉龙喀什河	10 712	1959			1	新疆和田县喀什塔什乡喀让让古塔克村	新疆水文局	1	1						1						1	
111	同古孜洛克（二）	叶尔羌河、塔里木河区	玉龙喀什河	14 575	1962	1			新疆和田县喀什塔什乡库马提村	新疆水文局	1	1	1					1					1		
112	皮山（二）	叶尔羌河、塔里木河区	皮山河	2 227	1958		1		新疆皮山县阔什塔克乡	新疆水文局	1	1	1					1					1		
113	托满（二）	叶尔羌河、塔里木河区	喀拉喀什河	18 080	1999	1			新疆皮山县拉依喀乡托满村	新疆水文局	1	1	1					1					1		
114	破城子	天山南坡诸河	木扎提河	2 845	1982		1		新疆温宿县扩散村	新疆水文局	1	1	1										1		
115	拜城	天山南坡诸河	台勒外丘克河	1 639	1986			1	新疆拜城县城镇东大桥	新疆水文局	1	1	1			1							1		
116	卡拉苏（三）	天山南坡诸河	卡拉苏河	1 350	1959			1	新疆拜城县亚吐乡	新疆水文局	1	1	1										1		
	卡拉苏（三）（灌溉引水渠）	天山南坡诸河	卡拉苏河		1959																				1
117	卡木鲁克	天山南坡诸河	卡布斯浪河	1 834	1956		1		新疆拜城县团结乡	新疆水文局	1	1	1					1					1		
118	托克逊（二）	天山南坡诸河	渭干河	14 767	1986	1			新疆拜城县托克逊乡	新疆水文局	1	1	1					1					1		
119	黑孜（三）	天山南坡诸河	黑孜河	3 342	1959			1	新疆拜城县黑孜乡	新疆水文局	1	1	1					1					1		
120	黑孜水库（二）	天山南坡诸河	渭干河	16 660	1960		1		新疆拜城县黑孜乡	新疆水文局	1	1	1					1					1		
121	兰干（五）	天山南坡诸河	库车河	3 118	1956		1		新疆库车县依西哈拉乡	新疆水文局	1	1	1					1					1		
122	且末	昆仑山北坡诸河	车尔臣河	26 822	1956		1		新疆且末县且末镇	新疆水文局	1	1	1					1					1		

续附表 1

序号	测站名称	水系	河流	集水面积（km²）	设站/断面年份	国家重要站	省级重要站	一般站	站断面地址	领导机关	流量	水位	降水	蒸发	水质	输沙率	颗粒分析	水温	冰情	辅助气象	地下水情	常年驻测	汛期驻测	巡测
						基本站站级					测验项目											测验方式		
	日末（河道）	昆仑山北坡诸河	车尔臣河								1	1							1					1
	日末（大渠）	昆仑山北坡诸河	车尔臣河								1	1							1					1
123	尼雅（五）	昆仑山北坡诸河	尼雅河	675	1960		1		新疆民丰县尼雅乡	新疆水文局	1	1	1	1		1		1	1	1			1	
	尼雅（五）（河道）	昆仑山北坡诸河	尼雅河								1	1							1					1
	尼雅（五）（八一引水渠）	昆仑山北坡诸河	尼雅河								1	1							1					1
124	努努买买兰干（二）	昆仑山北坡诸河	克里雅河	7 358	1956		1		新疆于田县巴杆乡	新疆水文局	1	1	1			1		1	1			1		
125	策勒（三）	昆仑山北坡诸河	策勒河	2 032	1958			1	新疆策勒县策勒乡	新疆水文局	1	1	1			1		1	1			1		
	策勒（三）（河道）	昆仑山北坡诸河	克里雅河								1	1							1					1
	策勒（三）（策勒渠）	昆仑山北坡诸河	策勒河								1	1							1					1
126	德令哈（三）	青海柴达木河、霍鲁逊湖	巴音河	7 281	1960	1			青海省德令哈市宗务隆乡	青海省水文局	1	1	1			1		1	1			1		
127	上浕巴	青海柴达木河、霍鲁逊湖	都兰河	1 107	1978			1	青海省乌兰县铜普乡上浕巴村	青海省水文局	1	1							1			1		
128	千瓦鄂博（二）	青海柴达木河、霍鲁逊湖	托索河	9 878	1959	1			青海省都兰县沟里乡	青海省水文局	1	1	1			1		1	1	1		1		
	上浕巴（渠）	青海柴达木河、霍鲁逊湖	都兰河						青海省乌兰县铜普乡上浕巴村	青海省水文局	1											1		
	上浕巴（渠）	青海柴达木河、霍鲁逊湖	都兰河						青海省乌兰县铜普乡上浕巴村	青海省水文局												1		
129	黎汗乌苏（二）	青海格尔木河、达布逊湖	黎汗乌苏河	4 434	1955		1		青海省都兰县黎汗乌苏镇	青海省水文局	1	1	1			1		1	1			1		

续附表1

序号	测站名称	水系	河流	集水面积（km²）	设站/断面年份	基本站站级			站点断面地址	领导机关	测验项目												测验方式		
						国家重要站	省级重要站	一般站			流量	水位	降水	蒸发	水质	输沙率	颗粒分析	水温	冰情	辅助气象	地下水	墒情	常年驻测	汛期驻测	巡测
	察汗乌苏（渠四）	青海格尔木河、达布逊湖	察汗乌苏河		1968				青海省都兰县察汗乌苏镇	青海省水文局		1											1		
130	格尔木（四）	青海布哈河、青海湖	格尔木河	19 621	1990	1			青海省格尔木市东西干渠进水口	青海省水文局	1	1											1		
	格尔木（东干渠二）	青海布哈河、青海湖	格尔木河		1991				青海省格尔木市东干渠进水口	青海省水文局	1	1							1				1		
	格尔木（西干渠）	青海布哈河、青海湖	格尔木河		1991				青海省格尔木市西干渠进水口	青海省水文局	1	1							1				1		
131	纳赤台（二）	青海布哈河、青海湖	奈金河	5 973	1956	1			青海省格尔木市纳赤台	青海省水文局		1							1				1		
132	布哈河口	青海布哈河、德宗马海诸湖	布哈河	14 337	1957	1			青海省刚察县泉吉乡布哈河口	青海省水文局	1	1							1				1		
133	刚察（二）	青海布哈河、德宗马海诸湖	依克乌兰河	1 442	1976		1		青海省刚察县沙柳河乡	青海省水文局	1	1							1				1		
	刚察（水丰渠）	青海布哈河、德宗马海诸湖	依克乌兰河		1976				青海省刚察县沙柳河乡	青海省水文局	1	1							1				1		
134	昌马堡	甘肃河西地区 疏勒河	昌马河	10 961	1944	1			甘肃省玉门市昌马乡东湾村	甘肃省水文局	1	1						1	1	1			1		
135	潘家庄	甘肃河西地区 疏勒河	疏勒河	18 496	1958		1		甘肃省安西县布隆吉乡	甘肃省水文局	1	1							1	1			1		
136	双塔堡水库（坝上）	甘肃河西地区 疏勒河	双塔堡水库	20 197	1960	1			甘肃省安西县双塔堡水库	甘肃省水文局	1	1						1	1	1			1		
	双塔堡水库（输水渠）	甘肃河西地区 疏勒河	双塔堡水库输水渠		1960				甘肃省安西县双塔堡水库	甘肃省水文局	1	1							1	1			1		
	双塔堡水库（溢洪道）	甘肃河西地区 疏勒河	双塔堡水库溢洪道		1981				甘肃省安西县双塔堡水库	甘肃省水文局	1	1							1	1			1		
137	党城湾	甘肃河西地区 疏勒河	党河	14 325	1965	1			甘肃省肃北蒙古族自治县党城乡党城湾	甘肃省水文局	1	1							1						1
	党城湾（渠）	甘肃河西地区 疏勒河	东滩干渠						甘肃省肃北蒙古族自治县党城乡党城湾	甘肃省水文局	1	1													1

续附表 1

序号	测站名称	水系	河流	集水面积（km²）	设站/断面年份	国家重要站	省级重要站	一般站	站/断面地址	领导机关	流量	水位	降水	蒸发	输沙率	颗粒分析	水温	辅助气象	地下水情	常年驻测	汛期驻测	巡测
	党城湾（引水）	甘肃河西地区疏勒河	引水渠		2002				甘肃省肃北蒙古族自治县党城乡党城湾	甘肃省水文局	1	1										1
	党城湾（西滩）	甘肃河西地区疏勒河	西滩干渠		2002				甘肃省肃北蒙古族自治县党城乡党城湾	甘肃省水文局	1							1				1
	党城湾（电站）	甘肃河西地区疏勒河	电站渠		2002				甘肃省肃北蒙古族自治县党城乡党城湾	甘肃省水文局	1							1		1		
138	党河水库（坝上）	甘肃河西地区疏勒河	党河水库	16 970	1976		1		甘肃省敦煌市党河水库	甘肃省水文局	1	1					1			1		
	党河水库（集）	甘肃河西地区疏勒河	党河水库输水渠		1976				甘肃省敦煌市党河水库	甘肃省水文局	1						1			1		
	党河水库（泄）	甘肃河西地区疏勒河	党河水库泄水渠		1982				甘肃省敦煌市党河水库	甘肃省水文局	1						1			1		
	党河水库（下）	甘肃河西地区疏勒河	党河		1989				甘肃省敦煌市党河水库	甘肃省水文局	1						1	1		1		
139	玉门市	甘肃河西地区疏勒河	石油河	656	1977		1		甘肃省玉门市老君庙油矿	甘肃省水文局	1	1					1			1		
140	哨马营	甘肃河西地区黑河	额济纳河	41 466	1997			1	内蒙古东风航天城大树里车站	内蒙古水文总局	1	1					1			1		
141	狼心山	甘肃河西地区黑河		51 511				1														
	狼心山（东河）	甘肃河西地区黑河	额济纳东河		1997				内蒙古额济纳旗巴彦宝格德乡狼心山村	内蒙古水文总局	1	1					1			1		
	狼心山（西河）	甘肃河西地区黑河	额济纳西河		2005				内蒙古额济纳旗巴彦宝格德乡狼心山村	内蒙古水文总局	1	1					1			1		
	狼心山（东干渠）	甘肃河西地区黑河	东干渠		2005				内蒙古额济纳旗巴彦宝格德乡狼心山村	内蒙古水文总局	1	1					1			1		
142	东居延海	甘肃河西地区黑河	额济纳东河	54 071	2003			1	内蒙古额济纳旗苏古淖尔东乐	内蒙古水文总局		1					1				1	
143	丰乐河	甘肃河西地区黑河	丰乐河	568	1966			1	甘肃省肃南裕固族自治县祁连乡丰乐	甘肃省水文局	1	1					1					1

续附表 1

序号	测站名称	水系	河流	集水面积（km²）	设站/断面年份	基本站站级			站/断面地址	领导机关	测验项目										测验方式		
						国家重要站	省级重要站	一般站			流量	水位	降水	蒸发	输沙率	水质	颗粒分析	水温	辅助气象	地下水情	常年驻测	汛期驻测	巡测
	丰乐河（渠）	甘肃河河西地区黑河	丰乐渠		1966				甘肃省肃南裕固族自治县祁连乡丰乐	甘肃省水文局	1												1
	观山河（东干渠）	甘肃河河西地区黑河	观山河东干渠						甘肃省肃州区金佛寺镇	甘肃省水文局									1				1
	观山河（西干渠）	甘肃河河西地区黑河	观山河西干渠						甘肃省肃州区金佛寺镇	甘肃省水文局													1
	红山河（东干渠）	甘肃河河西地区黑河	红山河东干渠						甘肃省肃州区红山乡	甘肃省水文局	1												1
	红山河（西干渠）	甘肃河河西地区黑河	红山河西干渠						甘肃省肃州区红山乡	甘肃省水文局													1
144	新地	甘肃河河西地区黑河	洪水河	1 581	1965		1		甘肃省肃州区西洞乡新东一村	甘肃省水文局		1									1		
	新地（渠）	甘肃河河西地区黑河	新地渠		1965				甘肃省肃州区西洞乡新东一村	甘肃省水文局	1										1		
145	嘉峪关	甘肃河河西地区黑河	讨赖河	7 095	2001	1			甘肃省嘉峪关市嘉峪关市火车站	甘肃省水文局	1	1	1	1	1	1	1		1		1		
146	鸳鸯池水库（坝上）	甘肃河河西地区黑河	鸳鸯池水库	12 439	1959	1			甘肃省金塔县鸳鸯池水库	甘肃省水文局		1				1			1		1		
	鸳鸯池水库（下）	甘肃河河西地区黑河	讨赖河		1959				甘肃省金塔县鸳鸯池水库	甘肃省水文局	1										1		
	鸳鸯池水库（斗渠）	甘肃河河西地区黑河	鸳鸯池水库斗渠		1982				甘肃省金塔县鸳鸯池水库斗渠	甘肃省水文局	1										1		
147	札马什克	甘肃河河西地区黑河	黑河	4 589	1956		1		青海省祁连县札马什克乡、郭米村	甘肃省水文局	1		1	1	1	1			1		1		
148	祁连	甘肃河河西地区黑河	八宝河	2 452	1967		1		青海省祁连县八宝乡	甘肃省水文局	1		1	1	1	1			1		1		
	祁连（电站）	甘肃河河西地区黑河	电站渠							甘肃省水文局													1
	祁连（冰沟）	甘肃河河西地区黑河	冰沟渠		2001					甘肃省水文局													1

续附表 1

序号	测站名称	水系	河流	集水面积(km²)	设站/断面年份	国家重要站	省级重要站	一般站	站/断面地址	领导机关	流量	水位	降水	蒸发	水质	输沙率	颗分	水温	辅助气象	地下水	墒情	常年驻测	汛期驻测	巡测
149	鸾落峡	甘肃河西地区黑河	黑河	10 009	1943	1			甘肃省甘州区龙渠乡三清湾	甘肃省水文局	1	1	1	1	1	1	1	1	1	1	1	1		
	鸾落峡(龙电)	甘肃河西地区黑河	龙电渠		1977					甘肃省水文局	1											1		1
150	高崖	甘肃河西地区黑河	黑河		1976			1	甘肃省临泽县板桥乡土桥	甘肃省水文局	1	1	1	1	1	1	1	1	1	1	1	1		
	高崖(喑喇渠)	甘肃河西地区黑河	喑喇渠		1977					甘肃省水文局	1													1
	高崖(小鸭渠)	甘肃河西地区黑河	小鸭渠		1983					甘肃省水文局	1													1
151	正义峡	甘肃河西地区黑河	黑河	35 634	1943				甘肃省高台县罗城乡天城	甘肃省水文局	1	1	1	1	1	1	1	1	1			1		
152	肃南	甘肃河西地区黑河	梨园河	1 080	1984			1	甘肃省肃南县喇嘛湾乡	甘肃省水文局	1	1	1		1	1	1	1	1			1		
153	梨园河水库(坝上)	甘肃河西地区黑河	梨园河	1 620	1990			1	甘肃省肃南县白银乡	甘肃省水文局	1	1	1		1	1	1					1		
	鹦鸽嘴水库(输二)	甘肃河西地区黑河	鹦鸽嘴水库输水洞		1990					甘肃省水文局	1											1		
	鹦鸽嘴水库(溢洪道)	甘肃河西地区黑河	鹦鸽嘴水库溢洪道		1990					甘肃省水文局	1												1	
	鹦鸽嘴水库(电站)	甘肃河西地区黑河	鹦鸽嘴水库电站渠		1990					甘肃省水文局	1												1	
154	李桥水库(坝上)	甘肃河西地区黑河	马营河	1 143	1976			1	甘肃省山丹县李桥乡	甘肃省水文局	1	1	1									1		
	李桥水库(输二)	甘肃河西地区黑河	李桥水库输水渠		1976					甘肃省水文局	1												1	
155	瓦房城水库(坝上)	甘肃河西地区黑河	大堵麻河	217	1990			1	甘肃省肃南县大堵麻乡	甘肃省水文局	1	1	1									1		
	瓦房城水库(输水渠)	甘肃河西地区黑河	瓦房城水库输水渠		1990					甘肃省水文局	1													1

序号	测站名称	水系	河流	集水面积(km²)	设站/断面年份	国家重要站	省级重要站	一般站	站/断面地址	领导机关	流量	水位	降水	蒸发	输沙率	颗分水质	水温	辅助气象	地下水	墒情	常年驻测	汛期驻测	巡测
	瓦房城水库(泄洪渠)	甘肃河西地区黑河	瓦房城水库泄洪渠		1990					甘肃省水文局													1
156	双树寺水库(坝上)	甘肃河西地区黑河	洪水河	578	1976		1		甘肃省永乐县永固乡上湾	甘肃省水文局	1	1	1	1							1		
	双树寺水库(输水渠)	甘肃河西地区黑河	双树寺水库输水渠		1976					甘肃省水文局													1
	双树寺水库(泄洪渠)	甘肃河西地区黑河	双树寺水库泄洪渠		1976					甘肃省水文局													1
	双树寺水库(溢洪道)	甘肃河西地区黑河	双树寺水库溢洪道		1976					甘肃省水文局													1
157	蔡旗	甘肃河西地区石羊河	石羊河	10 209	1992		1		甘肃省民勤县蔡旗乡	甘肃省水文局	1	1	1							1	1		
158	红崖山水库(坝上)	甘肃河西地区石羊河	石羊河	14 242	1960		1		甘肃省民勤县重兴乡	甘肃省水文局	1	1	1	1			1	1		1	1		
	红崖山水库(渠)	甘肃河西地区石羊河	石羊河		1960				甘肃省民勤县重兴乡	甘肃省水文局							1	1	1	1	1		
	红崖山水库(溢)	甘肃河西地区石羊河	石羊河		1967				甘肃省民勤县重兴乡	甘肃省水文局	1										1		
159	黄羊河水库(坝上)	甘肃河西地区石羊河	黄羊河	828	1960		1		甘肃省凉州区中路乡	甘肃省水文局	1	1	1				1	1	1	1	1		
	黄羊河水库(下)	甘肃河西地区石羊河	黄羊河		1961				甘肃省凉州区中路乡	甘肃省水文局	1										1		
	黄羊河水库(三号电站)	甘肃河西地区石羊河	黄羊河		1999			1	甘肃省凉州区中路乡	甘肃省水文局	1										1		
160	峡门台	甘肃河西地区石羊河	峡门河	274	1984			1	甘肃省天祝县哈溪镇	甘肃省水文局	1										1		
161	杂木寺	甘肃河西地区石羊河	杂木河	851	1948		1		甘肃省凉州区古城乡	甘肃省水文局	1						1			1	1		
	杂木寺(电站)	甘肃河西地区石羊河	杂木河		1975				甘肃省凉州区古城乡	甘肃省水文局	1									1	1		

续附表 1

序号	测站名称	水系	河流	集水面积（km²）	设站/断面年份	基本站站级 国家重要站	基本站站级 省级重要站	基本站站级 一般站	站/断面地址	领导机关	测验项目 流量	测验项目 水位	测验项目 降水	测验项目 蒸发	测验项目 水质	测验项目 输沙率	测验项目 颗分	测验项目 水温	测验项目 辅助气象	测验项目 地下水情	测验方式 常年驻测	测验方式 汛期驻测	测验方式 巡测
162	南营水库（坝上）	甘肃河西地区石羊河	金塔河	841	1980		1		甘肃省凉州区金塔乡	甘肃省水文局		1	1	1	1		1	1	1		1		
	南营水库（渠）	甘肃河西地区石羊河	金塔河		1980				甘肃省凉州区金塔乡	甘肃省水文局	1	1									1		
	南营水库（溢）	甘肃河西地区石羊河	金塔河		1980				甘肃省凉州区金塔乡	甘肃省水文局	1	1									1		
	南营水库（南斗）	甘肃河西地区石羊河	金塔河		1984				甘肃省凉州区金塔乡	甘肃省水文局	1	1									1		
163	九条岭	甘肃河西地区石羊河	西营河	1 077	1972		1		甘肃省肃南县铧尖乡	甘肃省水文局	1	1	1	1	1	1	1	1	1		1		
164	古浪	甘肃河西地区石羊河	古浪河	878	1983		1		甘肃省古浪县定宁乡	甘肃省水文局	1	1	1	1	1	1	1	1	1	1		1	
	古浪（长流渠）	甘肃河西地区石羊河	古浪河		1983				甘肃省古浪县定宁乡	甘肃省水文局	1	1									1		
	古浪（总干渠）	甘肃河西地区石羊河	古浪河		1983				甘肃省古浪县定宁乡	甘肃省水文局	1	1				1					1		
165	红水河	甘肃河西地区石羊河	红水河	3 361	1967			1	甘肃省凉州区九墩乡	甘肃省水文局	1	1	1	1	1	1	1	1			1		
166	西大河水库（坝上）	甘肃河西地区石羊河	西大河		1981			1	甘肃省肃南县马营乡	甘肃省水文局		1	1		1		1	1	1	1	1		
	西大河水库（渠）	甘肃河西地区石羊河	西大河		1982				甘肃省肃南县马营乡	甘肃省水文局	1	1									1		
	西大河水库（溢）	甘肃河西地区石羊河	西大河		1982				甘肃省肃南县马营乡	甘肃省水文局		1									1		
167	金川峡	甘肃河西地区石羊河	金川河	2 053	1958			1	甘肃省永昌县北海子乡	甘肃省水文局	1	1	1		1		1	1	1	1	1		
	永昌（二坝）	甘肃河西地区石羊河	东大河		1988				甘肃省永昌县北海子乡	甘肃省水文局	1	1									1		
	金川峡（西河）	甘肃河西地区石羊河	西大河		1988				甘肃省永昌县北海子乡	甘肃省水文局	1	1									1		

续附表 1

序号	测站名称	水系	河流	集水面积(km²)	设站/断面年份	国家重要站	省级重要站	一般站	站/断面地址	领导机关	流量	水位	降水	蒸发	输沙率	水质	颗分	水温	辅助气象	地下水情	墒情	常年驻测	汛期驻测	巡测
168	大靖峡水库（坝上）	甘肃河西地区石羊河	大靖河	389	1984			1	甘肃省古浪县横梁乡	甘肃省水文局	1	1												1
	大靖峡水库（下）	甘肃河西地区石羊河	大靖河		1984				甘肃省古浪县横梁乡	甘肃省水文局									1					1
	大靖峡水库（溢）	甘肃河西地区石羊河	大靖河		1984				甘肃省古浪县横梁乡	甘肃省水文局	1	1												1
169	曹家湖水库（坝上）	甘肃河西地区石羊河	黄羊川河	403	1986			1	甘肃省古浪县八里堡乡	甘肃省水文局	1	1							1					1
	曹家湖水库（渠）	甘肃河西地区石羊河	黄羊川河		1986				甘肃省古浪县八里堡乡	甘肃省水文局	1	1												1
	曹家湖水库（溢）	甘肃河西地区石羊河	黄羊川河		1986				甘肃省古浪县八里堡乡	甘肃省水文局	1	1												1
170	十八里堡水库（坝上）	甘肃河西地区石羊河	龙沟河	420	1986			1	甘肃省古浪县八里堡乡	甘肃省水文局	1	1							1					1
	十八里堡水库（渠）	甘肃河西地区石羊河	龙沟河		1986				甘肃省古浪县十八里堡乡	甘肃省水文局	1	1												1
	十八里堡水库（溢）	甘肃河西地区石羊河	龙沟河		1986				甘肃省古浪县八里堡乡	甘肃省水文局	1	1												1
171	柳条河水库（坝上）	甘肃河西地区石羊河	柳条河	37.5	1984			1	甘肃省天祝县查岗乡	甘肃省水文局	1	1							1					1
	柳条河水库（渠）	甘肃河西地区石羊河	柳条河		1984				甘肃省天祝县查岗乡	甘肃省水文局	1	1												1
	柳条河水库（溢）	甘肃河西地区石羊河	柳条河		1984				甘肃省天祝县查岗乡	甘肃省水文局	1													1
172	龙泉寺水库（坝上）	甘肃河西地区石羊河	柳条河		1984				甘肃省古浪县定宁乡	甘肃省水文局	1	1												1
	龙泉寺水库（下）	甘肃河西地区石羊河	柳条河		1984				甘肃省古浪县定宁乡	甘肃省水文局									1					1
173	商都（四）	内蒙古贺兰山、狼山，阴山以北诸河	不冻河	543	1956			1	内蒙古商都县大南坊乡八大顷村	内蒙古水文总局	1	1								1		1		

· 244 ·

续附表1

序号	测站名称	水系	河流	集水面积(km²)	设站/断面年份	国家重要站	省级重要站	一般站	站断面地址	领导机关	流量	水位	降水	蒸发	水质	输沙率	颗分	水温	水情	辅助气象	地下水	墒情	常年驻测	汛期巡测
174	西厂汗营(四)	内蒙古贺兰山、狼山,阴山以北诸河	塔布河	2 975	1955			1	内蒙古四子王旗大黑河乡水口村	内蒙古水文总局	1	1						1	1				1	
175	活福滩(二)	内蒙古贺兰山、狼山,阴山以北诸河	乌兰花河	93.0	1986			1	内蒙古四子王旗活福滩乡活福滩村	内蒙古水文总局	1	1		1	1				1				1	
176	白音乌拉(三)	内蒙古贺兰山、狼山,阴山以北诸河	巴乐格尔河	2 866	1958		1		内蒙古西乌旗白音乌拉镇	内蒙古水文总局	1	1						1	1				1	
177	锡林浩特(三)	内蒙古贺兰山、狼山,阴山以北诸河	锡林河	3 852	1957			1	内蒙古锡林浩特市锡林河水库	内蒙古水文总局	1	1						1	1				1	
178	百灵庙(四)	内蒙古贺兰山、狼山,阴山以北诸河	艾不盖河	5 415	1956		·	1	内蒙古包头市达尔罕茂明安联合旗百灵庙镇	内蒙古水文总局	1	1				1	1	1	1				1	
179	集宁(四)	内蒙古阴山以南内陆河	霸王河	701	1950			1	内蒙古集宁区集二桥	内蒙古水文总局	1	1						1	1				1	
180	张北	河北北部地区内陆河	安固里河	350	1956			1	河北省张北县城关乡安固里桥	河北省水文局	1	1	1						1				1	
	张北(安固里渠)	河北北部地区内陆河	安固里渠		1956				河北省张北县城关乡安固里桥	河北省水文局	1	1							1					
	张北(河道)河北北部地区内陆河	安固里渠			1956				河北省张北县城关乡安固里桥	河北省水文局								1	1		1			
181	翁果	西藏地区内陆河	卡鲁雄曲	286	1975			1	西藏山南浪卡子县卡拉村	西藏水文局	1	1	1	1	1	1	1	1	1				1	

附表2 黄河流域国家基本水文站和水文部门辅助站、实验站、专用水文站调查表

序号	测站名称	水系	河流	集水面积（km²）	设站/断面年份	国家重要站	省级重要站	一般站	站/断面地址	领导机关	流量	水位	降水	蒸发	水质	输沙率	颗分	水温	辅助气象	地下水	墒情	常年驻测	汛期驻测	巡测
1	鄂陵湖（黄）	黄河干流	黄河	18 428	1984			1	青海省玛多县鄂陵湖	黄委水文局	1	1												1
2	黄河沿（三）	黄河干流	黄河	20 930	1955	1			青海省玛多县黄河沿	黄委水文局	1	1						1	1				1	
3	吉迈（四）	黄河干流	黄河	45 019	1958	1			青海省达日县吉迈	黄委水文局	1	1						1	1			1		
4	门堂	黄河干流	黄河	59 655	1987	1			青海省久治县门堂乡	黄委水文局	1	1							1					1
5	玛曲（二）	黄河干流	黄河	86 048	1959	1			甘肃省玛曲县黄河大桥	黄委水文局	1	1						1	1			1		
6	军功	黄河干流	黄河	98 414	1979	1			青海省玛沁县军功乡	黄委水文局	1	1							1					1
7	唐乃亥	黄河干流	黄河	121 972	1955	1			青海省兴海县唐乃亥乡	黄委水文局	1	1						1	1			1		
8	贵德（二）	黄河干流	黄河	133 650	1954	1			青海省贵德县河西乡	黄委水文局	1	1							1			1		
9	循化（二）	黄河干流	黄河	145 459	1945	1			甘肃省循化县积石镇	黄委水文局	1	1							1			1		
10	小川	黄河干流	黄河	181 770	1948	1			甘肃省永靖县刘家峡镇	黄委水文局	1	1							1			1		
11	上诠（六）	黄河干流	黄河	182 821	1942	1			甘肃省永靖县盐锅峡镇	黄委水文局	1	1							1			1		
12	兰州	黄河干流	黄河	222 551	1934	1			甘肃省兰州市滨河路	黄委水文局	1	1							1			1		
13	安宁渡	黄河干流	黄河	243 868	1953	1			甘肃省白银市水泉乡	黄委水文局	1	1							1			1		
14	下河沿（黄二）	黄河干流	黄河	254 142	1951	1			宁夏中卫县长乐乡下河沿村	黄委水文局	1	1							1			1		
15	美利渠（黄二）	黄河上游区下段	美利渠		1952				宁夏中卫县长乐乡下河沿村	黄委水文局														
16	青铜峡（黄三）	黄河干流	黄河	275 010	1939	1			宁夏青铜峡市青铜峡镇	黄委水文局	1	1							1			1		
	青铜峡（东总）	黄河上游区下段	河东总干渠		1945				宁夏青铜峡市青铜峡镇	黄委水文局														
	青铜峡（西总）	黄河上游区下段	河西总干渠		1960				宁夏青铜峡市青铜峡镇	黄委水文局														
16	石嘴山（黄二）	黄河干流	黄河	309 146	1942	1			宁夏石嘴山市	黄委水文局	1	1							1			1		
17	磴口（二）	黄河干流	黄河	312 849	1962		1		内蒙古阿左旗巴音木仁苏木	内蒙古黄河工程管理局	1	1							1			1		
18	巴彦高勒	黄河干流	黄河	314 000	1972	1			内蒙古磴口县粮台乡南套子村	黄委水文局	1	1							1			1		

续附表 2

序号	测站名称	水系	河流	集水面积（km²）	设站/断面年份	基本站站级			站断面地址	领导机关	测验项目											测验方式		
						国家重要站	省级重要站	一般站			流量	水位	降水	蒸发	水质	输沙率	颗分	水温	辅助气象	地下水	墒情	常年驻测	汛期驻测	巡测
19	三湖河口(三)	黄河干流	黄河	347 909	1950	1			内蒙古乌拉特前旗公庙镇三湖河口村	黄委水文局	1	1	1	1					1			1		
20	头道拐	黄河干流	黄河	367 898	1958	1			内蒙古托克托县中滩乡麻地壕村	黄委水文局	1	1	1	1					1			1		
21	河曲(二)	黄河干流	黄河	397 658	1952			1	山西省河曲县城关镇铁果门村	黄委水文局	1	1	1	1					1			1		
22	府谷(三)	黄河干流	黄河	404 039	1971	1			陕西省府谷县城关镇柏果门村	黄委水文局	1	1	1	1					1			1		
23	吴堡(二)	黄河干流	黄河	433 514	1935	1			陕西省吴堡县宋家川镇柏树坪村	黄委水文局	1	1	1	1					1			1		
24	龙门(马王庙二)	黄河干流	黄河	497 552	1934	1			陕西省韩城市龙门镇禹门口村	黄委水文局	1	1	1	1					1			1		
25	潼关(八)	黄河干流	黄河	682 166	1929	1			陕西省潼关县秦东镇	黄委水文局	1	1	1	1					1			1		
26	三门峡(七)	黄河干流	黄河	688 421	1955	1			河南省三门峡市高庙乡坝头	黄委水文局	1	1	1	1					1			1		
27	小浪底(二)	黄河干流	黄河	694 221	1955	1			河南省济源市坡头乡大山村	黄委水文局	1	1	1	1					1			1		
28	花园口	黄河干流	黄河	730 036	1938	1			河南省郑州市花园口乡花园口村	黄委水文局	1	1	1	1					1			1		
29	夹河滩(三)	黄河干流	黄河	730 913	1947	1			河南省开封县刘店乡王明磊村	黄委水文局	1	1	1	1					1			1		
30	高村(四)	黄河干流	黄河	734 146	1934	1			山东省东明县菜园集乡冷寨村	黄委水文局	1	1	1	1					1			1		
31	孙口	黄河干流	黄河	734 824	1949	1			山东省梁山县赵固堆乡蔡楼村	黄委水文局	1	1	1	1					1			1		
32	艾山(二)	黄河干流	黄河	749 136	1950	1			山东省东阿县黄屯乡艾山村	黄委水文局	1	1	1	1					1			1		
33	泺口(三)	黄河干流	黄河	751 494	1919	1			山东省济南市泺口镇	黄委水文局	1	1	1	1					1			1		
34	利津(三)	黄河干流	黄河	751 869	1934	1			山东省利津县利津镇刘家夹河村	黄委水文局	1	1	1	1					1			1		

续附表 2

序号	测站名称	水系	河流	集水面积(km²)	设站/断面年份	基本站级			站/断面地址	领导机关	测验项目											测验方式		
						国家重要站	省级重要站	一般站			流量	水位	降水	蒸发	水质	输沙率	颗分	水温	辅助气象	地下水	墒情	常年驻测	汛期驻测	巡测
35	化隆	黄河上游区上段	巴燕沟	217	1979			1	青海省化隆县谢家滩乡阴坡村	青海省水文局	1	1								1		1		
	化隆(南干渠)	黄河上游区上段	巴燕沟		2002				青海省化隆县谢家滩乡阴坡村	青海省水文局	1										1	1		
36	唐克	黄河上游区上段	白河	5 374	1978	1			四川省若尔盖县唐克乡	黄委水文局	1	1	1	1	1	1	1	1				1		
37	上村	黄河上游区上段	大河坝河	3 977	1979		1		青海省兴海县唐乃亥乡上村	青海省水文局	1	1	1	1	1	1	1	1	1			1		
	上村(渠道)	黄河上游区上段	大河坝河		1980				青海省兴海县唐乃亥乡上村	青海省水文局	1											1		
38	夏河	黄河上游区上段	大夏河	1 692	1960		1		甘肃省夏河县拉卜楞镇	甘肃省水文局	1	1	1	1	1	1	1	1	1			1		
39	双城	黄河上游区上段	大夏河	6 144	1952	1			甘肃省临夏县韩集乡双城村	甘肃省水文局	1	1	1					1				1		
	双城(渠道)	黄河上游区上段	北源渠		1975				甘肃省临夏县马集乡场棚村	甘肃省水文局	1											1		
40	折桥	黄河上游区上段	大夏河	6 843	1979	1			甘肃省临夏市折桥乡折桥村	甘肃省水文局	1	1	1	1	1	1	1	1				1		
	折桥(引)	黄河上游区上段	电站引水渠		1995				甘肃省临夏市折桥乡折桥村	甘肃省水文局	1											1		
41	定西东河	黄河上游区上段	东河	791	1984			1	甘肃省定西市城关镇	甘肃省水文局	1	1	1					1				1		
42	若尔盖	黄河上游区上段	黑河	4 001	1980	1			四川省若尔盖县达扎寺镇	四川省水文局	1	1	1	1	1			1						1
43	大水	黄河上游区上段	黑河	7 421	1984	1			甘肃省玛曲县大水	黄委水文局	1	1	1	1	1	1	1	1						1
44	同仁	黄河上游区上段	隆务河	2 832	1957		1		青海省同仁县隆务镇铁吾村	青海省水文局	1	1	1	1	1	1	1	1				1		
45	何家坡	渭河	牛谷河	100	1977				甘肃省通渭县锦屏乡	甘肃省水文局	1	1	1					1				1		
46	癿藏	黄河上游区上段	癿藏沟	46.6	1984				甘肃省积石山县癿藏	甘肃省水文局	1	1	1					1	1			1		
47	清水	黄河上游区上段	清水	689	1979			1	青海省循化县清水乡河东大庄	青海省水文局	1	1	1					1				1		
48	渭源	渭河	清源河	114	1979			1	甘肃省渭源县城关镇	甘肃省水文局	1	1	1					1				1		
49	大米滩	黄河上游区上段	曲什安河	5 786	1978	1			青海省兴海县曲什安乡大米滩村	青海省水文局	1	1	1	1	1	1	1	1				1		
	大米滩(农灌渠)	黄河上游区上段	曲什安河		1993				青海省兴海县曲什安乡大米滩村	青海省水文局	1											1		

续附表 2

序号	测站名称	水系	河流	集水面积 (km²)	设站/断面年份	国家重要站	省级重要站	一般站	站/断面地址	领导机关	流量	水位	降水	蒸发	输沙率	水质	颗分	水温	辅助气象	地下水	墒情	常年驻测	汛期驻测	巡测
	大米滩（动力渠）	黄河上游区上段	曲什安河		1993				青海省兴海县曲什安乡大米滩村	青海省水文局	1											1		
50	黄河	黄河上游区上段	热曲	6 446	1978	1			青海省玛多县黄河乡	黄委水文局		1	1											1
51	久治	黄河上游区上段	沙河曲	1 244	1978			1	青海省久治县	黄委水文局		1	1											1
52	定西西河	黄河上游区上段	西河	637	2001			1	甘肃省定西市凤翔镇	甘肃省水文局	1	1	1					1				1		
53	榆中	黄河上游区上段	兴隆河	89	1979			1	甘肃省榆中县城关镇	甘肃省水文局	1	1	1									1		
54	武胜驿（三）	黄河上游区上段	庄浪河	2 001	1956			1	甘肃省永登县武胜驿镇	甘肃省水文局	1	1	1									1		
55	红崖子	黄河上游区上段	庄浪河	4 007	1967		1		甘肃省兰州市河口乡	甘肃省水文局	1	1	1		1		1					1		
56	会宁（二）	黄河上游区上段	祖厉河	990	1956				甘肃省会宁县桃花山乡	甘肃省水文局	1	1	1		1		1					1		
57	郭城驿	黄河上游区上段	祖厉河	5 473	1956	1			甘肃省会宁县郭城驿乡	甘肃省水文局	1	1	1		1		1					1		
58	靖远	黄河上游区上段	祖厉河	10 647	1945	1			甘肃省靖远县乌兰乡	甘肃省水文局	1	1	1		1	1	1					1		
59	下巴沟（博三）	洮河	博拉河	1 695	1959			1	甘肃省合作市下巴沟乡安果村	甘肃省水文局	1	1	1						1			1		
60	多坝	洮河	大峪沟	779	1958				甘肃省卓尼县木耳乡多坝村	甘肃省水文局	1	1							1			1		
61	尧甸	洮河	东峪沟	272	1968			1	甘肃省临洮县尧甸乡老街村	甘肃省水文局	1	1	1									1		
62	临洮（三）	洮河	东峪沟	582	1966		1		甘肃省临洮县洮阳镇北五里铺	甘肃省水文局	1	1										1		
63	三甲集（二）	洮河	广通河	1 523	1966				甘肃省广河县三甲集镇上集村	甘肃省水文局	1	1	1									1		
64	王家磨	洮河	漫洮河	464	1977			1	甘肃省临洮县王家磨	甘肃省水文局	1	1	1									1		
65	康乐	洮河	苏集河	330	1980			1	甘肃省康乐县附城镇	甘肃省水文局	1	1	1			1						1		
66	碌曲	洮河	洮河	5 043	1979	1			甘肃省碌曲县马艾乡桥头村	甘肃省水文局	1	1	1		1	1	1					1		
67	下巴沟（洮三）	洮河	洮河	7 311	1959	1			甘肃省合作市下巴沟乡安果村	甘肃省水文局	1	1	1		1	1	1	1		1	1	1		
68	岷县（三）	洮河	洮河	14 912	1941	1			甘肃省岷县茶阜乡奈子沟村	甘肃省水文局	1	1	1		1	1	1	1		1	1	1		
69	李家村（二）	洮河	洮河	19 693	1942	1			甘肃省临洮县玉井乡李家村	甘肃省水文局	1	1	1			1					1	1		
	寺沟	洮河	洮惠渠		1977				甘肃省临洮县玉井乡中营村	甘肃省水文局	1	1										1		

续附表 2

序号	测站名称	水系	河流	集水面积(km²)	设站/断面年份	基本站站级 国家重要站	基本站站级 省级重要站	基本站站级 一般站	站/断面地址	领导机关	流量	水位	降水量	蒸发	水质	输沙率	颗粒分率	水温	冰情	辅助气象	地下水	墒情	常年驻测	汛期驻测	巡测
70	红旗	洮河	洮河	24 973	1954	1			甘肃省临洮县红旗乡沟门村	甘肃省水文局	1	1	1									1	1		
71	冶力关(二)	洮河	冶木河	1 186	1959		1		甘肃省临潭县冶力关乡峡吧村	甘肃省水文局	1	1	1										1		
72	吉家堡	湟水	巴州沟	192	1958		1		青海省民和县川口镇吉家堡	青海省水文局	1	1	1										1		
73	牛场	湟水	北川河	830	2001				青海省大通县宝库乡牛场	青海省水文局	1	1	1										1		
74	桥头(五)	湟水	北川河	2 774	1951	1			青海省大通县桥头头镇	青海省水文局	1	1	1										1		
75	朗阳	湟水	北川河	3 365	1984	1			青海省西宁市门源路 37 号	青海省水文局	1	1	1										1		
	朗阳(渠道)	湟水	北川河		1992				青海省西宁市门源路 37 号	青海省水文局	1	1	1										1		
76	尕日得	湟水	大通河	4 576	1973		1		青海省祁连县默勒乡尕日得	青海省水文局	1	1	1												1
77	青石嘴	湟水	大通河	8 011	1997				青海省门源县青石嘴镇	青海省水文局	1	1	1								1		1		
78	天堂(二)	湟水	大通河	12 574	1958				甘肃省天祝县天堂乡	甘肃省水文局	1	1	1										1		
79	连城(二)	湟水	大通河	13 914	1947		1		甘肃省永登县连城乡	甘肃省水文局	1	1	1										1		
80	享堂(三)	湟水	大通河	15 126	1940	1			青海省民和县川口镇	黄委水文局	1	1	1		1	1	1	1					1		
81	海晏(哈二)	湟水	哈利涧河	662	1954			1	青海省海晏县红山村	青海省水文局	1	1	1										1		
	海晏(湟海渠)	湟水	哈利涧河		1975				青海省海晏县红山村	青海省水文局	1	1	1										1		
82	黑林(二)	湟水	黑林河	281	1958			1	青海省大通县青林乡	青海省水文局	1	1	1										1		
83	海晏(湟)	湟水	湟水	715	1954		1		青海省海晏县红山村	青海省水文局	1	1	1						1				1		
84	湟源(二)	湟水	湟水	3 027	2005				青海省湟源县城郊乡万丰村	青海省水文局	1	1	1										1		
85	西宁	湟水	湟水	9 022	1951		1		青海省西宁市北门小水	青海省水文局	1	1	1						1				1		
86	乐都	湟水	湟水	13 025	1988				青海省乐都县岗沟乡下教场	青海省水文局	1	1	1						1				1		
87	民和(二)	湟水	湟水	15 342	1939	1			青海省民和县川口镇	黄委水文局	1	1	1		1	1		1	1				1		
88	南川河口(二)	湟水	南川河	398	1985			1	青海省西宁市市小公园	青海省水文局	1	1	1										1		
89	傅家寨(二)	湟水	沙塘川	1 112	1958		1		青海省西宁市中庄乡傅家寨	青海省水文局	1	1	1										1		

续附表 2

序号	测站名称	水系	河流	集水面积(km²)	设站/断面年份	国家重要站	省级重要站	一般站	站/断面地址	领导机关	流量	水位	降水	蒸发	水质	输沙率	颗分	水温	辅助气象水情	地下水情	常年驻测	汛期巡测
	傅家寨(渠道)	湟水	沙塘川		1992				青海省西宁市中庄乡傅家寨	青海省水文局	1										1	
90	西纳川(二)	湟水	西纳川	809	1968		1		青海省湟中县拦隆口乡拦隆口	青海省水文局	1	1							1	1	1	
91	王家庄	湟水	小南川	370	1971			1	青海省平安县小峡乡王家庄	青海省水文局	1	1							1	1	1	
92	董家庄(三)	湟水	药水河	636	1958		1		青海省湟源县城郊乡董家庄	青海省水文局	1	1							1	1	1	
93	八里桥(二)	湟水	引胜沟	464	1966		1		青海省乐都县碾伯镇八里桥	青海省水文局	1	1							1	1	1	
	八里桥(渠道)	湟水	引胜沟		1966				青海省乐都县碾伯镇八里桥	青海省水文局	1										1	
94	北河子	黄河上游区下段	北河子沟	46.4	1962		1		宁夏中宁县东华乡	宁夏水文局	1											1
95	小坝站(大)	黄河上游区下段	大坝沟	39.6	1963		1		宁夏青铜峡小坝	宁夏水文局	1										1	
96	卓资山(大)	黄河上游区下段	大黑河	382	1986			1	内蒙古卓资县卓资山镇	内蒙古水文总局	1	1									1	
97	旗下营(三)	黄河上游区下段	大黑河	2 914	1951		1		内蒙古卓资县旗下营镇厂台少村	内蒙古水文总局	1	1									1	
98	美岱(大二)	黄河上游区下段	大黑河	4 287	1950		1		内蒙古呼和浩特市赛罕区太平庄乡美岱村	内蒙古水文总局	1										1	
99	三两(三)	黄河上游区下段	大黑河	6 835	1952		1		内蒙古土默特左旗三两乡三两村	内蒙古水文总局	1										1	
100	大武口	黄河上游区下段	大武口沟	528	1973	1			宁夏石嘴山市大武口乡	宁夏水文局	1										1	
101	贺家庙(三)	黄河上游区下段	第二排水沟	287	1956		1		宁夏贺兰县潘昶乡	宁夏水文局	1										1	
102	石嘴山	黄河上游区下段	第三排水沟	1 012	1998		1		宁夏惠农县下营子	宁夏水文局	1										1	
103	通伏堡(二)	黄河上游区下段	第四排水沟	744	1957		1		宁夏平罗县通伏乡	宁夏水文局	1										1	
104	熊家庄(三)	黄河上游区下段	第五排水沟	592	1958		1		宁夏石嘴山市尾闸乡	宁夏水文局	1										1	
105	胜金关(二)	黄河上游区下段	第一排水沟	164	1963		1		宁夏中卫县镇罗镇	宁夏水文局	1										1	
106	望洪堡	黄河上游区下段	第一排水沟	206	1956		1		宁夏永宁县望洪乡	宁夏水文局	1											1
107	东排水沟	黄河上游区下段	东排水沟	91.4	1956		1		宁夏灵武市梧桐树乡史家壕村	宁夏水文局	1											1
108	反帝沟	黄河上游区下段	反帝沟	60	1972		1		宁夏青铜峡市叶盛乡	宁夏水文局	1											1

续附表 2

序号	测站名称	水系	河流	集水面积(km²)	设站/断面年份	国家重要站	省级重要站	一般站	站断面地址	领导机关	流量	水位	降水	蒸发	水质	输沙率	颗分	水温	辅助气象	地下水情	常年驻测	汛期驻测	巡测
109	迎水桥(扶)	黄河上游区下段	扶农渠		1965		1		宁夏中卫县迎水镇	宁夏水文局	1	1				1	1						1
110	哈德门沟(五)	黄河上游区下段	哈德门沟	106	1954			1	内蒙古包头市九原区哈业脑包乡哈德门村	内蒙古水文局	1	1	1					1				1	
111	哈拉沁(二)	黄河上游区下段	哈拉沁沟	706	1956		1		内蒙古呼和浩特市新城区塞沁营乡哈拉沁村	内蒙古水文局	1	1	1	1		1		1			1		
112	海流图	黄河上游区下段	海流图河	786	1980			1	内蒙古乌拉特中旗同和太牧场五分场	内蒙古水文局	1	1	1					1			1		
113	响沙湾	黄河上游区下段	罕台川	826	1999		1		内蒙古达拉特旗树林召乡瓦窑村	内蒙古水文局	1	1	1					1			1		
114	贺堡	黄河上游区下段	贺堡河	200	1971			1	宁夏海原县关桥乡方堡村	宁夏水文局	1	1						1					1
115	鸣沙洲(四)	黄河上游区下段	红柳沟	1 064	1958		1		宁夏中宁县鸣沙镇二道村	宁夏水文局	1	1	1			1		1			1		
116	红山口(三)	黄河上游区下段	红山口沟	59.7	1978			1	内蒙古呼和浩特市新城区塞沁营乡红山口村	内蒙古水文局	1	1	1					1				1	
117	金南干沟	黄河上游区下段	金南干沟	72.2	1971		1		宁夏吴忠市利通区金积镇	宁夏水文局	1	1						1			1		
118	郭家桥(三)	黄河上游区下段	苦水河	5 216	1954	1			宁夏利通区郭家桥乡	宁夏水文局	1	1	1			1		1			1		
119	阿塔山(四)	黄河上游区下段	昆都仑河	880	1954			1	内蒙古固阳县金山镇	内蒙古水文总局	1	1	1			1		1			1		
120	塔尔湾(二)	黄河上游区下段	昆都仑河	2 282	1954		1		内蒙古包头市九原区新城乡塔尔湾村	内蒙古水文总局	1	1						1					1
121	灵南干沟	黄河上游区下段	灵南干沟	69.8	1969			1	宁夏灵武市郝家乡	宁夏水文局	1	1						1			1		
122	图格日格	黄河上游区下段	毛不浪沟	1 036	1982			1	内蒙古鄂尔多斯市杭锦旗巴音乌素镇图格日格村	内蒙古水文总局	1	1	1					1					1
123	官地	黄河上游区下段	美岱沟	560	1989			1	内蒙古固阳县下湿壕乡官地村	内蒙古水文总局	1	1	1					1			1		
124	大脑包(四)	黄河上游区下段	美岱沟	891	1952			1	内蒙古包头市土右旗美岱召镇大脑包村	内蒙古水文总局	1	1	1					1			1		1

续附表 2

序号	测站名称	水系	河流	集水面积（km²）	设站/断面年份	基本站站级 国家重要站	基本站站级 省级重要站	基本站站级 一般站	站址断面地址	领导机关	测验项目 流量量	水位	降水	蒸发	水质	输沙率	颗分	水温	冰情	辅助气象	地下水	墒情	测验方式 常年驻测	汛期驻测	巡测
125	迎水桥（美）	黄河上游区下段	美利渠		1964		1		宁夏中卫县迎水镇	宁夏水文局	1				1	1									1
126	巴彦高勒（南）	黄河上游区下段	南干渠		1962		1		内蒙古锦旗巴拉贡镇	内蒙古黄河工程管理局	1	1											1		
127	南河子（二）	黄河上游区下段	南河子	117	1962		1		宁夏中宁县鸣沙镇中滩村	宁夏水文局	1	1				1									1
128	申滩	黄河上游区下段	七星渠		1978		1		宁夏中卫县永康镇	宁夏水文局	1	1				1	1								1
129	美岱（乾）	黄河上游区下段	乾通渠		1963		1		内蒙古呼和浩特市赛罕区太平庄乡美岱村	内蒙古水文总局	1	1			1								1		
130	新华桥（三）	黄河上游区下段	清水沟	192	1956		1		宁夏利通区郭家桥乡	宁夏水文局	1	1													1
131	固原	黄河上游区下段	清水河	210	1966		1		宁夏原州区城关镇	宁夏水文局	1	1											1		
132	韩府湾	黄河上游区下段	清水河	4 935	1959	1			宁夏海原县李旺镇韩府湾村	宁夏水文局	1	1			1	1		1					1		
133	泉眼山（二）	黄河上游区下段	清水河	14 480	1945	1			宁夏中宁县舟塔乡	宁夏水文局	1	1			1	1		1					1		
134	汝箕沟（三）	黄河上游区下段	汝箕沟	79.8	1956		1		宁夏平罗县崇岗乡	宁夏水文总局	1	1			1								1		
135	巴高勒（沈）	黄河上游区下段	沈乌干渠		1971		1		内蒙古磴口县巴彦高勒镇	内蒙古黄河工程管理局	1	1													1
136	胜利沟	黄河上游区下段	胜利沟	25.6	1978		1		宁夏青铜峡叶盛乡	宁夏水文局	1														1
137	陈梨天（二）	黄河上游区下段	什拉乌素河	185	1959		1		内蒙古呼和浩特市和林格尔县新店子乡二道边村	内蒙古水文总局	1	1						1					1		
138	红砂坝（三）	黄河上游区下段	水涧沟	377	1959			1	内蒙古土右旗九峰山生态管理委员会碳场村	内蒙古水文总局	1	1						1					1		
139	店上村（三）	黄河上游区下段	水磨沟	1 333	1956		1		内蒙古土默特左旗兵洲亥乡店上村	内蒙古水文总局	1	1						1					1		
140	苏峪口	黄河上游区下段	苏峪口沟	50.5	1971		1		宁夏贺兰县金山乡	宁夏水文局	1	1											1		
141	金门	黄河上游区下段	乌兰补沟	554	1987		1		内蒙古乌拉特后旗乌盖苏木金门大队	内蒙古水文总局	1	1											1		

续附表 2

序号	测站名称	水系	河流	集水面积 (km²)	设站/断面年份	国家重要站	省级重要站	一般站	站/断面地址	领导机关	流量/水位	降水	蒸发	水质	输沙率	颗分	水温	冰情	辅助气象	地下水	墒情	常年驻测	汛期驻测	巡测
142	广生隆	黄河上游区下段	乌苏图勒河	836	1980			1	内蒙古乌拉特前旗小余太乡广生隆村	内蒙古水文总局	1	1												1
143	大余太水库(人库)	黄河上游区下段	乌苏图勒河	1 837	1980			1	内蒙古乌拉特前旗大余太镇大余太水库	内蒙古水文总局	1	1											1	
144	石拐(二)	黄河上游区下段	五当沟	779	1976			1	内蒙古包头市石拐区国庆乡格亥图村	内蒙古水文总局	1												1	
145	东园(四)	黄河上游区下段	五当沟	886	1952			1	内蒙古包头市九原区沙木佳镇东园村	内蒙古水文总局	1								1			1		
146	龙头拐(四)	黄河上游区下段	西柳沟	1 157	1960		1		内蒙古达拉特旗展旦召苏木王马驹圪卜村	内蒙古水文总局	1							1						1
147	西排水沟	黄河上游区下段	西排水沟	61.4	1956				宁夏灵武市武安堡农场四站	宁夏水文局	1							1						1
148	小泉	黄河上游区下段	小河	587	1978			1	宁夏盐池县惠安堡镇	宁夏水文局	1							1						1
149	西二道河	黄河上游区下段	小黑河	1 776	1979			1	内蒙古呼和浩特市玉泉区小黑河乡西二道河村	内蒙古水文局	1													1
150	潘昶(二)	黄河上游区下段	银新沟	126	1974				宁夏贺兰县潘昶乡	宁夏水文局	1													1
151	永北桥(二)	黄河上游区下段	永二干沟	122	1971				宁夏银川市兴庆	宁夏水文局	1													
152	永清沟	黄河上游区下段	永清沟	52.5	1967				宁夏中宁县望远乡	宁夏水文局	1													1
153	胜金关(三)	黄河上游区下段	跃进渠	164	1963			1	宁夏中卫县镇罗镇	宁夏水文局	1				1									
154	中干沟	黄河上游区下段	中干沟	55.6	1974				宁夏永宁县杨和镇	宁夏水文局	1													1
155	中沟	黄河上游区下段	中沟	79.6	1956				宁夏青铜峡叶盛乡	宁夏水文局	1													
156	中滩沟	黄河上游区下段	中滩沟	62.8	1969				宁夏青铜峡叶盛乡	宁夏水文局	1													1
157	巴彦高勒(总三)	黄河上游区下段	总干渠		1961	1			内蒙古磴口县巴彦高勒镇	内蒙古黄河工程管理局	1												1	
158	朴隆淖尔	黄河上游区下段			1953			1	内蒙古	内蒙古水文总局														

续附表 2

序号	测站名称	水系	河流	集水面积(km²)	设站/断面年份	国家重要站	省级重要站	一般站	站、断面地址	领导机关	流量	水位	降水	蒸发	水质	输沙率	颗分	水温	辅助气象	地下水	墒情	常年驻测	汛期驻测	巡测
	解放闸（杨）	黄河上游区下段	杨家河		1953				内蒙古磴口县补隆淖镇小滩子村	内蒙古水文总局	1	1											1	
	解放闸（乌）	黄河上游区下段	乌拉河		1953				内蒙古磴口县补隆淖镇小滩镇	内蒙古水文总局		1											1	
	解放闸（清）	黄河上游区下段	清惠渠		1964				内蒙古磴口县补隆淖镇小滩子村	内蒙古水文总局	1												1	
	解放闸（南）	黄河上游区下段	南一支		1967				内蒙古磴口县补隆淖镇小滩子村	内蒙古水文总局	1												1	
	解放闸（大）	黄河上游区下段	大套子		1965				内蒙古磴口县补隆淖镇小滩子村	内蒙古水文总局	1												1	
	一闸上	黄河上游区下段	总干渠		2002				内蒙古磴口县补隆淖镇小滩子村	内蒙古水文总局	1	1											1	
	一闸下	黄河上游区下段	总干渠		2002				内蒙古磴口县补隆淖镇小滩子村	内蒙古水文总局	1												1	
159	磴亥	黄河上游区下段			1950			1	内蒙古	内蒙古水文总局	1												1	
	永济渠（永）	黄河上游区下段	永济渠		1950				内蒙古临河市双河镇二闸管理所	内蒙古水文总局	1												1	
	永济渠（泄四）	黄河上游区下段	泄水渠		1965				内蒙古临河市双河镇二闸管理所	内蒙古水文总局	1				1								1	
	永济渠（总）	黄河上游区下段	总干渠		1954				内蒙古临河市双河镇二闸管理所	内蒙古水文总局	1				1			1					1	
	永济渠（北）	黄河上游区下段	北边渠		1962				内蒙古临河市双河镇二闸管理所	内蒙古水文总局	1				1								1	
	永济渠（南）	黄河上游区下段	南边渠		1962				内蒙古临河市双河镇二闸管理所	内蒙古水文总局	1												1	

序号	测站名称	水系	河流	集水面积（km²）	设站/断面年份	基本站站级 国家重要站	省级重要站	一般站	站/断面地址	领导机关	测验项目 流量	水位	降水	蒸发	水质	输沙率	颗粒分析	水温	冰情	辅助气象	地下水	测验方式 常年驻测	汛期驻测	巡测
160	黄羊木头	黄河上游区下段			1960			1	内蒙古	内蒙古水文总局														
	黄羊木头（四）	黄河上游区下段	黄济渠		1960				内蒙古临河市黄羊木头镇荣丰村	内蒙古水文总局	1	1											1	
	黄羊木头（黄羊）	黄河上游区下段	黄羊渠		1973				内蒙古临河市黄羊木头镇荣丰村	内蒙古水文总局	1	1											1	
	黄木头（合）	黄河上游区下段	合济渠		1962				内蒙古临河市黄羊木头镇荣丰村	内蒙古水文总局	1	1											1	
161	四份滩	黄河上游区下段			1950			1	内蒙古	内蒙古水文总局														
	丰复渠（丰）	黄河上游区下段	丰济渠		1950				内蒙古五原县天吉泰镇南团结村	内蒙古水文总局	1	1											1	
	丰复渠（总）	黄河上游区下段	总干渠		1965				内蒙古五原县天吉泰镇南团结村	内蒙古水文总局	1	1				1							1	
	丰复渠（复）	黄河上游区下段	复兴渠		1957				内蒙古五原县天吉泰镇南团结村	内蒙古水文总局	1	1											1	
	丰复渠（南）	黄河上游区下段	南三支		1965				内蒙古五原县天吉泰镇南团结村	内蒙古水文总局	1	1											1	
	丰复渠（泄）	黄河上游区下段	泄水渠		1968				内蒙古五原县天吉泰镇南团结村	内蒙古水文总局	1	1											1	
162	东土城	黄河上游区下段			1967			1	内蒙古	内蒙古水文总局			1										1	
	四闸（总）	黄河上游区下段	总干渠		1967				内蒙古五原县巴彦套海镇四闸管理所	内蒙古水文总局	1	1				1		1					1	
	四闸（泄二）	黄河上游区下段	泄水渠		1967				内蒙古五原县巴彦套海镇四闸管理所	内蒙古水文总局	1	1				1							1	
	四闸（义）	黄河上游区下段	义和渠		1967				内蒙古五原县巴彦套海镇四闸管理所	内蒙古水文总局	1	1											1	

序号	测站名称	水系	河流	集水面积(km²)	设站/断面年份	国家重要站	省级重要站	一般站	站/断面地址	领导机关	流量	水位	降水	蒸发	输沙率	颗粒分析	水质	水温	辅助气象	地下水情	墒情	常年驻测	汛期驻测	巡测
	四闸(通)	黄河上游区下段	通济渠		1967				内蒙古五原县巴彦奎海镇四闸管理所	内蒙古水文总局	1	1												1
	四闸(华)	黄河上游区下段	华惠渠		1967				内蒙古五原县巴彦奎海镇四闸管理所	内蒙古水文总局	1	1												1
	四闸(长)	黄河上游区下段	长塔渠		1967				内蒙古五原县巴彦奎海镇四闸管理所	内蒙古水文总局	1	1												1
163	沙盖补隆	黄河上游区下段			1997			1	内蒙古	内蒙古水文总局			1											
	沙盖补隆(七)	黄河上游区下段	总排干渠		1997				内蒙古乌拉特前旗树林子乡红圪卜子村	内蒙古水文总局	1											1		
	沙盖补隆(主)	黄河上游区下段	总排干主渠		1997				内蒙古乌拉特前旗树林子乡红圪卜子村	内蒙古水文总局	1				1			1				1		
	沙盖补隆(支)	黄河上游区下段	总排干支渠		1997				内蒙古乌拉特前旗树林子乡红圪卜子村	内蒙古水文总局	1							1				1		
164	二牛湾	黄河上游区下段			1980			1	内蒙古	内蒙古水文总局	1													
	二牛湾(摩)	黄河上游区下段	摩楞河	493	1980				内蒙古乌拉特中旗石哈河镇下公乌素村	内蒙古水文总局	1													1
	二牛湾(羊)	黄河上游区下段	羊场沟	168	1980				内蒙古乌拉特中旗石哈河镇下公乌素村	内蒙古水文总局	1													1
165	西山嘴	黄河上游区下段			1947			1	内蒙古	内蒙古水文总局	1													
	西山嘴(退三)	黄河上游区下段	退三渠		1947				内蒙古乌拉特前旗西山嘴镇	内蒙古水文总局	1													1
	三湖河(三道壕)	黄河上游区下段	三湖河		1995				内蒙古乌拉特前旗西山嘴镇	内蒙古水文总局	1											1		
	二道壕(泄)	黄河上游区下段	三湖河		1995				内蒙古乌拉特前旗西山嘴镇	内蒙古水文总局	1													1
166	圪洞	黄河中游区上段	北川河	749	1957	1			山西省方山县圪洞镇圪洞村	山西省水文局	1		1							1		1		
167	岢岚	黄河中游区上段	东川河	476	1958				山西省岢岚县岚漪镇南关村	山西省水文局	1		1							1		1		

续附表 2

序号	测站名称	水系	河流	集水面积(km²)	设站/断面年份	国家重要站	省级重要站	一般站	站断面地址	领导机关	流量量	水位	降水	蒸发	水质	输沙率	颗分	水温	冰情	辅助气象	地下水	常年驻测	汛情驻测	巡测
168	乡宁(二)	黄河中游区上段	鄂河	328	1980			1	山西省乡宁县昌宁镇夏县村	山西省水文局	1	1	1									1		1
169	临镇	黄河中游区上段	汾川河	1 121	1958			1	陕西省延安市临镇	黄委水文局	1	1						1					1	
170	新市河	黄河中游区上段	汾川河	1 662	1966			1	陕西省宜川县新市河乡新市河村	黄委水文局	1	1											1	
171	高石崖(三)	黄河中游区上段	孤山川河	1 263	1953			1	陕西省府谷县城关镇大沙沟村	黄委水文局	1	1					1	1					1	
172	二道边	黄河中游区上段	红河	2 119	2004		1		内蒙古呼和浩特市和林格尔县三道营乡太平窑村	内蒙古水文总局	1	1			1			1				1		
173	挡阳桥	黄河中游区上段	红川	4 732	1977		1		内蒙古呼和浩特市清水河县小庙子乡庄窝坪村	内蒙古水文总局	1	1						1				1		
174	皇甫(三)	黄河中游区上段	皇甫川	3 175	1953		1		陕西省府谷县皇甫乡皇甫村	黄委水文局	1	1					1	1	1				1	
175	申家湾	黄河中游区上段	佳芦河	1 121	1956			1	陕西省佳县申家湾村	黄委水文局	1	1						1					1	
176	林家坪	黄河中游区上段	湫水河	1 873	1953			1	山西省临县林家坪镇林家坪村	黄委水文局	1	1						1	1				1	
177	沙圪堵(二)	黄河中游区上段	纳林川	1 351	1959	1			内蒙古鄂尔多斯市准格尔旗沙圪堵镇	内蒙古水文总局	1	1						1					1	
178	万年饱(二)	黄河中游区上段	南川河	286	1956			1	山西省中阳县宁乡镇万年饱村	山西省水文局	1	1						1	1			1	1	
179	偏关(三)	黄河中游区上段	偏关河	1 896	1957	1			山西省偏关县新关镇沙石沟村	山西省水文局	1	1							1			1	1	
180	子长	黄河中游区上段	清涧河	913	1958			1	陕西省子长县冯家屯乡涨沟台村	黄委水文局	1	1										1		1
181	延川(二)	黄河中游区上段	清涧河	3 468	1953			1	陕西省延川县城关镇	黄委水文局	1	1						1				1		
182	杨家坡(二)	黄河中游区上段	清凉寺沟	283	1956			1	山西省临县丛罗峪镇葫芦旦村	黄委水文局	1	1						1				1		
183	清水河	黄河中游区上段	清水河	541	1970		1		内蒙古呼和浩特市清水河县城关镇	内蒙古水文总局	1	1				1	1	1				1		
184	裴沟	黄河中游区上段	屈产河	1 023	1962			1	山西省石楼县裴沟乡裴沟村	黄委水文局	1	1						1						1

续附表 2

序号	测站名称	水系	河流	集水面积 (km²)	设站/断面年份	基本站站级			站/断面地址	领导机关	测验项目										测验方式		
						国家重要站	省级重要站	一般站			流量	水位	降水	蒸发	输沙率	水质	颗分	水温	辅助气象	地下水情	常年驻测	汛期驻测	巡测
185	后大成	黄河中游区上段	三川河	4 102	1956			1	山西省柳林县薛村乡后大成村	黄委水文局	1	1			1							1	
186	大村(二)	黄河中游区上段	仕望川	2 141	1958			1	陕西省宜川县秋林乡大村	黄委水文局	1	1	1	1	1							1	
187	高家堡(二)	黄河中游区上段	秃尾河	2 095	1966			1	陕西省神木县高家堡镇高家堡村	黄委水文局	1	1	1									1	
188	高家川(二)	黄河中游区上段	秃尾河	3 253	1955			1	陕西省神木县万镇高家川村	黄委水文局	1	1	1			1						1	
189	兴县(二)	黄河中游区上段	蔚汾河	650	1986			1	山西省兴县奥家湾乡车家庄村	黄委水文局	1	1	1			1						1	
190	枣园	黄河中游区上段	西川	719	1971		1		陕西省延安市枣园上庄沟	陕西省水文局	1	1	1								1		
191	旧县	黄河中游区上段	县川河	1 562	1976			1	山西省河曲县旧县乡旧县村	黄委水文局	1	1	1								1		
192	大宁	黄河中游区上段	昕水河	3 992	1954			1	山西省大宁县城关镇葛口村	黄委水文局	1	1	1								1		
193	杏河(二)	黄河中游区上段	杏子河	479	1976		1		陕西省志丹县杏河乡牛园子村	陕西省水文局	1	1	1			1					1		
194	安塞	黄河中游区上段	延水	1 334	1973		1		陕西省安塞县城关村	陕西省水文局	1	1	1										
195	延安(二)	黄河中游区上段	延水	3 208	1958			1	陕西省延安市河庄坪乡杨家湾村	黄委水文局	1	1	1								1		
196	甘谷驿	黄河中游区上段	延水	5 891	1952		1		陕西省延安市甘谷驿镇甘谷驿村	黄委水文局	1	1	1									1	
197	吉县	黄河中游区上段	州川河	436	1958			1	山西省吉县城关西关	黄委水文局	1	1	1									1	
198	桥头	黄河中游区上段	朱家川	2 854	1989			1	山西省保德县桥头头镇桥头头村	黄委水文局	1	1	1									1	
199	新庙	窟野河	悖牛川	1 527	1966			1	内蒙古伊金霍洛旗新庙乡古城壕村	黄委水文局	1	1	1								1		
200	贾家沟	窟野河	贾家沟	93.4	1978			1	陕西省(三)神木县贺家川乡贾家沟村	黄委水文局	1	1	1					1	1			1	
201	阿腾席热	窟野河	窟野河	338	1985			1	内蒙古鄂尔多斯市伊金霍洛旗红海子乡瓦窑圪台村	内蒙古水文总局	1	1	1					1	1			1	

续附表 2

序号	测站名称	水系	河流	集水面积(km²)	设站/断面年份	国家重要站	省级重要站	一般站	站/断面地址	领导机关	流量/水位	降水	蒸发	水质	输沙率	颗分	水温	冰情	辅助气象	地下水	墒情	常年驻测	汛期驻测	巡测
202	转龙湾	窟野河	窟野河	1 556	1997	1			内蒙古鄂尔多斯市伊金霍洛旗布尔台格乡巴图塔村	内蒙古水文总局	1	1						1				1		
203	王道恒塔(三)	窟野河	窟野河	3 839	1958		1		陕西省神木县店塔乡牛皮塔村	黄委水文局	1	1						1						1
204	神木	窟野河	窟野河	7 298	1951	1			陕西省神木县五里墩	陕西省水文局	1	1			1			1				1		
205	温家川(三)	窟野河	窟野河	8 515	1953	1			陕西省神木县贺家川乡刘家坡村	黄委水文局	1	1						1				1		
206	曹坪	无定河	岔巴沟	187	1958			1	陕西省子洲县城关镇曹坪村	黄委水文局	1	1												1
207	青阳岔	无定河	大理河	662	1958			1	陕西省靖边县青阳岔镇青阳岔村	黄委水文局	1	1			1									1
208	绥德	无定河	大理河	3 893	1959		1		陕西省绥德县薛家畔	黄委水文局	1	1						1				1		
209	韩家峁	无定河	海流兔河	2 452	1956			1	陕西省榆林市红石桥乡韩家峁村	黄委水文局	1	1												1
210	殿市(二)	无定河	黑木头川	327	1958			1	陕西省横山县殿市镇沙瓜村	黄委水文局	1	1										1		
211	横山	无定河	芦河	2 415	1956			1	陕西省横山县城关镇李家瓜村	黄委水文局	1	1										1		
212	马湖峪	无定河	马湖峪河	371	1961			1	陕西省米脂县龙镇乡候峪村	陕西省水文局	1	1			1									1
213	赵石窑	无定河	无定河	15 325	1941	1			陕西省横山县响水乡赵石窑	陕西省水文局	1	1		1	1							1		
	赵石窑(渠道)	无定河	定惠渠		1969				陕西省横山县响水乡赵石窑	陕西省水文局	1				1							1		
214	丁家沟	无定河	无定河	23 422	1958		1		陕西省绥德县张家砭乡丁家沟	黄委水文局	1	1			1							1		
215	白家川	无定河	无定河	29 662	1975		1		陕西省清涧县解家沟镇白家川村	黄委水文局	1	1			1							1		
216	李家河	无定河	小理河	807	1958			1	陕西省子洲县殿市镇李家河村	黄委水文局	1	1			1			1				1		
217	大庙	黄河中游区下段	白沙河	55.9	1977			1	山西省夏县瑶峰镇大庙村	山西省水文局	1	1								1	1		1	1

续附表 2

序号	测站名称	水系	河流	集水面积(km²)	设站/断面年份	基本站站级 国家重要站	基本站站级 省级重要站	基本站站级 一般站	站/断面地址	领导机关	测验项目 流量	测验项目 水位	测验项目 降水量	测验项目 蒸发	测验项目 水质	测验项目 输沙率	测验项目 颗分	测验项目 水温	测验项目 冰情	测验项目 辅助气象	测验项目 地下水	测验项目 墒情	测验方式 常年驻测	测验方式 汛期驻测	测验方式 巡测
	西洛(朝阳洞)	黄河中游区下段	涧汶河		1992				山西省夏县瑶峰镇西洛村	山西省水文局	1	1													
	大庙(左渠)	黄河中游区下段	白沙河		1977				山西省夏县瑶峰镇大庙村	山西省水文局	1	1													
218	风伯峪	黄河中游区下段	风伯峪	13.9	1976			1	山西省永济市虞乡镇风伯峪村	山西省水文局	1	1	1						1				1		
	风伯峪(右渠)	黄河中游区下段	风伯峪		1995				山西省永济市虞乡镇风伯峪村	山西省水文局	1	1	1						1				1		
219	吕庄水库(坝上)	黄河中游区下段	涑水河	864	1955	1			山西省闻喜县桐城镇下阳村	山西省水文局	1	1						1				1			
	吕庄水库(泄水渠)	黄河中游区下段	涑水河		1955				山西省闻喜县桐城镇下阳村	山西省水文局	1				1			1							
	吕庄水库(溢洪渠)	黄河中游区下段	涑水河		1960				山西省闻喜县桐城镇下阳村	山西省水文局	1				1										
	吕庄水库(泄洪闸)	黄河中游区下段	涑水河		1960				山西省闻喜县桐城镇下阳村	山西省水文局	1				1										
220	张留庄(三)	黄河中游区下段	涑水河	5 545	1993	1			山西省永济市蒲州镇杨马村	山西省水文局	1	1							1			1	1		
221	冷口	黄河中游区下段	洮水河	76	1955			1	山西省绛县冷口乡冷口村	山西省水文局	1	1													
	冷口(河道)	黄河中游区下段	洮水河		1976				山西省绛县冷口乡冷口村	山西省水文局	1														
	冷口(左渠)	黄河中游区下段	洮水河		1976				山西省绛县冷口乡冷口村	山西省水文局	1														
222	笊口水库	黄河中游区下段	宏农河	903	1973			1	河南省灵宝市五亩乡长桥村	河南省水文局	1	1	1		1	1		1				1	1		
	坝上	黄河中游区下段	宏农河		1973				河南省灵宝市五亩乡长桥村	河南省水文局	1	1	1			1			1			1	1		
	坝下	黄河中游区下段	宏农河		1973				河南省灵宝市五亩乡长桥村	河南省水文局	1														
	电站	黄河中游区下段	宏农河		1973				河南省灵宝市五亩乡长桥村	河南省水文局	1														
223	岔上(三)	汾河	北石河	31.7	1958			1	山西省宁武县谷山乡岔上村	山西省水文局	1	1										1	1		
224	盘陀(三)	汾河	昌源河	533	1954			1	山西省祁县来远镇盘陀村	山西省水文局	1	1										1	1		
	盘陀(河道三)	汾河	昌源河		1954				山西省祁县来远镇盘陀村	山西省水文局	1					1									
	盘陀(渠道)	汾河	昌源河		2002				山西省祁县来远镇盘陀村	山西省水文局	1														
225	宁化堡(二)	汾河	汾河	1 056	1991				山西省宁武县化北屯乡宁化堡村	山西省水文局	1	1				1		1				1	1		

续附表 2

序号	测站名称	水系	河流	集水面积（km²）	设站/断面年份	国家重要站	省级重要站	一般站	站/断面地址	领导机关	流量	水位	降水量	蒸发发	水质	输沙率	颗分	水温	冰情	辅助气象	地下水	墒情	常年驻测	汛期驻测	巡测
226	静乐（五）	汾河	汾河	2 799	1943		1		山西省静乐县鹅城镇沙会村	山西省水文局	1	1	1									1	1	1	
	静乐（河道）	汾河	汾河		1943				山西省静乐县鹅城镇沙会村	山西省水文局	1	1				1	1	1							
	静乐（五一渠）	汾河	汾河	3 225	2002				山西省静乐县鹅城镇沙会村	山西省水文局	1	1				1	1	1							
227	河岔	汾河	汾河	3 225	1991				山西省娄烦县静游镇河岔村	山西省水文局	1	1	1			1	1	1						1	
228	汾河水库	汾河	汾河	5 268	1959	1			山西省娄烦县杜交曲镇下石家庄村	山西省水文局	1	1	1	1	1			1	1				1		
	汾河水库（坝上）	汾河	汾河		1959				山西省娄烦县杜交曲镇下石家庄村	山西省水文局	1	1	1	1											
	汾河水库（坝下）	汾河	汾河		1958				山西省娄烦县杜交曲镇下石家庄村	山西省水文局	1	1						1	1						
229	寨上（二）	汾河	汾河	6 819	1953	1			山西省古交市河口镇寨上村	山西省水文局	1	1				1	1	1	1				1		
230	兰村（四）	汾河	汾河	7 705	1943	1			山西省太原市上兰镇上兰村	山西省水文局	1	1			1	1	1	1	1				1		
	汾河一坝（东干渠）	汾河	汾河		1969				山西省太原市上兰镇上兰村	山西省水文局	1	1			1			1							
	汾河一坝（西干渠）	汾河	汾河		1969				山西省太原市上兰镇上兰村	山西省水文局	1	1						1							
231	汾河二坝	汾河	汾河	14 030	1968	1			山西省清徐县西谷乡汾河二坝	山西省水文局	1	1			1	1	1	1	1				1		
	汾河二坝（河道二）	汾河	汾河		1968				山西省清徐县西谷乡汾河二坝	山西省水文局	1	1						1				1			
	汾河二坝（东干渠）	汾河	汾河		1968				山西省清徐县西谷乡汾河二坝	山西省水文局	1	1						1							
	汾河二坝（西干渠）	汾河	汾河		1968				山西省清徐县西谷乡汾河二坝	山西省水文局	1	1						1					1		
232	义棠（二）	汾河	汾河	23 945	1958	1			山西省介休市义棠镇义棠村	山西省水文局	1	1			1	1	1	1	1				1	1	
233	赵城	汾河	汾河	28 676	1995	1			山西省洪洞县赵城镇西街村	山西省水文局	1	1	1	1	1	1	1	1	1			1	1	1	
	赵城（河道）	汾河	汾河		1995				山西省洪洞县赵城镇西街村	山西省水文局	1	1	1	1				1	1			1	1	1	
	赵城（七一渠）	汾河	汾河		1995				山西省洪洞县赵城镇西堤村乡堤村	山西省水文局	1	1						1	1				1	1	
	赵城（五一渠）	汾河	汾河		1995				山西省洪洞县鹅城镇连城村	山西省水文局	1	1						1	1				1	1	

续附表 2

序号	测站名称	水系	河流	集水面积(km²)	设站/断面年份	国家重要站	省级重要站	一般站	站/断面地址	领导机关	流量	水位	降水量	蒸发	水质	输沙率	颗分	水温	冰情	辅助气象	地下水	墒情	常年驻测	汛期驻测	巡测
234	柴庄	汾河	汾河	33 932	1956	1			山西省襄汾县南贾镇贾石沟村	山西省水文局	1	1	1			1			1			1		1	
235	河津（三）	汾河	汾河	38 728	1934	1			山西省河津市黄村乡柏底村	黄委水文局	1	1	1			1			1			1	1		
236	店头	汾河	风峪沟	33.9	1975			1	山西省太原市晋源镇店头村	山西省水文局	1	1	1											1	
237	东庄	汾河	洪安涧河	987	1965			1	山西省古县岳阳镇东庄村	山西省水文局	1	1	1		1	1	1	1	1				1		
	东庄（河道）	汾河	洪安涧河		1965				山西省古县岳阳镇东庄村	山西省水文局					1	1	1	1	1						
	东庄（跃进渠）	汾河	洪安涧河		1965				山西省古县岳阳镇东庄村	山西省水文局					1										
238	浍河水库（坝上）	汾河	浍河	1 301	1960		1		山西省曲沃县史村镇东周村	山西省水文局	1	1	1		1	1	1	1	1				1		
	浍河水库（渠首电灌）	汾河	浍河		1960				山西省曲沃县史村镇东周村	山西省水文局	1	1			1	1			1						
	浍河水库（溢洪道）	汾河	浍河		1975				山西省曲沃县史村镇东周村	山西省水文局	1	1				1									
	浍河水库（进水渠）	汾河	浍河		1975				山西省曲沃县史村镇东周村	山西省水文局	1	1				1									
	浍河水库（泄水渠）	汾河	浍河		1990				山西省曲沃县史村镇东周村	山西省水文局	1	1				1									
239	娄烦	汾河	涧河	578	1993				山西省娄烦县娄烦镇新良庄	山西省水文局	1	1	1			1	1						1		
240	灵石	汾河	静升河	287	1992			1	山西省灵石县翠峰镇上村	山西省水文局	1	1	1			1	1						1		
241	上静游	汾河	岚河	1 140	1954		1		山西省娄烦县静游镇上静游村	山西省水文局	1	1	1			1	1						1		
242	独堆	汾河	松塔河	1 152	1955			1	山西省寿阳县羊头崖乡独堆村	山西省水文局	1	1	1			1	1						1		
243	文峪河水库（坝上）	汾河	文峪河	1 876	1951				山西省文水县开栅镇北峪口村	山西省水文局	1	1	1			1			1			1	1		
	文峪河水库（坝下三）	汾河	文峪河		1960				山西省文水县开栅镇北峪口村	山西省水文局	1	1						1				1	1		
	文峪河水库（坝下三）	汾河	文峪河		1960				山西省文水县开栅镇北峪口村	山西省水文局	1	1													
	文峪河水库（永田渠）	汾河	文峪河		1961				山西省文水县开栅镇北峪口村	山西省水文局	1	1				1									

263

续附表 2

序号	测站名称	水系	河流	集水面积（km²）	设站/断面年份	国家重要站	省级重要站	一般站	站面断面地址	领导机关	流量	水位	降水量	蒸发	水质	输沙率	颗粒分析	水温	水情	辅助气象	地下水	墒情	常年驻测	汛期驻测	巡测
244	文峪河水库（常稳渠）	汾河	文峪河		1961				山西省文水县开栅镇北峪口村	山西省水文局	1	1													
245	文峪河水库（甘泉渠）	汾河	文峪河		1961				山西省文水县开栅镇北峪口村	山西省水文局	1	1													
246	卢家庄	汾河	潇河	2 367	1953		1		山西省寿阳县上湖乡卢家庄村	山西省水文局	1	1	1			1	1	1	1			1	1		
247	大交（续）	汾河	绦鲁峪	347	1983			1	山西省绦县大交镇大交村	山西省水文局	1	1	1			1	1	1	1			1	1		
248	董茹（二）	汾河	冶峪沟	18.9	1956			1	山西省太原市金胜镇董茹村	山西省水文局	1	1	1			1	1	1	1			1	1		
249	岔口	汾河	中西河	492	1965			1	山西省交城县会立乡岔口村	山西省水文局	1	1	1			1		1	1				1		
248	罗李村（四）	渭河	灞河	754	1956			1	陕西省蓝田县李后乡罗李村	陕西省水文局	1	1	1			1	1	1	1				1		
249	马渡王	渭河	灞河	1 601	1952		1		陕西省西安市灞桥区灞陵乡马渡王	陕西省水文局	1	1	1			1		1	1				1		
250	夏寨	渭河	车路沟	89.5	1971		1		宁夏西吉县夏寨乡王照村	宁夏水文局	1	1										1			1
251	隆德	渭河	大清河	16.3	1980			1	宁夏隆德县城关镇	宁夏水文局	1	1													1
252	秦渡镇（五）	渭河	沣河	566	1935		1		陕西省户县秦渡镇乡秦渡镇	陕西省水文局	1	1	1			1	1	1	1				1		
253	陈河	渭河	黑河	1 380	1996		1		陕西省周至县陈河乡木江河村	陕西省水文局	1	1	1			1		1	1				1		
254	黑峪口（四）	渭河	黑河	1 481	1938	1			陕西省周至县马召乡武家村	陕西省水文局	1	1	1			1	1	1	1				1		
255	静宁	渭河	葫芦河	2 854	1996		1		甘肃省静宁县	甘肃省水文局	1	1							1				1		
256	秦安	渭河	葫芦河	9 805	1955		1		甘肃省秦安县兴国镇十里铺	黄委水文局	1	1	1			1	1	1	1			1	1		
257	天水	渭河	藉河	1 019	1958			1	甘肃省天水市秦城区西桥头	黄委水文局	1	1	1			1	1	1	1				1		
258	柳林	渭河	沮河	674	1971		1		陕西省耀县柳林乡房家沟	陕西省水文局	1	1	1			1	1	1	1				1		
259	大峪（三）	渭河	潘河	53.9	1952			1	陕西省长安县甘河口乡高桥村	陕西省水文局	1	1							1			1	1		
260	涝峪口（谭庙二）	渭河	涝河	347	1944		1		陕西省户县涝峪口乡谭庙村	陕西省水文局	1	1							1				1		
261	罗敷堡	渭河	罗敷河	122	1955		1		陕西省华阴市敷水镇罗敷堡	陕西省水文局	1	1	1			1	1	1	1			1	1		

续附表 2

序号	测站名称	水系	河流	集水面积（km²）	设站/断面年份	国家重要站	省级重要站	一般站	站、断面地址	领导机关	流量	水位	降水	蒸发	输沙率	水质	颗分	水温	辅助气象	地下水情	常年驻测	汛期驻测	巡测
	罗敷堡（三）	渭河	罗敷河		1955				陕西省华阴市敷水镇罗敷堡	陕西省水文局	1	1											
	罗敷堡（渠道）	渭河	槽渠		1973				陕西省华阴市敷水镇罗敷堡	陕西省水文局	1												
262	仁大	渭河	南河	1 129	1976			1	甘肃省静宁县仁大乡	甘肃省水文局	1	1									1		
263	社棠	渭河	牛头河	1 846	1972			1	甘肃省天水市北道区社棠镇俊林村	黄委水文局	1	1					1				1		
264	耀县（二）	渭河	漆水河	797	1959		1		陕西省耀县东关	陕西省水文局	1	1									1		
265	安头	渭河	漆水河	1 007	1971		1		陕西省永寿县店头乡安头村	陕西省水文局	1	1									1		
266	千阳	渭河	千河	2 935	1964	1			陕西省千阳县城关镇	陕西省水文局	1	1									1		
267	益门镇（三）	渭河	清姜河	219	1955		1		陕西省宝鸡市神农乡益门镇村	陕西省水文局	1	1						1			1		
268	隆德	渭河	清流河	43.3	1972		1		宁夏隆德县城关镇	宁夏水文局	1	1						1		1	1		
269	甘谷	渭河	散渡河	2 484	1958			1	甘肃省甘谷县渭阳乡大王村	黄委水文局	1	1						1		1	1		
270	鹦鸽（二）	渭河	石头河	507	1974		1		陕西省太白县汤峪乡鹦鸽乡	陕西省水文局	1	1						1			1		
271	漫湾村（二）	渭河	汤峪河	122	1953			1	陕西省眉县汤峪乡漫湾村	陕西省水文局	1	1				1							
272	凤阁岭	渭河	通关河	846	1971		1		陕西省宝鸡市陈仓区凤阁岭乡张家山村	陕西省水文局	1	1						1			1		
273	武山	渭河	渭河	8 080	1974	1			甘肃省武山县城关镇	黄委水文局	1	1						1					
274	北道	渭河	渭河	24 871	1990	1			甘肃省天水市北道区渭河桥头	黄委水文局	1	1	1					1			1		
275	拓石	渭河	渭河	29 092	2003		1		陕西省宝鸡市陈仓区拓石镇拓石村	陕西省水文局	1	1	1					1			1		
276	林家村	渭河	渭河	30 661	1934	1			陕西省宝鸡市陈仓区硖石乡林家村	陕西省水文局	1	1			1		1	1			1		
	林家村（三）	渭河	渭河		1934				陕西省宝鸡市陈仓区硖石乡林家村	陕西省水文局	1	1			1	1	1	1					

续附表 2

序号	测站名称	水系	河流	集水面积(km²)	设站/断面年份	基本站站级 国家重要站	基本站站级 省级重要站	基本站站级 一般站	站/断面地址	领导机关	流量	水位	降水	蒸发	输沙率	颗分	水质	水温	辅助气象	地下水	墒情	常年驻站测	汛期驻站测	巡测
	林家村(渠道)	渭河	宝鸡峡渠		1972				陕西省宝鸡市陈仓区硖石乡林家村	陕西省水文局	1				1									
277	魏家堡(五)	渭河	渭河	37 012	1937	1			陕西省眉县城关镇	陕西省水文局	1		1	1			1	1				1		
278	咸阳(二)	渭河	渭河	46 827	1931	1			陕西省咸阳市秦都区铁匠嘴村	黄委会水文局	1		1	1		1	1	1				1		
279	临潼	渭河	渭河	97 299	1961				陕西省临潼区行者乡船北村	陕西省三门峡库区管理局	1		1	1			1	1				1		
280	华县	渭河	渭河	106 498	1935	1			陕西省华县下庙乡苟家堡村	黄委会水文局	1		1	1	1	1	1	1				1		
281	朱园	渭河	小水河	402	1974			1	陕西省宝鸡市陈仓区坪头乡朱园村	陕西省水文局	1		1											
282	淳化(四)	渭河	冶峪河	282	1960		1		陕西省淳化县南教场村	陕西省水文局	1		1	1			1	1				1		
283	三岔	泾河	安家川	803	1992				甘肃省镇原县三岔镇	宁夏水文局	1		1											1
284	蔡家庙	泾河	蔡家庙沟	270	1980			1	甘肃省庆阳县蔡家庙乡	甘肃省水文局	1		1	1			1	1	1			1	1	
285	灵台	泾河	达溪河	1 500	1993			1	甘肃省灵台县中台镇	甘肃省水文局	1		1	1			1	1	1			1		
286	窑峰头	泾河	大路河	219	1975			1	甘肃省平凉市四十里铺镇	甘肃省水文局	1		1	1			1	1				1		
287	贾桥	泾河	东川	2 988	1979			1	甘肃省庆阳县玄马镇贾桥村	黄委会水文局	1		1									1		
288	板桥	泾河	合水川	807	1958		1		甘肃省合水县板桥乡枣树台村	黄委会水文局	1		1									1		
289	张河	泾河	黑河	1 506	1971			1	陕西省长武县丁家乡张河村	陕西省水文局	1		1					1				1		
290	红河	泾河	洪河	1 272	1988		1		甘肃省泾川县红河乡	黄委会水文局	1		1									1		
291	三关口	泾河	颉河	218	1960		1		宁夏泾源县六盘山镇三关口村	宁夏水文局	1		1					1				1		
292	泾河源	泾河	泾河	148	1979		1		宁夏泾源县泾河源镇	宁夏水文局	1		1									1		
293	崆峒峡水库(坝下)	泾河	泾河	597	1977			1	甘肃省平凉市崆峒峡水库	甘肃省水文局	1		1				1	1				1		
	崆峒峡水库(坝下)(二)	泾河	泾河		1977				甘肃省平凉市崆峒峡水库	甘肃省水文局	1		1				1	1				1		

续附表 2

序号	测站名称	水系	河流	集水面积(km²)	设站/断面年份	国家重要站	省级重要站	一般站	站、断面地址	领导机关	流量	水位	降水	蒸发	水质	输沙率	颗分	水温	冰情	辅助气象	地下水	常年驻测	汛期驻测	巡测
	崆峒峡水库(渠)	泾河	泾河		1987				甘肃省平凉市崆峒峡水库	甘肃省水文局	1	1	1									1		
294	平凉	泾河	泾河	1 305	1974			1	甘肃省平凉市八里桥	甘肃省水文局	1	1	1									1	1	
295	泾川(三)	泾河	泾河	3 145	1936			1	甘肃省泾川县泾河大桥	黄委水文局	1	1	1			1	1	1					1	
296	杨家坪(二)	泾河	泾河	14 124	1955	1			甘肃省宁县长庆桥镇	黄委水文局	1	1	1		1	1	1	1	1					1
297	景村	泾河	泾河	40 281	1963	1			陕西省彬县新堡子乡景村	陕西省水文局	1	1	1			1	1	1				1		
298	张家山	泾河	泾河	43 216	1932	1			陕西省泾阳县王桥乡赵家沟	陕西省水文局	1	1	1		1	1	1	1	1			1		
	张家山(二)	泾河	泾河		1932				陕西省泾阳县王桥乡赵家沟	陕西省水文局	1	1										1		
	张家山(渠道)	泾河	泾惠渠		1955				陕西省泾阳县王桥乡赵家沟	陕西省水文局	1	1										1		
299	桃园	泾河	泾河	45 373	1965		1		陕西省高陵县马家湾乡桃园村	陕西省三门峡库区管理局	1	1	1			1	1					1		
300	宁县	泾河	九龙河	632	1983			1	甘肃省宁县新宁乡	甘肃省水文局	1	1	1									1		
301	洪德	泾河	马连河	4 640	1958				甘肃省环县洪德马连滩村	黄委水文局	1	1	1			1							1	
302	庆阳	泾河	马连河	10 603	1951	1			甘肃省庆城县城西门外	黄委水文局	1	1	1			1	1					1		
303	雨落坪	泾河	马连河	19 019	1954	1			甘肃省宁县新庄镇雨落坪村	黄委水文局	1	1	1			1						1		
304	袁家庵(二)	泾河	丙河	1 661	1935				甘肃省泾川县城关镇延丰村	黄委水文局	1	1	1										1	
305	毛家河(二)	泾河	蒲河	7 189	1952			1	甘肃省庆阳市肖金镇金乐毛家河村	黄委水文局	1	1	1			1						1		
306	悦乐	泾河	柔远川	528	1958				甘肃省华池县悦乐镇张湾村	黄委水文局	1	1	1										1	
307	彭阳	泾河	茹河	1 544	1975		1		宁夏彭阳县白阳镇	宁夏水文局	1	1	1			1						1		
308	开边	泾河	茹河	2 232	1977		1		甘肃省镇原县开边乡	甘肃省水文局	1	1	1			1						1		
309	安口	泾河	汭河	1 133	1975		1		甘肃省华亭县安口镇	甘肃省水文局	1	1	1			1						1		
310	庐村河	泾河	三水河	1 294	1989				陕西省彬县香庙卢村河村	黄委水文局	1	1	1										1	
311	华亭	泾河	石堡子河	276	1975			1	甘肃省华亭县东华镇	甘肃省水文局	1	1	1			1						1		

续附表 2

序号	测站名称	水系	河流	集水面积（km²）	设站/断面年份	基本站站级 国家重要站	基本站站级 省级重要站	基本站站级 一般站	站断面地址	领导机关	流量	水位	降水	蒸发	水质	输沙率	颗分	水温	冰情	辅助气象	地下水	墒情	常年驻测	汛期驻测	巡测
312	王家川	泾河	吴田沟	233	1982			1	甘肃省宁县中村乡	甘肃省水文局	1	1	1												1
313	黄家河	泾河	小河	693	1981		1		宁夏原州区河川乡黄河村	宁夏省水文局	1	1	1												1
314	吴旗	北洛河	北洛河	3 408	1980		1		陕西省吴旗县城关镇宗石湾	陕西省水文局	1	1	1		1	1	1	1	1					1	
315	刘家河	北洛河	北洛河	7 325	1958	1			陕西省志丹县永宁乡刘家河	陕西省水文局	1	1	1		1	1	1	1	1					1	
316	交口河	北洛河	北洛河	17 180	1952	1			陕西省洛川县京兆乡桐省底	陕西省水文局	1	1	1		1	1	1	1	1				1		
317	状头	北洛河	北洛河	25 645	1933	1			陕西省蒲城县东陈乡尧堡村	陕西省水文局	1	1	1		1	1	1	1	1				1		
	状头（四）	北洛河	北洛河		1933				陕西省蒲城县东陈乡尧堡村	陕西省水文局	1	1	1	1				1					1		
	状头（渠道）	北洛河	洛惠渠		1955				陕西省蒲城县东陈乡尧堡村	陕西省水文局	1	1											1		
318	南荣华	北洛河	北洛河	26 538	2000		1		陕西省大荔县东七乡南荣华村	陕西省三门峡库区管理局	1	1											1		
319	张村驿	北洛河	葫芦河	4 715	1952		1		陕西省富县张村驿镇旗杆沟	陕西省水文局	1	1	1	1		1	1	1					1		
	张村驿（二）	北洛河	葫芦河		1952				陕西省富县张村驿镇旗杆沟	陕西省水文局	1	1											1		
	张村驿（渠道）	北洛河	富张渠		1958				陕西省富县张村驿镇旗杆沟	陕西省水文局	1	1					1						1		
320	黄陵	北洛河	沮河	2 266	1966		1		陕西省黄陵县城关	陕西省水文局	1	1	1			1	1						1		
321	志丹（二）	北洛河	周河	774	1960		1		陕西省志丹县城关	陕西省水文局	1	1	1										1		
322	崮山（二）	黄河下游区	北大沙河	392	1979			1	山东省济南市长清区崮山镇崮山拦河坝	山东省水文局	1	1	1								1		1		
323	皋落	黄河下游区	亳清河	145	1996		1		山西省垣曲县皋落乡西沃村	黄委水文局	1	1	1										1		
324	濮阳	黄河下游区	金堤河	3 237	1955		1		河南省濮阳市城关镇南堤村	河南省水文局	1	1	1		1	1	1				1	1	1		
325	范县（二）	黄河下游区	金堤河	4 277	1961		1		河南省范县新区建设路	河南省水文局	1	1	1		1	1	1				1	1	1		
326	济源	黄河下游区	漭河	480	1958		1		河南省济源市亚桥乡亚桥村	河南省水文局	1	1	1		1	1	1				1	1	1		
327	大车集	黄河下游区	天然文岩集	2 283	1956		1		河南省长垣县位庄乡大车集村	河南省水文局	1	1	1		1	1	1				1	1	1		

续附表 2

序号	测站名称	水系	河流	集水面积 (km²)	设站/断面年份	基本站站级 国家重要站	基本站站级 省级重要站	基本站站级 一般站	站断面地址	领导机关	流量	水位	降水	蒸发	水质	输沙率	颗分	水温	辅助气象	水情	地下水	墒情	常年驻测	汛期驻测	巡测
328	泗交	黄河下游区	王家河	13.9	1973			1	山西省夏县泗交镇泗交村	山西省水文局	1	1	1						1					1	
329	朱付村	黄河下游区	文岩渠	849	1963		1		河南省延津县曾固乡朱付村	河南省水文局	1	1	1	1	1	1	1	1	1				1		
330	桥头	黄河下游区	西阳河	335	1996				山西省垣曲县蒲掌乡纸房头村	黄委水文局	1	1	1			1			1				1		
331	卧虎山水库	黄河下游区	玉符河	554	1960	1			山东省济南市历城区仲宫镇卧虎山水库	山东省水文局	1	1	1	1		1			1				1		
	溢洪闸	黄河下游区	玉符河		1960				山东省济南市历城区仲宫镇卧虎山水库	山东省水文局	1	1												1	
	输水洞	黄河下游区	玉符河		1960				山东省济南市历城区仲宫镇卧虎山水库	山东省水文局	1	1											1		
332	石寺	黄河下游区	畛水河	100	1996			1	河南省新安县石寺镇	黄委水文局	1	1	1			1			1				1		
333	莱芜(二)	大汶河	大汶河	763	1960		1		山东省莱芜市城区办事处小曹村	山东省水文局	1	1	1	1		1	1		1						1
334	北望	大汶河	大汶河	3 499	1952	1			山东省泰安市岱岳区北集坡镇泉林庄	山东省水文局	1	1	1	1	1	1	1	1	1				1		
335	大汶口	大汶河	大汶河	5 696	1954	1			山东省泰安市岱岳区大汶口镇卫驾庄村	山东省水文局	1	1	1			1	1		1				1		
336	戴村坝(三)	大汶河	大汶河	8 264	1935	1			山东省泰安市东平县彭集镇陈流泽村	山东省水文局	1	1	1			1	1		1				1		
337	龙池庙	大汶河	大汶河南支	50	1955				山东省泰安市新泰市龙廷镇龙池庙水库	山东省水文局	1	1											1		
338	东周水库	大汶河	大汶河南支	189	1977			1	山东省泰安市新泰市汶南镇东周水库	山东省水文局	1	1	1						1					1	
	溢洪闸	大汶河	大汶河南支		1977				山东省泰安市新泰市汶南镇东周水库	山东省水文局	1	1													1

续附表 2

序号	测站名称	水系	河流	集水面积(km²)	设站/断面年份	国家重要站	省级重要站	一般站	站/断面地址	领导机关	流量	水位	降水	蒸发	水质	输沙率	颗分	水温	冰情	辅助气象	地下水	墒情	常年驻测	汛期驻测	巡测
	东输水洞	大汶河	大汶河南支		1977				山东省泰安市新泰市汶南镇东周水库	山东省水文局	1	1													1
	西输水洞	大汶河	大汶河南支		1977				山东省泰安市新泰市汶南镇东周水库	山东省水文局	1	1												1	
339	楼德	大汶河	大汶河南支	1 668	1987			1	山东省泰安市新泰市楼德镇苗庄村	山东省水文局	1	1			1									1	
340	光明水库	大汶河	光明河	132	1962			1	山东省泰安市新泰市小协镇光明水库	山东省水文局	1	1			1				1					1	
	溢洪道	大汶河	光明河		1962				山东省泰安市新泰市小协镇光明水库	山东省水文局	1	1												1	
	输水洞	大汶河	光明河		1962				山东省泰安市新泰市小协镇光明水库	山东省水文局	1	1												1	
341	龙门口	大汶河	康王河	46.5	1981				山东省泰安市岱岳区道朗镇龙门口水库	山东省水文局	1	1													1
342	白楼	大汶河	康王河	426	1977			1	山东省泰安市肥城市桃园镇白楼村	山东省水文局	1	1													1
343	北集坡	大汶河	胜利渠	145	1980				山东省泰安市岱岳区北集坡镇	山东省水文局	1	1													1
344	下港	大汶河	石汶河	145	1981			1	山东省泰安市岱岳区下港乡霍家岭村	山东省水文局	1	1											1		
345	黄前水库	大汶河	石汶河	292	1962		1		山东省泰安市岱岳区黄前水库	山东省水文局	1	1							1					1	
	溢洪闸	大汶河	石汶河		1962				山东省泰安市岱岳区黄前水库	山东省水文局	1	1												1	
	南输水洞	大汶河	石汶河		1962				山东省泰安市岱岳区黄前水库	山东省水文局	1	1												1	

续附表 2

序号	测站名称	水系	河流	集水面积（km²）	设站/断面年份	国家重要站	省级重要站	一般站	站/断面地址	领导机关	流量	水位	降水	蒸发	水质	输沙率	颗分	水温	冰情	辅助气象	地下水	墒情	常年驻测	汛期驻测	巡测
	南输水洞左渠	大汶河	石汶河		1962				山东省泰安市岱岳区黄前镇黄前水库	山东省水文局	1	1												1	
	南输水洞右渠	大汶河	石汶河		1962				山东省泰安市岱岳区黄前镇黄前水库	山东省水文局	1	1												1	
	北输水洞	大汶河	石汶河		1962				山东省泰安市岱岳区黄前镇黄前水库	山东省水文局	1	1												1	
346	瑞谷庄	大汶河	羊流河	200	1982			1	山东省泰安市新泰市果都镇瑞谷庄村	山东省水文局	1	1										1			
347	颜谢	大汶河	引汶渠		1979				山东省泰安市岱岳区大汶口镇颜谢村	山东省水文局	1	1													1
348	大汶口（南灌渠）	大汶河	引汶渠		1970				山东省泰安市宁阳县磁窑镇茶棚村	山东省水文局	1	1													1
349	大汶口（北灌渠）	大汶河	引汶渠		1970				山东省泰安市岱岳区大汶口镇和平村	山东省水文局	1	1													1
350	砖舍	大汶河	引汶渠		1979				山东省泰安市肥城市汶阳镇砖舍村	山东省水文局	1	1													1
351	堤城坝	大汶河	引汶渠		1979				山东省泰安市宁阳县堤城镇堤城坝	山东省水文局	1	1													1
352	琵琶山	大汶河	引汶渠		1979				山东省济宁市汶上县军屯乡军屯杨庄	山东省水文局	1	1													1
353	松山（东）	大汶河	引汶渠		1979				山东省济宁市汶上县军屯乡松山村	山东省水文局	1	1													1
354	松山	大汶河	引汶渠		1979				山东省济宁市汶上县松山乡松山村	山东省水文局	1	1													1
355	南城子	大汶河	引汶渠		1935				山东省泰安市东平县彭集镇南城子村	山东省水文局	1	1													1

续附表 2

序号	测站名称	水系	河流	集水面积（km²）	设站/断面年份	基本站站级			站、断面地址	领导机关	测验项目											测验方式		
						国家重要站	省级重要站	一般站			流量	水位	降水	蒸发	水质	颗分输沙率	水温	冰情	辅助气象	地下水	墒情	常年驻测	汛期驻测	巡测
356	尚流泽	大汶河	引汶渠		1979				山东省泰安市东平县彭集镇尚流泽村	山东省水文局	1	1												1
357	雪野水库	大汶河	瀛汶河	438	1962		1		山东省莱芜市雪野镇雪野水库	山东省水文局	1	1	1		1			1			1		1	
	溢洪闸	大汶河	瀛汶河		1962				山东省莱芜市雪野镇雪野水库	山东省水文局	1	1	1										1	
	西输水洞	大汶河	瀛汶河		1962				山东省莱芜市雪野镇雪野水库	山东省水文局	1	1											1	
	西涵洞	大汶河	瀛汶河		1962				山东省莱芜市雪野镇雪野水库	山东省水文局	1	1											1	
358	陈山口	大汶河		9 069	1960	1			山东省东平县旧县乡陈山口村	黄委水文局	1	1										1		
	闸下二	大汶河	大汶河		1960				山东省东平县旧县乡陈山口村	黄委水文局	1											1		
	新闸下	大汶河	大汶河		1969				山东省东平县旧县乡陈山口村	黄委水文局	1											1		
359	韩城（二）	伊洛河	韩城河	258	1956	1			河南省宜阳县韩城镇张沟村	黄委水文局	1	1	1		1		1					1		
360	新安（二）	伊洛河	涧河	829	1952		1		河南省新安县城关镇南关	黄委水文局	1	1	1		1		1	1			1	1		
361	洛阳（涧河）	伊洛河	涧河	1 420	1984		1		河南省洛阳市洛北乡东涧沟	黄委水文局	1	1	1		1		1	1			1	1		
362	灵口	伊洛河	洛河	2 476	1959		1		陕西省洛南县灵口乡焦家村	黄委水文局	1	1	1		1	1	1				1	1		
363	卢氏（二）	伊洛河	洛河	4 623	1951		1		河南省卢氏县城关镇大桥头	黄委水文局	1	1	1	1	1	1	1				1	1		
	洛北大渠	伊洛河	洛河		1976				河南省卢氏县城关镇大桥头	黄委水文局	1	1										1		
364	长水（二）	伊洛河	洛河	6 244	1951	1			河南省洛宁县长水镇刘坡村	黄委水文局	1	1	1		1	1	1				1	1		
	洛北渠	伊洛河	洛河		1971				河南省洛宁县长水镇刘坡村	黄委水文局	1	1										1		

续附表 2

序号	测站名称	水系	河流	集水面积 (km²)	设站/断面年份	国家重要站	省级重要站	一般站	站/断面地址	领导机关	流量	水位	降水	蒸发	水质	输沙率	颗分	水温	冰情	辅助气象	地下水	墒情	常年驻测	汛期驻测	巡测
365	宜阳	伊洛河	洛河	9 713	1951	1			河南省宜阳县寻村乡段村	黄委水文局	1	1	1		1				1				1		
	先锋渠	伊洛河	洛河		1975				河南省宜阳县寻村乡段村	黄委水文局	1	1	1		1								1		
	伊洛渠	伊洛河	洛河		1972				河南省宜阳县寻村乡段村	黄委水文局	1	1	1										1		
366	白马寺	伊洛河	洛河	11 891	1955	1			河南省洛阳市白马寺镇枣园村	黄委水文局	1	1	1	1				1	1				1		
	中州渠	伊洛河	洛河		1963				河南省洛阳市白马寺镇枣园村	黄委水文局	1	1	1					1					1		
367	下河(三)	伊洛河	蛮峪河	202	1956		1		河南省嵩县德亭乡下河村	黄委水文局	1	1	1						1				1		
368	石门岭合(二)	伊洛河	石门川	156	1956				陕西省洛南县尖角乡赵陶村	黄委水文局	1	1	1						1				1		
369	栾川	伊洛河	伊河	340	1958		1		河南省栾川县杨场房村	黄委水文局	1	1	1						1				1		
370	潭头(四)	伊洛河	伊河	1 395	1951		1		河南省栾川县潭头镇杏树村	黄委水文局	1	1	1					1	1				1		
	跃进渠	伊洛河	伊河		1958				河南省栾川县潭头镇杏树村	黄委水文局	1	1											1		
	拨云岭渠	伊洛河	伊河		2002				河南省栾川县潭头镇杏树村	黄委水文局	1	1											1		
371	东湾(三)	伊洛河	伊河	2 623	1956		1		河南省嵩县德亭乡三峡村	黄委水文局	1	1	1					1	1				1		
372	陆浑(三)	伊洛河	伊河	3 492	1955				河南省嵩县田湖乡田湖村	黄委水文局	1	1	1					1	1				1		
	毛庄渠	伊洛河	伊河		1988				河南省嵩县田湖乡田湖村	黄委水文局	1	1											1		
	灌溉渠	伊洛河	伊河		1974				河南省嵩县田湖乡田湖村	黄委水文局	1	1											1		
373	龙门镇	伊洛河	伊河	5 318	1935		1		河南省洛阳市龙门镇	黄委水文局	1	1	1					1	1				1		
	伊东渠	伊洛河	伊河		1957				河南省洛阳市龙门镇	黄委水文局	1	1											1		
	伊西渠	伊洛河	伊河		1957				河南省洛阳市龙门镇	黄委水文局	1	1											1		
374	黑石关(四)	伊洛河	伊洛河	18 563	1934	1			河南省巩义市芝田乡益家窝村	黄委水文局	1	1	1	1	1	1	1	1	1				1		
375	山路平(二)	沁河	丹河	3 049	1951				河南省沁阳县常平乡四渡村	黄委水文局	1	1	1			1	1	1	1				1		
	丰收渠	沁河	丹河		1973				河南省沁阳县常平乡四渡村	黄委水文局	1	1											1		
376	油房(二)	沁河	沁河	414	1956			1	山西省沁水县郑庄乡油房村	山西省水文局	1	1	1			1	1	1	1		1	1		1	1

续附表 2

序号	测站名称	水系	河流	集水面积(km²)	设站/断面年份	基本站站级 国家重要站	基本站站级 省级重要站	基本站站级 一般站	站/断面地址	领导机关	流量量	水位	降水量	蒸发	水质	输沙率	颗粒分析率	水温	冰情	辅助气象	地下水	墒情	常年驻测	汛期驻测	巡测
377	孔家坡(二)	沁河	沁河	1 358	1958			1	山西省沁源县沁河镇孔家坡村	山西省水文局	1	1	1		1	1	1	1				1	1		1
378	飞岭	沁河	沁河	2 683	1957			1	山西省安泽府城镇飞岭村	山西省水文局	1	1	1		1	1	1	1				1	1		1
379	润城(三)	沁河	沁河	7 273	1950	1			山西省阳城县八甲口镇下河村	黄委水文局	1	1	1		1	1	1	1				1	1		
	润城渠	沁河	沁河	9 245	1971				山西省阳城县八甲口镇下河村	黄委水文局	1	1	1		1	1	1	1					1		
380	五龙口(二)	沁河	沁河	9 245	1951	1			河南省济源市辛庄乡省庄村	黄委水文局	1	1	1		1	1	1	1					1		
	兴利渠	沁河	沁河		1962				河南省济源市辛庄乡省庄村	黄委水文局	1	1											1		
	广惠渠	沁河	沁河		1978				河南省济源市辛庄乡省庄村	黄委水文局	1	1											1		
381	武陟(二)	沁河	沁河	12 880	1933	1			河南省武陟县大虹桥乡大虹桥村	黄委水文局	1	1	1		1	1	1	1	1				1		

参 考 文 献

［1］黄河水利委员会水文局.干旱地区水文站网规划论文选集［C］.郑州:河南科学技术出版社,1988.

［2］陈先德.黄河水文［M］.郑州:黄河水利出版社,1996.

［3］中华人民共和国水利部.SL 34—92 水文站网规划技术导则［S］.北京:水利电力出版社,1992.